产品经理方法论

通用的产品设计

赵丹阳 著

人民邮电出版社
北京

图书在版编目（CIP）数据

产品经理方法论 ：通用的产品设计 / 赵丹阳著. -- 北京 ：人民邮电出版社，2022.10（2023.5重印）
ISBN 978-7-115-59479-2

Ⅰ. ①产… Ⅱ. ①赵… Ⅲ. ①软件开发 Ⅳ. ①TP311.52

中国版本图书馆CIP数据核字(2022)第103679号

内 容 提 要

本书结合案例介绍了产品经理需要用到的各种产品设计方法和思路，帮助读者将从本书所学到的知识灵活地运用到自己的工作中。本书主要内容包括产品原型设计过程中输入、反馈、输出等类型控件的使用方法，产品原型的设计方法，通用的产品功能设计方法，通用的产品逻辑，基础系统产品的设计思路，通用的产品体系，通用的产品设计方法，通用的产品设计原则，通用的产品管理方法。

本书不仅适合产品经理阅读，还适合运营人员、设计人员阅读。

◆ 著　　　　赵丹阳
　责任编辑　谢晓芳
　责任印制　王　郁　焦志炜

◆ 人民邮电出版社出版发行　　北京市丰台区成寿寺路 11 号
　邮编　100164　　电子邮件　315@ptpress.com.cn
　网址　https://www.ptpress.com.cn
　北京九州迅驰传媒文化有限公司印刷

◆ 开本：720×960　1/16
　印张：17.25　　　　2022 年 10 月第 1 版
　字数：266 千字　　　2023 年 5 月北京第 2 次印刷

定价：99.80 元

读者服务热线：(010)81055410　印装质量热线：(010)81055316
反盗版热线：(010)81055315
广告经营许可证：京东市监广登字 20170147 号

推荐序一

虽然“产品经理”这个概念最早是由宝洁公司提出的，但是产品经理承担的职责任何行业都需要，且在各行各业的分工协作中早已存在。无论是传统的制造行业、建筑行业、零售行业，还是新兴的软件行业和互联网行业等，都遵循一个从“构思”到“成品”的实现过程。首先从商业上论证有效性，然后从形态上设计样式，明确具体的规格，由生产人员按照样式和规格进行生产、验收、整改，并最终上市销售。

产品经理这个角色在其中起着连接两端的作用，即连接了市场/用户端和制造/生产端。在这个过程中，产品经理承担着把市场/用户的需求转换成生产者能理解的内容，并推动产品生产和最终上市的责任。

产品经理的认知升级方式可以是从制造/生产端逐步向市场/用户端靠近，也可以是从市场/用户端逐步向制造/生产端靠近。

制造/生产端考验产品经理如何高效地连接生产要素，如人的要素（程序员、工程师、建筑师、流水线工人等），物的要素（资金、原材料、设备等）。

市场/用户端从小的层面考验产品经理对用户的认知，即是否能够从用户的语言表达和自我理解中挖掘出用户深层次的本质需求，从而分清楚用户的“想要”和“需要”（很多时候，用户想要的只是他能想到的结果，而并非背后真实的需求）；从大的层面考验产品经理如何分析市场、行业和商业，从而帮助产品找准市场定位，抓住行业趋势，实现商业的可持续增长。

而大部分初级产品经理是从生产端的理解开始的，先学习如何高效地连接生产要素，如如何画原型，如何写需求，如何做评审，如何管项目等；然后慢慢地理解用户，理解市场，理解行业，理解商业，最终成为产品专家。这是每一个产品经理必须经历的过程。当然，有的人始终停留在需求分析和产品设计阶段，成为一个合格的功能产品经理；也有的人早就开始关注行业和商业，朝着商业产品经理的方向而努力。

从产品工具的使用到产品可视化框架设计，再到具体的业务系统的设计和业务模式的设计，从设计方法到业务讲解，本书基本覆盖了一个产品经理的认知全过程，可以帮助读者了解并掌握通用的产品设计方法，是一本很适合初中级产品经理拿来就用的工具书。

本书的特色主要体现在通用的产品逻辑、基础系统产品的设计方法和通用的产品体系的讲解上。市面上有很多关于产品经理的工具书，它们只讲述如何画原型，如何写需求，但是很多初级产品经理慢慢成长之后，开始负责一个大的功能模块的实现，这时他们会发现学到的知识完全不够用。我刚接触这些模块时，从界面上根本无法理解背后的产品/业务逻辑，要到处查阅资料，这不仅耗费大量时间，还不能建立通用的知识体系。而本书罗列了常见的产品功能模块或者业务模式，结合案例介绍业务背景、核心功能要素甚至架构设计，让读者能够快速理解，并应用到实际的产品工作中。

本书的优势在于通用性强、覆盖面广，建议读者利用书中的设计方法规范自己的输出，基于本书介绍的业务系统了解主流业务系统的设计逻辑，从技能成长到认知赋能，全面提升自己的产品设计能力。

感谢丹阳在本书中提供了大量产品设计方法，这些设计方法让我的思路更加开阔。

吴晓伦，
Aglaia 品牌创始人

推荐序二

我当初决定转行成为一名产品经理，主要是受“产品经理是CEO的学前班”这句话的影响。之所以会被这句话触动，是因为产品经理需要具备足够的能力，大到商业战略确定，小到原型设计，通过不断提升综合能力，才有可能像CEO那么优秀，向外找到商业目标，向内制定组织战略，而我本人也想成为这样的人。

怀着可以训练和培养诸多能力的初心，“纵身一跃”，我从一名程序员转行成一名产品经理，但是转岗后才慢慢发现，成为一名合格且优秀的产品经理真的太难了。最初听到的“人人都是产品经理”这句话现在看来更像是一个美好的笑话。美好的部分在于，人人都可以对用户的需求与产品的设计提出自己的理解和想法。可笑的部分在于，大多数人的理解和想法并不代表用户的真实需求，也不代表产品设计的有效性。其中，真实和有效的差距就是普通人与专业产品经理的差距。

产品知识体系丰富且庞大，作为一名刚接触产品经理的技术人员，我只能无奈地陷入茫茫的知识和经验碎片中，试图从中构建一个完整的知识体系拼图，但又不甘于低效率地从零开始。迷茫之中，我看到了本书作者的第一本书《产品经理方法论——构建完整的产品知识体系》，我大为惊喜，这就是我想要的知识图谱，按照目录一点一点学习，就能形成自己的产品知识体系。

本人经常以读者的身份向作者请教问题，时间久了，彼此熟悉起来，也因此有幸提前看到作者的第二本书，也就是这本书的初稿，同时以第一本书读者的身份收到了作者的邀请，为本书写推荐序。

当作者发给我书稿后，我瞬间就被书中的内容迷住了，如果把产品知识的学习和成长比喻为建造一栋大厦，则第一本书帮助我构建了产品知识大厦的地基和框架，而本书则帮我在地基和框架完整的基础上添砖加瓦。

市面上有很多介绍产品知识、技能的书，但能够像作者的两本书一样，介绍实际产品工作中完整的知识体系和通用的设计方法，可以即学即用的书并不多。就像“武林秘籍”一样，第一本书传授内功与心法，告诉你知识体系与方法论，第二本书传授外功和实战能力，手把手教你如何实操。本书不仅可以作为产品经理的成长指南，还可以作为日常产品工作中的工具书。

在读前4章时，我发现习以为常的原型控件竟然被作者一一做了总结，包括每个控件的组成部分及使用场景，并通过大量图片和示例帮助读者理解。这有助于读者真正做到知其然，知其所以然。反观以前的自己，仅仅认为会用即可，而没有深挖其究竟，真是自愧不如。

第5章与第6章分别讲解了通用的产品功能设计方法及通用的产品逻辑，这些知识对于多数产品是通用的，可以直接拿来作为参考，帮助我们更好地梳理产品设计思路。

第7章结合常见的CRM系统、OA系统、工单系统、客服系统等，总结了基础系统产品的设计思路。作者把系统产品的功能组成抽象为基础架构，再基于基础架构讲解整体的产品设计思路，从抽象理论到具象实践，深入讲解，帮助读者理解系统级产品的设计方法，提高工作效率。

读完本书，最大的感受是作者就像一位手把手教学生的老师，不仅将自己的实战经验毫无保留地传授给我们，还介绍了产品经理如何进阶。在此希望读者梳理作者给出的知识体系，在此基础上复用和思考，不断总结和完善，形成自己的产品知识体系。读者也可以通过本书的内容，学习作者的工作方法和习惯以及思维方式，真正做到知其然，知其所以然。感谢每一名像作者一样用心且愿意分享的前辈，让我们能有机会站在巨人的肩膀上继续前行。

田栋伟，

北京咖啡易融科技有限公司高级产品经理

前　言

产品经理的专业知识与职业焦虑

在构思本书知识结构的过程中，我试图站在产品经理（作者）的角度去思考用户（读者），需要什么样的产品（知识/内容）。要想搞清楚这个问题，首先要明确“用户需求”，即明确一名处在成长过程中的产品经理的知识需求是什么。但仅仅从“知识需求”这个角度去思考，我发现整个产品知识体系庞大而繁杂，不同行业在不同的阶段对知识的诉求各不相同，很难得出有效结论。

如果思考的问题没有头绪，难以分析、判断并得出结论，我试着从底层思考，再往表层进一步思考，这也是我思考问题常用的方法之一。

往后退一步，回归到产品经理获取知识的底层心理诉求。一方面，建立在实用主义的基础上，满足职业生涯过程中的知识获取和能力提升需求；另一方面，缓解职业生涯产品工作过程中知识匮乏和能力欠缺所带来的焦虑。

往前进一步，回归到常用的需求分析方法，在“产品经理的知识需求”的基础上，加上“普适”和“高频”两个限制维度，它的范围开始缩小，轮廓也逐渐清晰，即这个知识体系应该是所有产品经理都需要的，也是产品工作中经常用到的。

最后，结合以上“退一步思考问题本质，进一步让问题具象”的思考过程和结果，我认为本书的核心主题已经很明确，即能满足以上两种特征的一定是“产品设计”这部分知识体系。产品经理职业生涯中的大多数时间在进行产品设计，符合“普适”和“高频”特征。如果不会设计，设计不好，评审不通过，用户不满意，则产品经理会产生强烈的不胜任感，从而带来职业焦虑感。

这样的“焦虑感”经常出现在产品经理想要设计某个功能但又不知道使用什么控件时，原型设计不被需求评审人员认可时，要设计一个新功能但又不知道如何设计时，为一个业务设计一个系统级别的产品但又没有这个系统的具体设计思路时，进入新行业，接触新产品以及新的体系、逻辑、管理方法而感到知识匮乏之时。

再看一看产品经理职业生涯过程中经常会面对的一些场景。

- 你之前一直从事移动端APP类产品的设计工作，移动端APP类产品典型的特征是注重独立用户体验闭环，即注重用户体验和交互设计，而管理后台类产品，却常涉及把复杂的业务逻辑转换成有效的产品功能，即注重业务抽象和流程设计。如果公司组织架构调整后，需要你负责一个业务模块的CRM系统的设计，你是否会因为以前从未接触过，因为知识匮乏而产生短暂的不胜任感，从而产生焦虑感？
- 你之前一直从事教育CRM系统的产品设计，职业生涯想更进一步，某家电商企业有个很好的职位，现在你突然要从教育行业转换到电商行业，你是否能在面试中把CRM系统的公共部分讲清楚？是否能对电商系统中的商品、订单、库存、会员、营销、履约、支付等功能模块提出深刻的见解？面试通过后是否能快速地适应新工作？
- 当你努力向上朝着产品主管的职业目标前进时，除管理能力之外，很大一个门槛就是需要具备多元化的产品能力。多元化的产品能力需要具备三个基础条件——完善的知识体系、详细的底层逻辑与丰富的实战案例和经验，想想自己还差多少呢。

与职业“焦虑感”相对的是“掌控感”。而所谓的掌控感，就是当你具备多元化产品能力的3个基本条件后，会发现无论是哪种产品（电商产品、金融产品、前端产品、管理后台产品等）的设计都是基于基础控件、原型、功能、系统、体系、逻辑等，像“搭积木”一样模块化拼接而成的。“掌控感”也称作学习过程中，构建知识体系的“模块化思维”。

而本书旨在让读者能够拥有这样的“模块化思维”能力，掌握通用的产品设计模块，增强职业生涯过程中的“掌控感”。

事实上，这个结论后来也在和众多同行业产品经理的调研与交流过程中得到了验证。所以，本书的核心内容将围绕“产品设计知识体系”展开。

在我的第一本书《产品经理方法论——构建完整的知识体系》出版后，我开始投入本书的写作当中。第一本书介绍了产品知识体系的基础概念和整体框架，整个知识体系适用于各种产品类型、行业、公司，以及业务，读者可以了解到产品经理整个知识体系的内容、工具、方法、思维，以及认知。

本书是我的第二本书，是对第一本书中知识体系的延续和落地，聚焦于产品设计，其中包含通用控件、通用原型、通用功能、通用系统、通用体系、通用逻辑、通用方法、通用原则等产品设计知识。之所以强调“通用”，是因为这些产品设计知识同样适用于各种行业、公司，以及业务。

例如，所有产品的“文本输入框”控件的设计方法是相同的，所有产品的“原型设计”方法是相同的，所有产品的“登录/注册”功能的设计思路是相同的，所有行业、公司、业务的“CRM系统”的设计思路是相同的，所有产品的“账户体系”的设计思路是相同的，所有产品的“分销逻辑”的设计思路是相同的，所有产品的“灰度发布”的方法是相同的，所有产品要遵守的“设计原则”是相同的，所有产品需要进行管理的“方法”也是相同的。

而这些“通用”和“相同”对产品经理职业生涯过程中所需的产品设计知识进行了高度而全面的抽象和总结，希望本书不仅能帮助读者完善自己的产品设计知识体系，还可以帮他们通过学习和阅读减少“焦虑”。

本书的内容安排如下。

第1~3章主要介绍基础控件，包括信息输入控件、信息反馈控件、信息输出控件的设计方法和在产品设计过程中的使用场景。

第4章介绍产品原型设计方法，让读者能够学习到如何又好又快地完成原型设计，取得效率和质量的平衡。

第5章主要介绍通用的产品功能设计方法。例如，几乎所有存在账户概念的产品都需要用到“登录/注册”功能。这些通用的产品功能设计方法可以帮助产品经理快速理解和设计陌生功能。

第6章主要介绍通用的产品逻辑，例如，对账逻辑。虽然公司不同，业务不同，产品不同，但是如果它们都需要对账，那么它们的对账逻辑一定是相同的。这些通用的逻辑可以帮助产品经理丰富自己的知识库，从容面对新的公司、新的业务、新的产品。

第7章主要介绍基础系统产品的设计思路。以CRM系统为例，医疗行业的CRM系统和金融行业以及教育行业的页面信息可能不同，功能也会不同，字段名称甚至完全没有关系，但是它们的底层设计思路是一致的。这样的“一致性”可以帮助产品经理建立起整个系统设计的底层架构，明确系统范围，更好地带着这些设计思路，在不同的职业阶段和不同的公司中进行复用。

第8章主要介绍通用的产品体系。以“会员/积分”体系为例，该章讨论这些体系的产品设计思路，只要有会员和积分的产品，它们的设计思路就是一致的。这一章可以帮助产品经理建立完整的产品设计“工具箱”，在需要时，做到开箱即用。

第9章主要介绍通用的产品设计方法。其中包括常见的互联网产品形态、产品设计过程中的注意事项、发布产品灰度的方法、A/B测试方法，以及产品经理在产品上线前、上线后应该做哪些工作等。

第10章主要介绍通用的产品设计原则。这些原则都是经过大量产品和大量用户验证且有效的原则。该章可以帮助产品经理在产品设计过程中建立设计规范。

第11章主要介绍通用的产品管理方法，包括用户管理、需求管理、设计管理，以及商业模式管理。该章可以帮助产品经理建立基本的管理方法论，为以后职业生涯朝着管理方向的进阶打下基础。

希望本书能帮助读者建立一个完整又通用的产品设计知识体系框架，尽早地培养并获得通用的产品设计能力。同时，希望读者在学习和职业进阶的过程中，尽量学习通用产品知识，并善于对学到的知识进行抽象，让其具备普适性、复用性，以及可迁移性。这样的知识才是含金量高的知识，这样的学习方法才是好的学习方法。

产品经理的知识体系是一个庞大的知识体系，一本书不足以完全讲解清楚，需要读者在此基础上不断完善，建立自己的产品经理方法论。产品之路是一条需要不断学习才能走下去的路，愿与大家砥砺前行。读者在阅读本书时，要带着批判和质疑的态度，在自有的知识、经验和认知与书中内容发生碰撞的过程中，获得思考和收获。产品知识体系丰富且庞大，书中难免有疏漏之处，还望广大读者不吝指正。

赵丹阳

致　谢

首先，感谢我的家人一直以来对我的支持和鼓励，让我有条件、有信心做自己想做的事情，让我无论是在工作还是在生活中，遇到再大的困难和挫折，都能从容地面对。

其次，写书是一件费时又费力的工作。一方面，要在宏大的知识体系中归纳出一个完整的内容结构，需要不断地学习、研究，谨慎地求证，这个过程中，要感谢行业前辈的帮助与指导。另一方面，要进行多次的修改和校对，不断地让一本书的内容结构、行文逻辑，以及语言描述趋于完美，这个过程要感谢人民邮电出版社的各位编辑。

最后，要感谢在工作中帮助过我的领导、同事和朋友，在梳理整个产品经理知识体系的过程中，他们分享了很多方法、观点及个人经验，在很大程度上帮助我丰富了本书的内容，完善了本书的内容结构。

服务与支持

本书由异步社区出品，社区（https://www.epubit.com）为你提供后续服务。

提交勘误信息

作者和编辑尽最大努力来确保书中内容的准确性，但难免会存在疏漏。欢迎你将发现的问题反馈给我们，帮助我们提升图书的质量。

当你发现错误时，请登录异步社区，按书名搜索，进入本书页面，单击“提交勘误”，输入勘误信息，单击“提交”按钮即可（见下图）。本书的作者和编辑会对你提交的勘误进行审核，确认并接受后，你将获赠异步社区的100积分。积分可用于在异步社区兑换优惠券、样书或奖品。

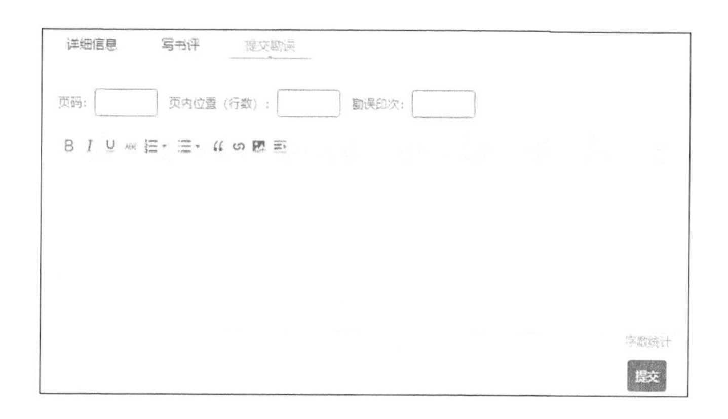

与我们联系

我们的联系邮箱是contact@epubit.com.cn。

如果你对本书有任何疑问或建议，请发邮件给我们，并请在邮件标题中注明本书书名，以便我们更高效地做出反馈。

如果你有兴趣出版图书、录制教学视频，或者参与图书翻译、技术审校等工作，可以发邮件给我们；有意出版图书的作者也可以到异步社区投稿（直接访问www.epubit.com/contribute即可）。

如果你所在学校、培训机构或企业想批量购买本书或异步社区出版的其他图书，也可以发邮件给我们。

如果你在网上发现有针对异步社区出品图书的各种形式的盗版行为，包括对图书全部或部分内容的非授权传播，请你将怀疑有侵权行为的链接通过邮件发送给我们。你的这一举动是对作者权益的保护，也是我们持续为你提供有价值的内容的动力之源。

关于异步社区和异步图书

"异步社区"是人民邮电出版社旗下IT专业图书社区，致力于出版精品IT（信息技术）图书和相关学习产品，为作译者提供优质出版服务。异步社区创办于2015年8月，提供大量精品IT图书和电子书，以及高品质技术文章和视频课程。更多详情请访问异步社区官网https://www.epubit.com。

"异步图书"是由异步社区编辑团队策划出版的精品IT专业图书的品牌，依托于人民邮电出版社的计算机图书出版积累和专业编辑团队，相关图书在封面上印有异步图书的LOGO。异步图书的出版领域包括软件开发、大数据、人工智能、测试、前端、网络技术等。

异步社区

微信服务号

目　录

第1章 信息输入控件

1.1 文本框

文本框（text field）是产品原型设计过程中最常用的原型控件之一，主要适用于用户与产品进行交互时，需要用户进行信息输入的场景。图 1-1 展示了整个文本框控件的基本要素。

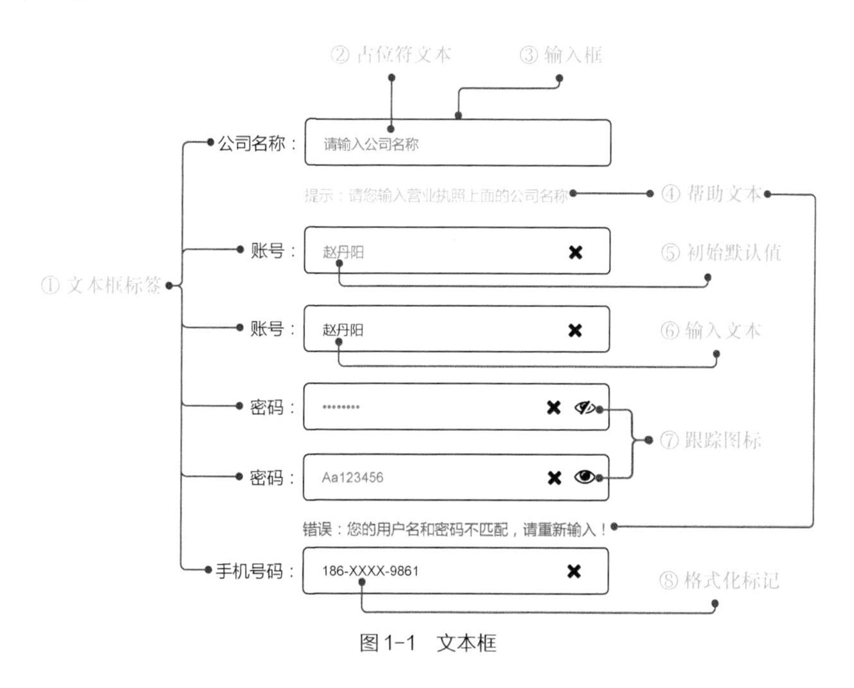

图 1-1 文本框

完成一个规范的文本框控件设计，要明确的要素包括文本框标签（label）、占位符文本（placeholder text）、输入框（input box）、帮助文本（help text）、初始默认值（default value）、输入文本（input text）、跟踪图标（trailing icon）、格式化标记

（formatting tag）。本节将详细介绍这些要素。

1.1.1 文本框标签

文本框标签主要用于向用户介绍该文本框用来输入什么信息，主要分为文字标签和引导图标两种类型。图 1-2（a）与（b）分别展示了以“用户名”和“密码”为例的文字标签和引导图标。在产品设计过程中，在保证用户明确输入信息的前提下，是否使用标签、使用哪种（一种或者两种）标签可自由选择。

用户名

请输入用户名

密码

请输入密码

（a）文字标签

用户名

请输入用户名

密码

请输入密码

（b）引导图标

图 1-2 文字标签和引导图标

文本框标签的位置很灵活，它可以在本文框的上方、左侧、内部，同时还可以设置为左对齐、右对齐或顶部对齐等。图 1-3（a）~（f）分别展示了文本框标签顶部左对齐、顶部右对齐、外部左对齐、外部右对齐、内部左对齐和内部右对齐的效果。

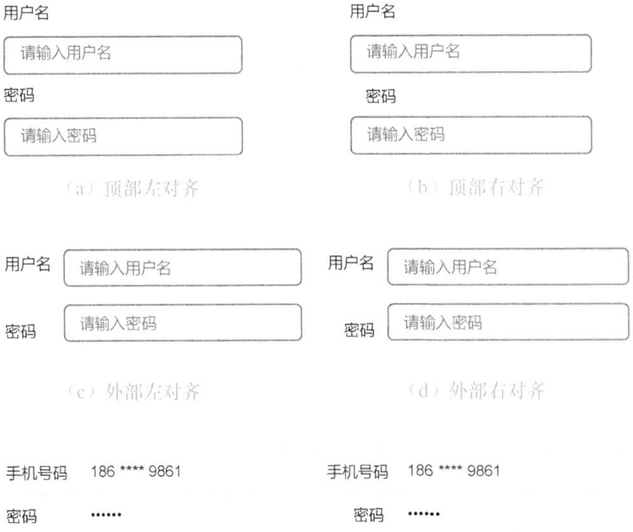

用户名

请输入用户名

密码

请输入密码

（a）顶部左对齐

用户名

请输入用户名

密码

请输入密码

（b）顶部右对齐

用户名 请输入用户名

密码 请输入密码

（c）外部左对齐

用户名 请输入用户名

密码 请输入密码

（d）外部右对齐

手机号码 186 **** 9861

密码 ••••••

（e）内部左对齐

手机号码 186 **** 9861

密码 ••••••

（f）内部右对齐

图 1-3 文本框标签的效果

从图 1-3 中可以看出，在有顶部、外部、内部 3 种标签的文本框中，对于顶部标签，用户眼球移动的效率最高。这种样式节省水平空间，但是会占用更多的垂直空间，不适合用于表单过多、空间不足的页面。如果表单信息不多，优先考虑顶部样式；如果较多，则考虑使用外部样式或内部样式。

标签的外部对齐样式或内部对齐样式可以兼顾眼球移动效率和垂直空间的有效利用，但当标签较长时，会占用更多的水平空间，它们适用于表单多、不需要专业理解能力的横向页面。

在对齐方式中，人们对左对齐标签的阅读效率是较高的，因为现代人的阅读习惯是从左至右阅读。采用左对齐方式，在不同样式标签的视觉跳转过程中能比较清晰地展示阅读的起点，帮助读者理解标签信息。

右对齐标签的好处是在视觉的终点，很好地保证了标签的整齐程度，使页面看起来更简洁。在常见的产品设计案例中，大多数文本框标签采用的是右对齐方式。至于在原型设计过程中最终选择哪种对齐方式，我们可以根据实际的表单信息和样式综合考虑。

1.1.2　占位符文本

占位符文本指用户未在文本框中输入信息时，预先占据文本框内位置，用来描述该文本框中信息输入规则的文本。占位符文本的颜色不太明显（一般会降低文本框标签字体颜色的透明度来作为占位符文本的字体颜色）。如图 1-4 所示，在“公司名称”文本框中，占位符文本为“请输入公司名称”，用来提示用户这里需要输入的是公司名称。

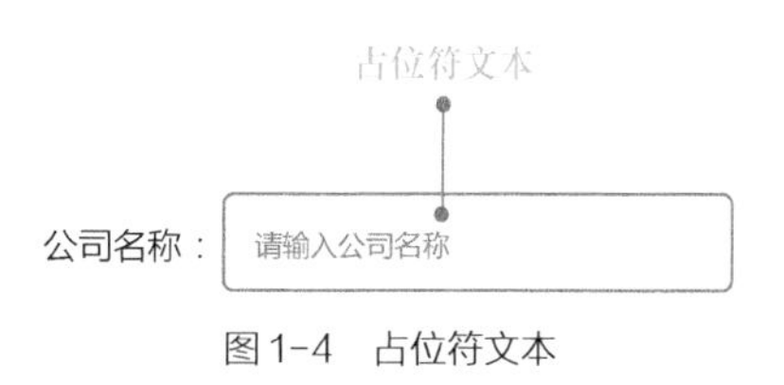

图 1-4　占位符文本

当用户输入内容时，占位符文本会消失，同时被输入的文本内容代替。占位符文本和文本框标签的相同之处在于，都起到信息提示和说明的作用；不同之处在于，文本框标签不会随着输入状态的变化而消失。

占位符文本和文本框标签同样是文本框控件的基本要素之一。在设计产品时，占位符文本不能轻易省去。某些情况下，只使用占位符文本而不需要任何文本框标签，这主要用于一些很简单的界面（文本框较少且用户对输入内容非常熟悉的场景）。

1.1.3　输入框

输入框是文本框控件的核心要素，承载着用户输入信息的功能。常见的输入框主要分为3种类型，分别是输入线框、填充输入框与线性输入框，如图1-5（a）~（c）所示。

3种输入框类型本质上没有任何区别，在产品设计过程中，结合整体的界面布局的美观程度，选择合适的一种即可。值得注意的是，一旦选择了某种类型的输入框，就要保证全局相似页面都使用同种类型的输入框。这也是产品设计一致性原则的体现。

公司名称： 请输入公司名称

（a）输入线框

公司名称： 请输入公司名称

（b）填充输入框

公司名称： 请输入公司名称

（c）线性输入框

图1-5 常见的输入框类型

1.1.4 帮助文本

帮助文本是靠近输入框的一行带有提示功能的文字，如图1-6所示。其具体位置可以自由设计。当输入框标签和占位符文本都不足以说明输入框中的内容或当用户正在输入的内容违反了规则而需要被提示时（例如，当用户在“手机号码”输入框中输入字母时，帮助文本可以提示用户只能输入数字），我们可以使用帮助文本。帮助文本可以一直存在，也可以只出现在“正在输入”或“完成输入”状态。

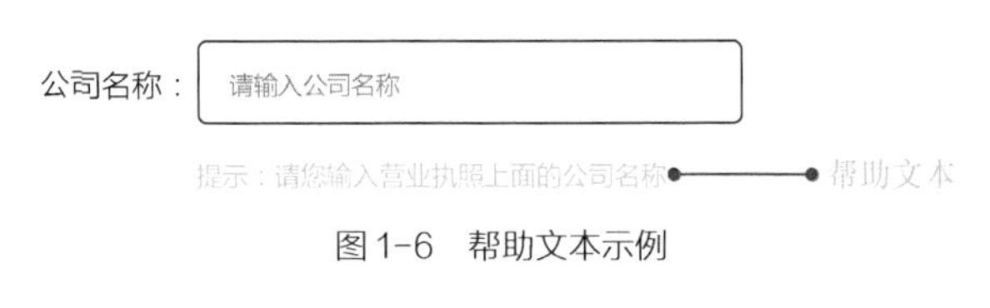

图1-6 帮助文本示例

帮助文本内容不应设计过长，不应换行，颜色不能亮过输入文本（警告信息除外）。其次，帮助文本要具备及时性，不要等用户输入完页面所有字段、单击“提交”按钮时才出现，尽量在单击到输入框外（处于失焦状态），或按Enter键、空格键时就及时出现。

1.1.5 初始默认值

初始默认值的位置和字体颜色都和占位符文本的相同，如图1-7所示。不同之处在于，占位符的作用是，以防用户不明确输入信息，对用户进行提示和引导；而初始默认值假定用户已经很熟悉要输入的信息，默认显示一名用户最可能输入的值，如果用户本次输入的值依然是上次输入的值，则可以直接进入下一步，无须重复输入。

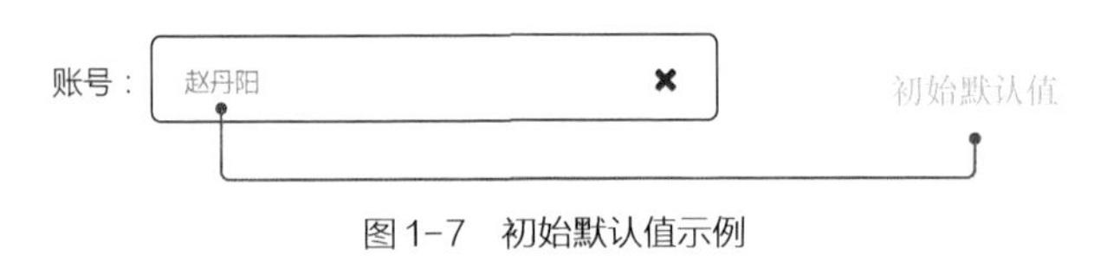

图1-7 初始默认值示例

常见的是“账号”字段的初始默认值。用户登录QQ并退出后，下次登录时默认显示的是用户上次登录的QQ号，如果用户本人登录，只需要输入密码就可以正常登录；如果其他人登录，则可以更改默认的QQ号并登录。

1.1.6 输入文本

输入本文的位置和占位符文本所在的位置相同，如图1-8所示。不同之处在于，占位符文本是系统默认的，而输入文本是用户主动输入的。在颜色方面，输入文本和文本框标签相同，但比占位符文本要显著。

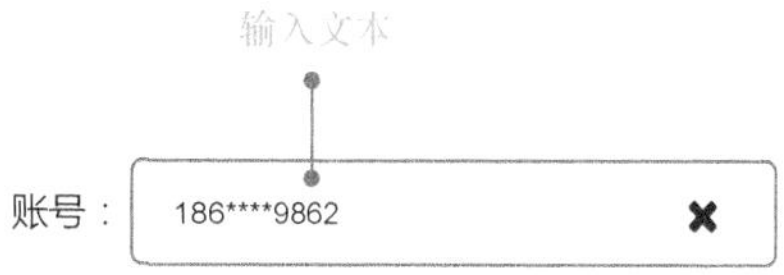

输入文本

账号：186****9862

图1-8 输入文本样式

1. 输入文本类型

根据输入内容的样式和多少，输入文本主要分为单行文本和多行文本两种类型，如图1-9所示。其中，单行文本的宽度和高度保持不变，而多行文本的宽度不变，根据实际内容，决定高度是否设计成自适应文本内容。一般文本输入框都有文本长短限制，例如，50字以内。

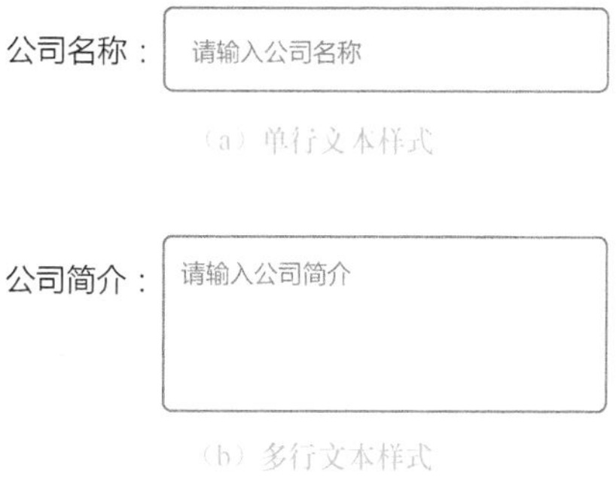

公司名称：请输入公司名称

（a）单行文本样式

公司简介：请输入公司简介

（b）多行文本样式

图1-9 常见输入文本类型

2. 输入文本限制

输入文本限制主要分为以下两类。

- 输入文本的内容限制。常见的内容限制主要有纯数字（如手机号码）、纯字母（如英文名）、纯汉字（如中文名），以及各种类型的排列组合或违禁内容的输入限制。如果用户输入限制的内容，我们可以按无法输入的逻辑处理，也可以在用户输入时，使用帮助文本提示用户输入的内容不合法。
- 输入文本的长度限制。每一个输入文本都要有一个输入长度的极限值，例如，要求手机号码只能有11位，身份证号码只能有18位，文本描述不能超过50个汉字等，这些都是关于输入文本的长度限制。

无论是单行文本，还是多行文本，在产品设计中，都要考虑到输入文本的限制逻辑。

3. 长文本处理方式

有时候文本长度已经超过了输入框的长度，出现了溢出的情况。这时一般会有以下3种文本处理逻辑。

- 截断：只保留最大长度的文本，超过最大长度的溢出部分截断。
- 换行：对溢出文本输入框长度的部分做换行处理，溢出的内容继续在第二段显示。
- 省略：将溢出部分的内容换成省略号，表示输入信息省略。

1.1.7 跟踪图标

通常在文本输入的过程中，会出现一系列的功能性图标，来帮助用户完成输入，这类图标称为跟踪图标。常用的追踪图标包括有效性图标、密码安全性图标、出错图标、清除图标、语音输入图标、下拉图标等。图 1-10 展示了输入密码的过程中用来帮助用户核对密码信息的跟踪图标。

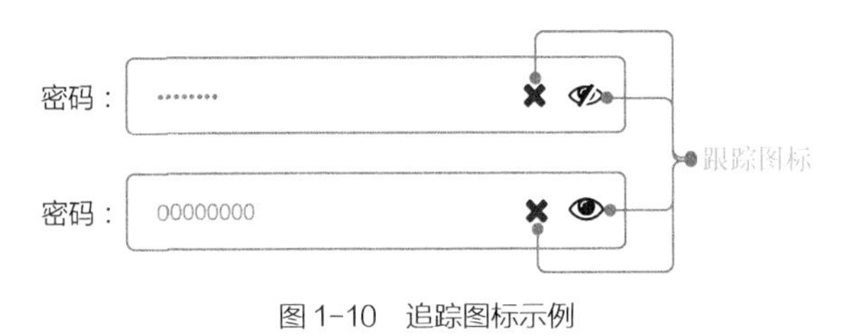

图 1-10 追踪图标示例

1.1.8 格式化标记

有的输入文本带有特定格式，它们有的作为分组字符位于输入文本中间，如电话号码的连字符、金额的分位符、银行卡号和身份证号码的分字符；有的带有后缀，如邮箱的 @ 域名、中文货币单位；有的带有前缀，如美元符号；还有一种保密文本框，在输密码时使密码不可见，用黑点代替。

如图 1-11 所示，当用户输入手机号码时，手机号码被自动用分隔符隔开，可以让用户快速校验输入的手机号码是否正确，银行卡、邮箱等字段都可以按照字段属性带有格式化标记。

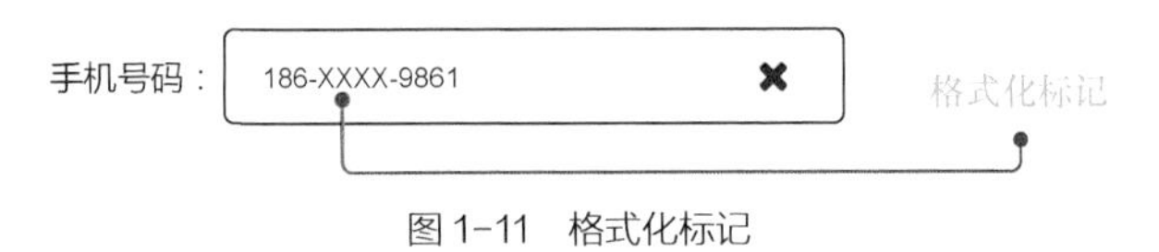

图 1-11 格式化标记

1.2 单选按钮和复选框

单选按钮（radio button）、复选框（check box）与文本框一样，适用于用户与产品进行交互时，需要用户输入信息的场景。它们之间的区别在于，单选按钮和复选框提供给用户的主要是已分类的信息，用户只需选择输入即可。

单选按钮是一种单项选择命令。它只允许用户在一组选项中选择其中一个。单选按钮的外观一般是一个空白的圆圈，当被选中时，则白色圆圈会被圆点填充。而在它的旁边通常会有一个文字标签，用于描述选项内容。

复选框是一种多项选择指令。复选框允许用户在一组选项中同时选择多个选项。复选框通常使用方框加对号表示。图 1-12 展示了单选按钮和复选框。

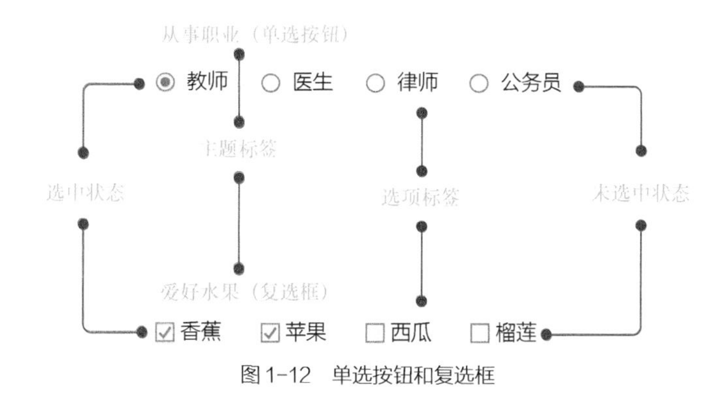

图 1-12 单选按钮和复选框

单选按钮一般适用于单项选择的用户输入场景，各选项之间是“或”的关系，若选择了 A 就不能选择 B。在图 1-12 中，要求用户选择一个职业信息，一般情况下，大多数用户只有一个职业，这样的场景比较适合使用单选按钮。而当想知道用户喜欢什么水果时，更适合使用复选框，因为一般用户会喜欢两种以上的水果。

无论是单选按钮还是复选框，都需要有主题标签和选项标签，主题标签用于描述对什么进行选择，而选项标签用于描述可以选择什么。图 1-11 中的“从事职业”就是一个主题标签，而“教师”是其中的一个选项标签。

在某些场景下，我们需要对“选项标签”进行辅助说明，从而添加一些辅助描述文字，类似于文本框控件中的帮助文本，目的也是让用户更好地理解控件内容，如图 1-13 所示。

在交互层面，单选按钮比较简单，仅要明确选中状态和未选中状态，以及当用户单击一个单选按钮时，该按钮会变为选中状态，其他所有按钮会变为非选中状态的基本逻辑，没有其他交互逻辑。而复选框需要在产品需求文档（Product Requirement Document，PRD）中描述清楚是否支持全选，如果支持全选，是否需要新增全选按钮的快捷方式；如果不支持全选，则要说明最多可以选择几项。

图1-13 辅助描述文字

1.3 滑动开关与分页器

1.3.1 滑动开关

在输入类控件中，滑动开关主要起到控制产品某个功能开启或关闭的作用。图 1-14 展示了一个滑动开关的经典控件样式，控制的是产品“夜间模式”功能的开启和关闭。

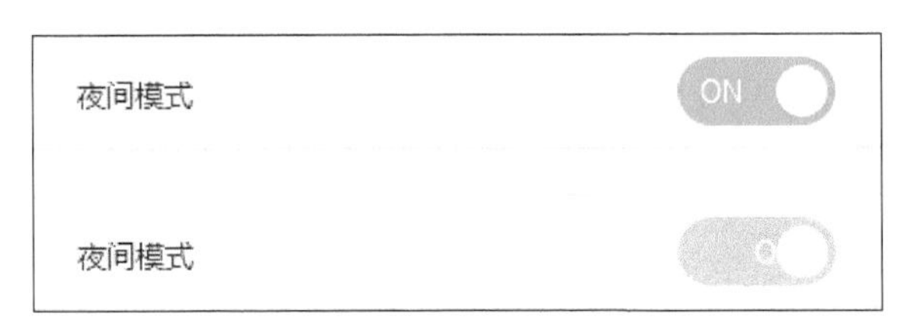

图1-14 “夜间模式”开启 / 关闭按钮样式

在设计滑动开关时，要明确开关控制的功能、开关的样式、开关的前置状态、交互动作，以及后置状态等设计要素。以 iOS 设备中“飞行模式”的开启和关闭功能设计为例，图 1-15 展示了实际设计滑动开关过程中需要注意的细节。

运用滑动开关控件来承载一个功能完整的开关逻辑。首先，要明确这个控件控制什么功能，图 1-15 中滑动开关所承载的功能是“飞行模式”的开启和关闭。其次，要明确开关控件的前置状态，例如，如果“飞行模式”这个功能默认是关闭的，那么“飞行模式”滑动开关控件的前置状态就是关闭状态，这个状态下其他模块的状态都属于前置状态的范畴。例如，“飞行模式”关闭时无线局域网显示的是“未连接”，而开启时显示的是“关闭”两者，都属于飞行模式开关的前置状态。

图1-15　iOS设备中“飞行模式”的开启/关闭功能

接下来，要明确滑动开关的交互动作。图1-15中“飞行模式”滑动开关的交互动作是“单击”。通过单击，切换开启和关闭状态。其他常见的交互动作还有“滑动”“双击”“长按”等。

最后，要明确交互动作所产生的后置状态。对比图1-15中滑动开关关闭和开启前后的信息可以看出，“飞行模式”开启后，除开关按钮的变化之外，“无线局域网”信息和“蜂窝网络”信息都有变化，而变化后的状态就属于滑动开关的后置状态范畴。

关于滑动开关的一些其他注意事项如下。

- 滑动开关是一种功能控件，其样式不仅局限于文字加图标类型的开关，还有纯图标样式，以及仿真开关样式等。所以，在进行产品设计时不要局限于固定的滑动开关样式，只要符合基本的设计要素，能承载一项功能的开启和关闭，就属于有效的设计。
- 对于开关的前置状态和后置状态，在滑动开关附近添加辅助说明文字，让用户知道此时的状态承载什么功能，以及相反的状态承载什么功能。
- 滑动开关开启和关闭状态切换的过程中，也就是发生切换时，界面也可以给出明确的切换提示。例如，如果一个滑动开关承载的是某个重要的功能，不能随意开启或者关闭，则需要进行有效的弹窗提示，让用户知晓开启或关闭后的结果，再进行操作。

1.3.2 分页器

分页器控件主要应用在数据表单下方，用来承载翻页及表单页数据显示控制功能，如图 1-16 所示。

图1-16 分页器控件样式

一个完整的分页器控件首先需要具备页面跳转功能，我们可以通过鼠标实现翻页，以及跳转到指定页。其次，分页器要能控制一页中显示的条目数量，例如，设置 20 条 / 页、50 条 / 页、100 条 / 页多重选项供用户选择。最后，要添加上总页数及总数据量的辅助信息描述。

1.4 选择器与计步器

1.4.1 选择器

选择器控件的功能类似于单选按钮和复选框控件的功能，主要适用于用户与产品进行交互时，选择目标信息项并输入的场景。常见的选择器有单项分类选择器、多项分类选择器、搜索选择器和时间选择器等。

1. 单项分类选择器

单项分类选择器是产品设计过程中频次出现最高的一类选择器，通常以下拉列表框的形式出现，如图 1-17 所示。其特点是选项以下拉列表的形式展开，选择其中一项作为信息输入指令。

图1-17 单项分类选择器控件

单项选择器经常与列表页一起使用，用于筛选出列表页的数据内容。例如，有一个显示某年级学生成绩的列表页，这个年级有 3 个班级，默认显示全部班级学生的成绩，如果我们只查看一班的成绩，在下拉列表框中选择一班，然后进行筛选，就可以得到一班学生成绩的列表了。另外，在表单页中，我们也可以经常看到下拉列表框，例如，我们维护一名学生的基本信息，该学生的性别信息就可以通过下拉列表框来选择。

在实际的产品设计过程中，还有单项多级分类选择器，例如，我们在电商网站购物时经常会见到的商品选择器就是单项多级分类选择器的一种，如图 1-18 所示。

图 1-18　单项多级分类选择器控件示例

对于单项多级分类选择器，要一级一级地往下筛选，最终选择目标信息。例如，在常见的地区选择器中，首先要选择省，然后选择市，再选择区 / 县。

2. 多项分类选择器

单项多级分类选择器和多项分类选择器的主要区别在于，对于后者可以选择多项。例如，在电商网站进行商品检索时，我们可以同时选择多个品类的商品并进行搜索。多项分类选择器控件如图 1-19 所示，在选择单肩包的同时，我们还可以选择手提包等。

图 1-19　多项分类选择器控件

3. 搜索分类选择器

搜索分类选择器在单项 / 多项分类选择器的基础上，增加了搜索功能。在某些场景中，选择项的信息量过大，导致手动筛选效率非常低下。搜索功能可以有效地提高选择效率。如图 1-20 所示，我们可以通过中文或者拼音搜索目标城市选项。

热门	ABC	DEF	GHJ	KLM	NPQ	RST	WXYZ

上海	北京	广州	重庆	成都
深圳	武汉	天津	西安	南京
杭州	苏州	无锡	昆山	常州
宁波	合肥	长沙	嘉兴	厦门

图 1-20　搜索分类选择器控件

4. 时间选择器

时间选择器是一种特殊的选择器。其特殊之处在于，它所选择的信息类型只有时间，虽然信息类型单一，但它的使用频率不亚于单项分类选择器。图 1-21 展示了一个经典的移动端日期选择器控件的样式。

取消		选择日期和时间		确定
	1月	1日	12时	01分
	2月	2日	13时	02分
2022年	3月	3日	14时	03分
2023年	4月	4日	15时	04分
2024年	5月	5日	16时	05分
	6月	6日	17时	06分
	7月	7日	18时	07分

图 1-21　时间选择器控件的样式

用户可以滑动选择年、月、日、时、分、秒等信息，至于是精确到日还是秒，根据实际的场景需要，在产品原型或者 PRD 中详细说明即可。

1.4.2　计步器

作为信息输入控件的一种，计步器起到和文本输入框相同的作用。不同之处在于，计步器常用来进行数字信息的输入，用于增加或者减少当前数值，可根据需要调整数字范围和每次增加的数值。

其应用场景一般为固定范围、固定粒度的信息输入，例如，只允许输入 0 ～ 100 的数值，且粒度为 10。这时，如果选择输入框，则用户可能会输入 11、12 这样的数值。显然，产品不支持这样的数值，如果对这样的非法数值进行提示，则会产生很多没必要的判断逻辑，倒不如使用计步器来控制信息输入的规则，以有效控制用户输入有效信息。图 1-22（a）～（d）展示了典型的计步器样式。

（a）输入范围是10～100
（b）输入范围是1～100
（c）输入范围是1～10
（d）输入范围是1.0～10

图 1-22 典型的计步器样式

通常计步器的标签需要注明计步器的范围。正向和反向计步按钮用于控制信息输入的粒度，用户可以通过计步器的按钮来控制输入的数值。

1.5 树形控件与穿梭框

1.5.1 树形控件

在表达多层级的信息结构关系时，树形控件是一个非常好的选择。图 1-23 展示了一种经典的树形控件。

树形控件经常用在类似于权限分配功能和组织架构管理功能的产品设计中，以方便用户清晰地选择出级联关系内的目标信息。例如，一所中学有 3 个年级，分别是初一、初二和初三，每个年级又分为 8 个班级（1 ～ 8 班），每个班级又分为 6 个组（1 ～ 6 组）。现在要选择 1 年级 2 班 3 组的全部学生，只需要展开 1 年级的树形节点，再展开 2 班的树形节点，然后选中 3 组的同学就可以了。

虽然选择器也可以达到类似的功能，但是从整个信息结构和交互体验来看，树形控件更加适合这样的多级联多信息项的场景。

树形控件还可以由用户自定义，如图 1-24 所示，用户可以自由控制（新增、修改、删除）树形控件的节点和信息项。

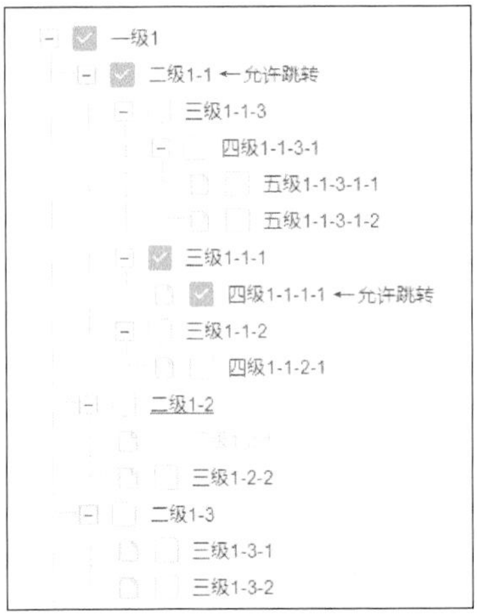

图1-23 经典的树形控件

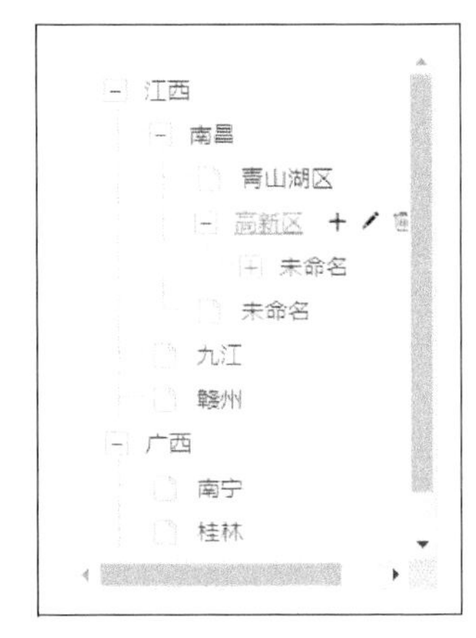

图1-24 可自定义的树形控件

可编辑的树形控件更加灵活，例如，在实际的产品设计过程中，使用树形控件表达一个公司完整的组织架构并承载一定的功能，而出于一些原因组织架构会频繁地调整，固定信息内容的树形控件往往需要在代码层面中操作，然后发布，才能响应组织架构的变动。而可自定义的树形控件可以由用户快速响应，一定程度上提高了产品的使用效率。

1.5.2 穿梭框

穿梭框是一种具备批量信息输入功能的控件，如图1-25所示。由于信息项可以在选择栏中动态地选中/取消，样式和交互形式像在穿梭，因此称为穿梭框。它适用于一次进行多个同类型信息项的输入操作的场景。

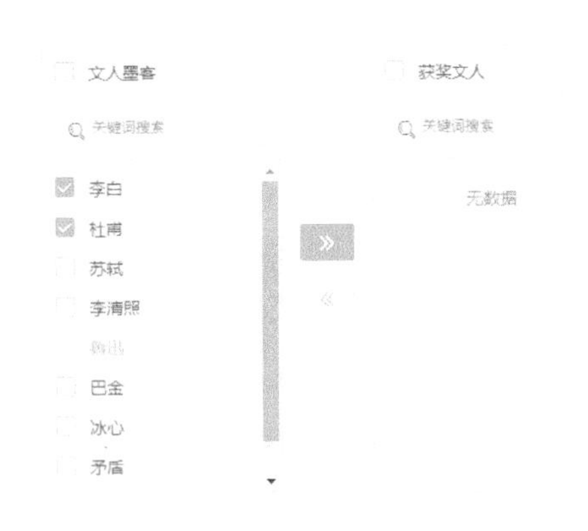

图1-25 穿梭框控件示例

用户可以批量选中左侧栏的信息项并添加到右侧栏中，从而完成信息输入的操作，也可以选中右侧栏的信息并反向添加到左侧栏（代表取消选中），以保证信息项的灵活变动。图1-25左侧是历史上文人的集合，标签名称为“文人墨客”。现在的需求是，需要选出其中获奖的文人名单，被选中的文人将会在榜单页面显示。事实上，这个需求使用多项分类选择器也可以满足，但是无论从直观程度上，还是后续获奖文人的变动情况来看，穿梭框控件都优于多项分类选择器控件。

可见，穿梭框控件的核心功能是把一类信息在两个不同的状态栏中交替切换，以达到产品功能的切换目的。例如，图 1-25 中，从“文人墨客”栏添加“获奖文人”栏中的文人就会出现在排行榜页面，而从“获奖文人”栏删除的文人则会在排行榜中消失。

在实际的产品设计过程中，穿梭框中的信息项类型没有限制，可以是单选项，也可以是带有层级结构的树形组件项，还可以是带有多项信息的列表项等。

1.6 评分控件和上传控件

1.6.1 评分控件

评分控件用于进行信息评价，适用于完成交易或者服务的场景。当完成订单时，要提醒用户对该订单进行评价，评价的信息将由评分控件承载，提交至订单表中。图 1-26 展示了外卖订单的评价页面。

图 1-26 外卖订单的评价页面

从图 1-26 中可以看出，评分控件一般没有固定的样式和规范，可以采用带有文字标签的图标样式，也可以采用纯标签样式，还可以采用经典的星级评分的样式，必要时还会引入文字描述及上传图片来辅助评分，以达到信息评价完整性的目的。

1.6.2 上传控件

上传控件也是产品设计过程中的常用控件之一。相较于其他文本信息输入控件，上传控件以文件的形式来输入信息。图 1-27 展示了一种典型的上传控件样式。

一般上传控件是一种带有上传样式的图标按钮，用户单击上传控件，选中文件后，即可执行上传的指令。使用上传控件的过程中，需要注意上传文件的限制说明，例如，图 1-27 中的格式限制说明用于让用户明确上传文件的格式和标准，降低上传失败率。

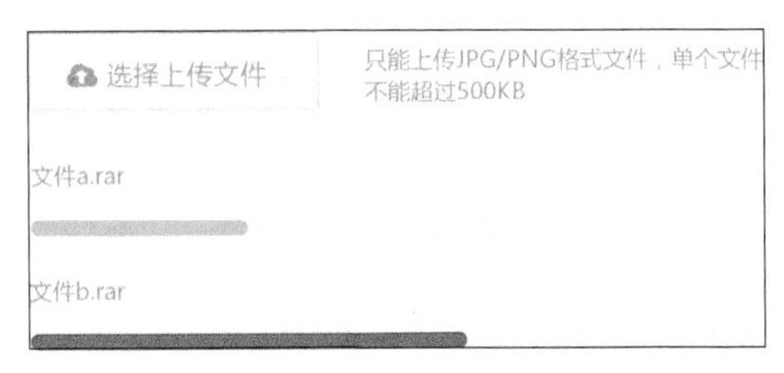

图1-27 典型的上传控件样式

一些上传场景中，文件太大会导致上传时间过长，可以用文字提示的方式，也可以用上传进度条的形式，提示用户文件正在上传，让用户耐心等待，不要中断操作。

上传过程会产生两种结果，要么上传成功，要么上传失败。无论是哪种结果，都需要提示用户，以方便用户决定后续的操作。

1.7 搜索栏

搜索栏控件是一种常用的输入控件，在产品设计过程中，只要遇到搜索功能，必然会用到搜索栏控件。图1-28（a）与（b）展示了搜索栏控件在两种状态下的变化情况。

当用户使用“搜索”功能时，从开始输入搜索信息到出现搜索结果，搜索栏控件会经历两种状态。

第一个状态是初始状态。初始状态下，一般搜索栏会用搜索图标加上提示文案的形式来提示用户这个控件的作用。这里的提示文案可以是图中的“搜索”或者“输入搜索内容”，或者一些默认的搜索内容，这个默认的搜索内容可以是上一次用户搜索的内容，也可以是根据一些策略推荐给用户的搜索内容。例如，图1-29所示的淘宝搜索栏控件会根据用户的历史购物记录、浏览记录、搜索记录等根据推荐算法，推荐给用户可能想要搜索的内容。如果其中正好是你想要搜索的内容，则可直接单击“搜索”按钮并进行搜索。

第二种状态是用户单击搜索栏后待输入搜索内容的状态。该状态下搜索栏内部会出现快速删除搜索内容的图标。为了展示更多的搜索内容，通常会由一个独立的搜索页面承载搜索功能。

如图1-30所示，单击首页的搜索框后，会进入独立的搜索页面。搜索页面中会有历史搜索记录、推荐的搜索内容，以及搜索最多的内容等信息，以方便用户快速做出搜索决策。

（a）初始状态

（b）单击搜索栏后待输入搜索内容的状态

图1-28 搜索栏控件在两种状态下的变化情况

图1-29 淘宝搜索栏控件

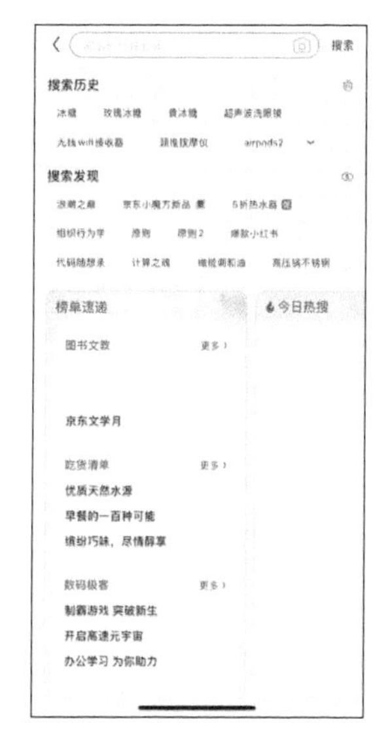

图1-30 淘宝搜索页

在实际的产品设计过程中，使用搜索栏控件承载搜索功能时，除明确搜索控件的样式和交互之外，还需要明确搜索的逻辑，例如，是精确搜索还是模糊搜索，是否需要关键字联想功能等。

1.8 表单页

表单页是由多种输入控件组成的一种特殊的输入控件，适用于需要用户输入较多信息项的场景。如图 1-31 所示，整个表单页控件内包含多种类型的其他输入控件，如文本框、选择器、单选按钮、复选框、滑动开关、计步器，以及上传组件等。

图 1-31　表单页

表单页是一种常见的组合输入控件，在实际产品设计过程中，除要明确其中每个控件的样式、交互以及逻辑之外，还要注意整个表单页信息结构的完整性和规范性。其完整性主要体现在所有内部控件中输入的信息能满足实际的信息输入需求，而规范性则主要体现在整体控件配色、对齐、交互等的一致性上。

第2章 信息反馈控件

2.1 吐司提示

用户输入信息后，一个好的产品设计会给予用户明确的信息反馈，例如，输入内容是否正确，格式是否规范等。而这些提示反馈信息的功能通常由信息反馈控件承载。

吐司提示控件是信息反馈控件中使用频次最高的一种。微软的一名员工在开发MSN Messenger时，觉得MSN弹出通知的方式很像土司（toast）烤熟时从土司烘烤机（toaster）里弹出来一样，因此把这种提示方式命名为toast。它是一种轻量级的反馈 / 提示，可以用来显示不会打断用户操作的提示内容，适合用于页面转场、数据交互等场景中。

例如，如果用户在输入手机号码时输入非法格式的字符，就需要提示用户手机号码格式错误，以辅助用户修正输入的内容。图2-1展示了常见的吐司提示控件样式。

作为一种弱提示控件，吐司提示控件出现后，通常会在一定的时间范围内消失。在实际的产品设计过程中，吐司提示控件出现的时间需要根据具体的场景定义，一般持续2～3s，然后消失。

通常，吐司提示控件因为存在自动消失的逻辑，是不需要用户主动关闭的，所以其提示作用较弱。如果用户在吐司提示控件出现的时间段内，没有注意到提示，就会导致信息反馈失败。这种场景下，参考图2-2中的样式，设置吐司提示控件一直存在，直到用户主动关闭。若吐司提示控件是用户主动关闭的，则有理由认为用户一定知晓了反馈信息。

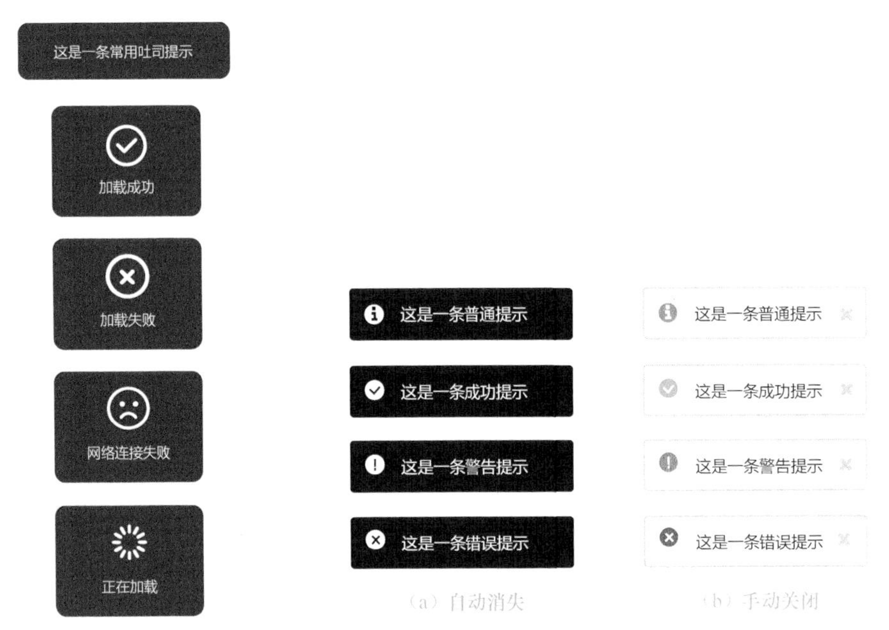

图 2-1 吐司提示控件样式

图 2-2 提示强弱不同的两种吐司提示控件样式

在实际的产品设计过程中，吐司提示控件没有固定的要求，我们可以根据实际使用场景，确定最合适的样式、交互和逻辑。设计过程中要注意复用性，即不同的模块但相同的场景中，吐司提示控件需要保持样式、交互，以及逻辑的一致，不能一个场景和页面中用某种类型的吐司提示控件，其他同样的场景和页面却用另一种类型的吐司提示控件，最终导致产品缺乏规范性和统一性。

2.2 对话框

对话框控件同吐司提示控件一样，也是一种经常使用的信息输入控件。两者的不同之处在于，吐司提示控件可以自动消失，但是对话框控件必须在用户确认后才能消失。

图 2-3（a）～（d）展示了 4 种典型的对话框控件样式。出现提示信息后，用户单击“确定”按钮，对话框才会消失。若用户单击“确定”按钮，则有理由认为用户已经知晓提示内容。相比一般的吐司提示控件，对话框控件是一种强提示控件，因为它获得了用户更多的注意力。

对话框控件不仅具备较强的提示属性，还具备一定的功能属性。如图 2-4 所示，一些对话框控件还会承载特定的功能。

图 2-3　4 种典型的对话框控件样式

图 2-4 中，对话框控件不仅承载删除功能，还会在删除的过程中提示用户关于删除功能的信息。实际操作过程中，用户知晓提示信息后，要么单击“取消”按钮，关闭对话框，要么单击“确定”按钮，在关闭对话框的同时，执行项目删除操作。

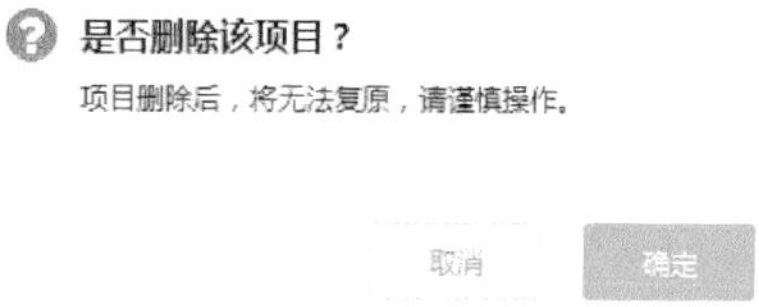

是否删除该项目？
项目删除后，将无法复原，请谨慎操作。
取消　确定

图 2-4　功能型对话框控件

2.3　气泡卡片

气泡卡片是一种轻量级的信息输入控件，和对话框控件相似。不同之处在于，对话框一般会在页面中居中显示，而气泡卡片聚焦于页面某个具体功能区域，当单击或把鼠标指针移入该区域（如某个操作按钮）时，弹出气泡式的卡片浮层，当目标区域中有进一步的描述和相关操作时，可以收纳到气泡卡片中。图 2-5（a）与（b）分别展示了提示型气泡卡片和功能型气泡卡片。

（a）提示型气泡卡片　　（b）功能型气泡卡片

图 2-5　气泡卡片

提示型气泡卡片适用于对一些新增功能或数据指标进行说明的场景。例如，如果产品中某个统计指标的含义复杂，需要对用户做出必要的说明，可以在该指标中引入提示型气泡卡片控件；当用户产生疑惑时，他可以移动鼠标指针到旁边的提示按钮（通常是小问号图标）上，用于弹出气泡卡片，卡片内容会详细地描述该指标的含义。

虽然功能型气泡卡片和功能型对话框具备同样的功能，但它能聚焦在目标区域，更能让用户专注于当前的操作。例如，如果单击“删除”按钮，执行删除功能，就会弹出承载删除功能的对话框控件，且对话框往往是全局居中的，等待用户的交互指令。

全局提示的优点是，提示性较强，让用户专心执行当前操作。如果使用功能型气泡卡片，则气泡卡片会在“删除”按钮附近区域展示，相比对话框控件，提示较弱，但是占用的空间较少。如果用户的操作决策依赖整体区域的信息，则我们可以考虑使用功能型气泡卡片控件。

2.4 动作面板和弹出层

2.4.1 动作面板

功能型对话框控件承载的功能相对比较单一，通常执行某个具体功能的用户确认逻辑（如删除功能，需要提示用户做删除确认），稍微复杂一点的功能则需要用到动作面板控件。动作面板是一种承载复杂功能交互的信息反馈控件，通常会提供和当前场景相关的两个以上操作或者更多描述内容，如图 2-6 所示。

当用户触发目标元素后，动作面板通常以包含多个功能的弹出层的形式展示，等待用户的下一步交互指令。图 2-7 展示了前端应用中广泛存在的分享动作面板。

这是标题

这是描述内容，标题和描述内容可以根据需要自定义或者删除

操作一

操作二

操作三

删除

取消

图 2-6 动作面板

图 2-7 分享动作面板

当用户单击“分享”按钮，打开分享动作面板后，即可选择面板中的分享渠道，进行后续的分享操作。

在实际的产品设计过程中，动作面板并没有要求固定的样式规范，可以根据实际功能场景设计动作面板的样式，重点在于面板的交互逻辑和功能逻辑要在产品原型或产品需求文档（Product Requirement Document，PRD）中描述清楚。

2.4.2 弹出层

弹出层可以理解为一种特殊的动作面板控件，和动作面板控件一样，需要在特定的条件下弹出后，承载特定信息和功能。图 2-8 展示了常见的弹出层控件样式。

图 2-8 活动弹出层

动作面板经常用于实现产品的常驻功能。例如，前面提到的分享功能在一个长的迭代周期中不会有很大的变化，容易培养用户的使用习惯。

而弹出层经常用于实现某些活动功能和广告功能。例如，当用户访问产品首页时，经常会遇到类似于图 2-8 的活动弹出层，用户可以选择关闭或单击弹出层的目标区域，跳转到指定的活动页参与活动。但是，这样的活动弹出层并不会一直存在，只会在活动时间内展示，活动结束后，弹出层就不会再显示，或者被别的活动弹出层替代。

所以，在实际的产品设计过程中，如果遇到常驻的、承载多项复杂功能的场景，建议选择动作面板；如果遇到类似于活动或者广告性质的功能场景，建议使用弹出层。

2.5 进度条和加载状态

2.5.1 进度条

进度条是一种反馈某个操作执行进度的控件。它可以有效地展示用户当前指令执行的进度，让用户在等待的过程中有一定的确定性，在一定程度上缓解用户的等待焦虑。

例如，若用户单击“下载”按钮，执行下载指令，通常根据网速会持续不同的下载时长。这个过程中，如果没有进度条，用户则无法了解当前下载是否正常，预计需要下载多长时间，从而造成很差的用户体验。图 2-9 展示了产品设计过程中经常使用到的进度条样式。

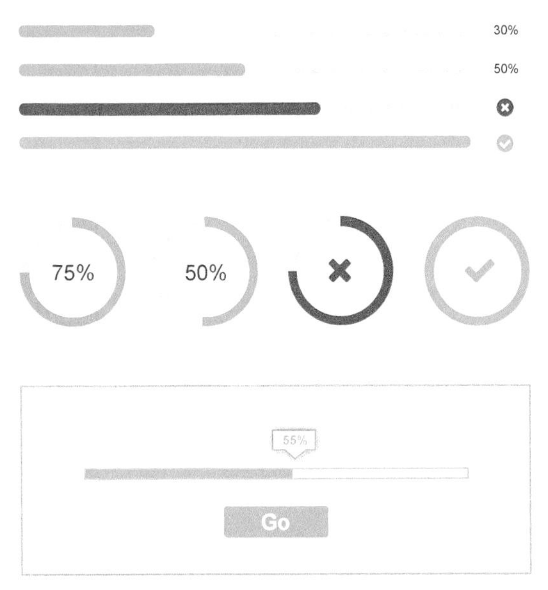

图 2-9 常见的进度条样式

在实际的产品设计过程中，进度条控件并没有具体的样式规范，产品经理可以根据用户场景自由设计。值得注意的是，如果一些异常情况（如网络中断）导致进度中断，就需要明确进度条的进度中断处理逻辑，包括对用户的中断处理逻辑说明，以及用户操作引导等。在使用进度条控件时，这些逻辑要在 PRD 中详细说明。

2.5.2 加载状态

加载状态控件和进度条控件类似，都用于某些特定场景下，提供有意义的文案和动效，帮助用户明白任务的进行状态。

不同之处在于，进度条控件适用于进度信息明确的场景，例如，下载过程中下载了多少、预计完成时间等信息是可以明确反馈给客户的。

而加载状态控件适用于进度信息不明确的场景，例如，打开一个新页面，由于网络速度慢，可能打开得很慢，但是具体打开进度是多少，何时可以打开，这些信息是不确定的。这个过程中需要有一个加载状态控件，让用户知道这个打开新页面的任务正在进行中。图 2-10 展示了常用的加载状态控件样式。

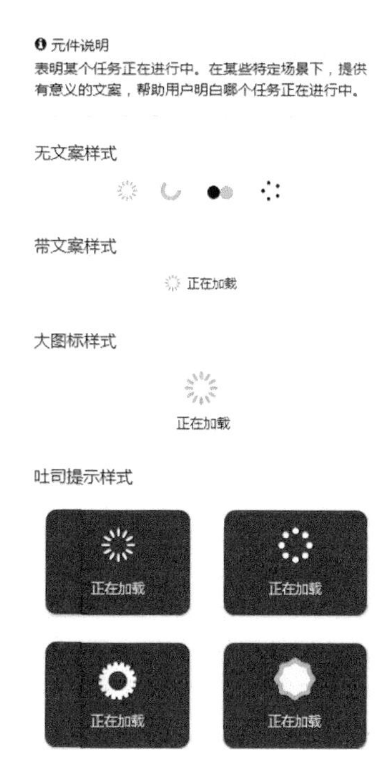

图 2-10 常用加载控件状态样式

在实际的产品设计过程中，加载状态控件的样式多，产品经理可以自由设计，控件中的加载文案通常有“加载中”“支付中”“提交中”等。具体的文案定义贴近用户的实际场景即可。

第3章 信息输出控件

3.1 走马灯

走马灯控件是一种常用的信息输出控件，因其独特的轮播效果与走马灯相似而得名。走马灯控件有两种样式，分别是图片轮播样式和文字轮播样式。

3.1.1 图片轮播样式

产品首页的轮播图（也叫作 banner 图，见图 3-1）就属于走马灯控件的图片轮播样式。其图片会定期循环轮播（用户也可以手动滑动切换），向用户展示内容。其内容一般是广告、活动以及重要的通知等。

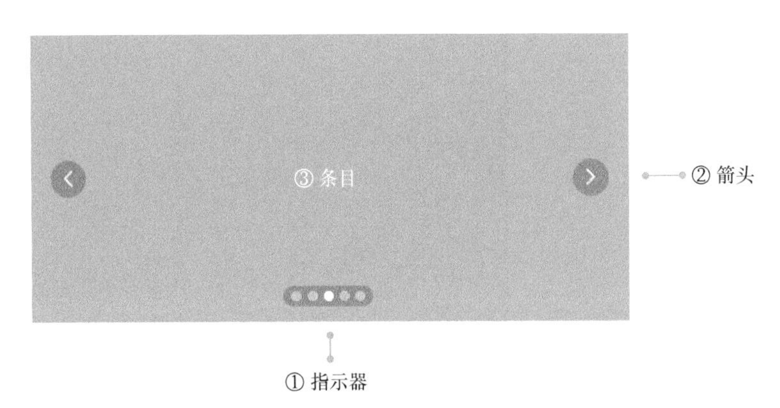

图 3-1 产品首页的轮播图

在实际的产品设计过程中，使用走马灯控件，如图 3-2 所示，要明确走马灯控件的宽和高（单位一般为像素）、轮播动画类型、箭头状态、指示器位置、是否开启自动切换，以及切换时间间隔（单位一般为秒）等信息。

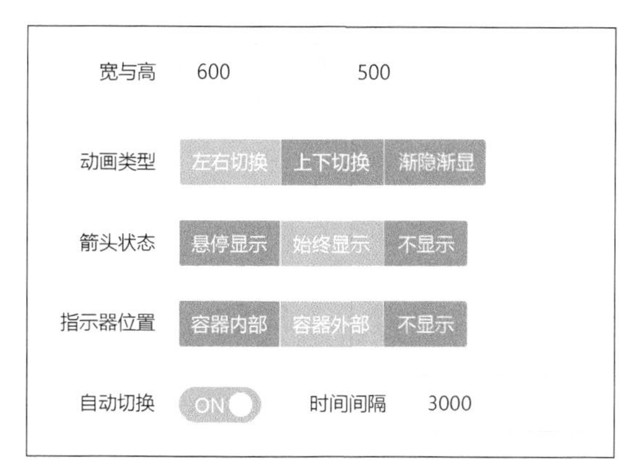

图 3-2 走马灯控件的设置

3.1.2 文字轮播样式

文字轮播样式的走马灯控件经常作为一种全局提示信息，出现在一些产品顶部的信息通知栏，全局保证了用户在任何页面中都能看到轮播的消息，如图 3-3 所示。

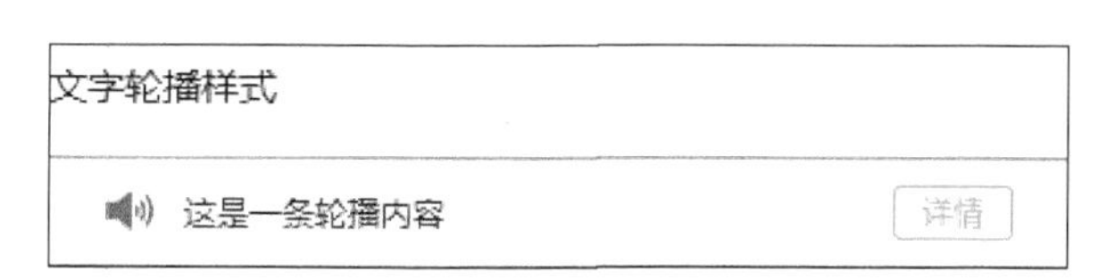

图 3-3 轮播的消息

文字轮播样式的走马灯控件可以左右循环轮播，也可以上下循环轮播，轮播内容一般是重要的消息、通知等。

3.2 折叠面板

折叠面板控件是一种常用的信息输出控件，因为它展开和收起的动效很像手风琴，所以也经常称为手风琴控件。图 3-4 展示了折叠面板控件的样式。

折叠面板控件可以有效节省内容空间。用户可以只打开当前关注的内容项，折叠不关注的内容。在展示内容很多且展示页面有限的情况下，折叠面板控件是一个很好的选择。

在实际的产品设计过程中，折叠面板控件没有固定的样式，可以根据实际的用户场景自由设计，其交互逻辑也相对简单，单击即可控制控件面板的循环切换。

图 3-4 折叠面板控件的样式

3.3 时间轴与步骤条

3.3.1 时间轴

在产品设计过程中，当我们需要在时间维度上展示一个事件发展、任务完成、产品迭代，以及项目研发等过程时，通常需要用到时间轴控件。图 3-5 展示了常用的时间轴控件。

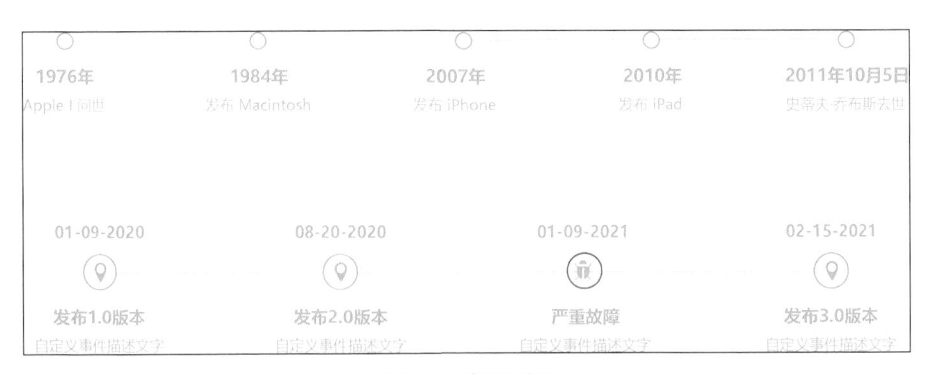

图 3-5 时间轴控件

时间轴控件没有特定的样式规范，在产品设计过程中，具体的展示方式和排列方式（横向还是纵向）产品经理可以根据实际的用户场景自由设计。

3.3.2 步骤条

步骤条控件和时间轴控件的样式与逻辑相似。不同之处在于，时间轴控件基于时间维度，而步骤条控件更多是对具体任务各个阶段的发展状态的展示。图 3-6 展示了一个关于快递物流运输的步骤条控件，用户可以通过它清晰地看到快递物流运输整个流程的具体完成情况。

无论是时间轴控件还是步骤条控件，都是对事物发展进度的描述和展示。在实际的产品设计过程中，时间轴控件还可与步骤条控件结合使用，同时展示时间信息和进度信息，如图 3-7 所示。

图 3-6 关于快递物流运输的步骤条控件

图 3-7 快递的时间信息和进度信息

这样的设计综合了快递物流运输过程中各阶段的状态和时间，给用户展示的信息更加丰富，用户体验更加友好。

3.4 标签和徽标

3.4.1 标签

标签通常是对描述对象的一种属性说明。例如，电商平台中，商家会给促销的商品会打上“促销”的标签，用户看到“促销”标签时，就会知晓这个商品正在进行促销；当我们建立用户画像时，也会给用户打上标签，例如，若A用户的一个标签是“摄影达人”，则表明他很可能是一名摄影爱好者。在实际的产品设计过程中，标签功能通常由标签控件承载。标签控件的样式如图3-8所示。

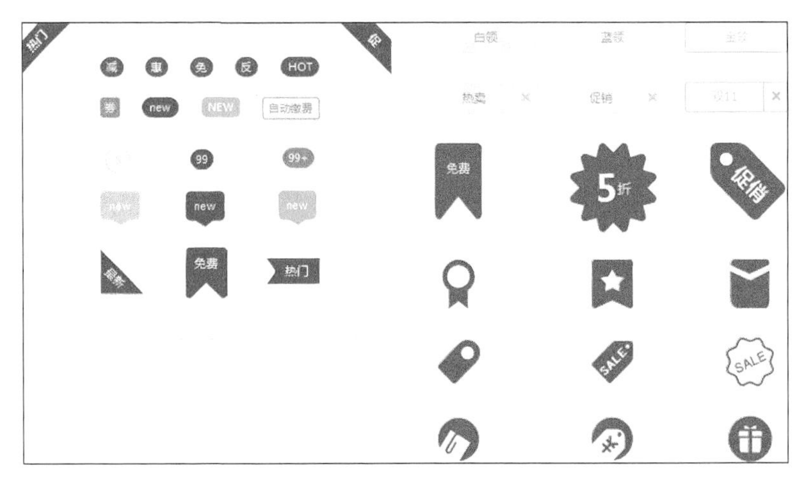

图3-8　标签控件的样式

标签控件没有固定的样式规范，需要根据实际的用户场景设计。需要重点关注的是控件背后所承载的功能逻辑。一些类型的标签控件只展示信息，这类标签的新增和删除只涉及信息的改变，背后不会触发具体的功能；而另一些标签会承载具体的功能，例如，在风控系统中，当某个用户被打上“高风险”标签时，他在平台的操作就会受到一定的限制。在实际的产品设计过程中，这些功能逻辑需要在PRD中描述清楚。

3.4.2　徽标

徽标控件通常用于需要对用户进行信息提示的场景。例如，在使用微信的过程中，如果A用户发的朋友圈信息获得B用户的点赞，那么在A用户的朋友圈图标右上角就会出现一个小红圆点，这个小红圆点就是徽标控件的一种样式体现。图3-9展示了部分常见徽标控件的样式。

常见的徽标控件分为数字形态和点状形态。数字形态主要适用于用户有必要知晓有多少条更新消息的场景，而点状形态则适用于用户只需要知道有新消息，无须知道具体有多少条的场景。

除基本的数字形态和点状形态之外，徽标控件还有多种其他定制化的控件样式。在实际的产品设计过程中，要根据具体的用户场景选择合适的徽标样式。徽标控件一般只具备信息提示作用，并不承载复杂的功能逻辑。值得注意的是，在信息提示场景中，用户阅读信息后，徽标控件（小红圆点）需要消失，再次有消息提醒时才会出现，类似于这样的交互逻辑需要在 PRD 中描述清楚。

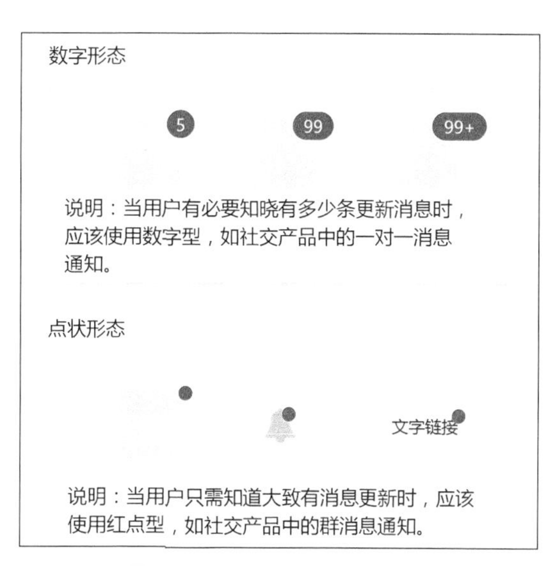

图 3-9 部分常见徽标控件的样式

3.5 面包屑与查询器

3.5.1 面包屑

面包屑控件的概念源于格林童话《汉赛尔与格莱特》，当汉赛尔与格莱特穿过森林时，他们在沿途走过的地方都撒下了面包屑，让这些面包屑来帮助他们找到回家的路。这是一种原始的路径信息记录方式，目的是帮助记录者追溯来时的路。

在用户使用产品的过程中，一些产品的某个功能往往有多个页面层级或者多个操作步骤。这时，我们需要一个记录历史页面路径或者历史操作步骤的功能，来帮助用户明确自己所处页面层级和操作阶段，以及快速地跳转到页面的其他层级和操作阶段。这些功能通常由面包屑控件承载。图 3-10 展示了常见面包屑控件的样式。

首页 / 国际新闻 / 亚太地区 / 正文

默认面包屑

首页 — 国际新闻 — 亚太地区 — 正文

分隔符面包屑

图 3-10 常见面包屑控件的样式

面包屑控件通常由文字按钮和分隔符组成，文字按钮上附带路径信息，用户可以单击它直接跳转到指定页面和操作步骤。例如，图 3-10 展示的两种面包屑控件样式中，一种包含了 4 个层级，用户的操作路径是首页→国际新闻（内容版块）→亚太地区（内容版块）→正文（某篇新闻的正文）。用户阅读完某篇新闻后，可以直接根据面包屑控件提供的路径选择想要返回的页面。

在实际的产品设计过程中，面包屑控件相对比较简单，基本样式也比较固定，中间的分隔符可以自由设计。注意，一旦选用了一种样式，全局的面包屑控件样式就要统一。其功能逻辑主要是页面的跳转逻辑，在 PRD 中描述清楚即可。

3.5.2 查询器

查询器是一种用于查询列表数据的控件，一般由文本输入框、选择器等输入控件组合而成，通常配合列表页控件使用。图 3-11 展示了查询器控件的样式。

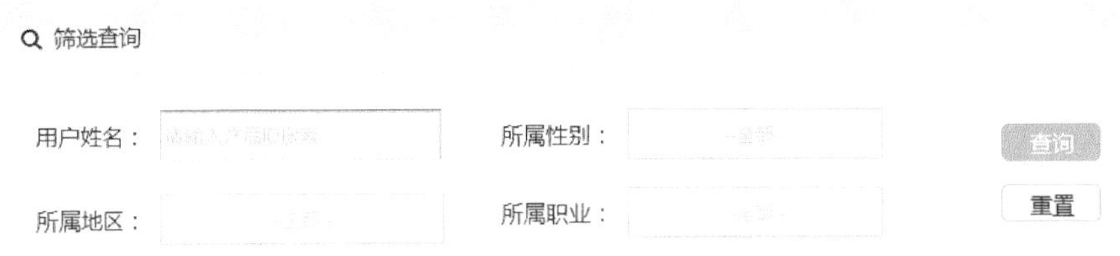

图 3-11　查询器控件的样式

查询器控件主要由两部分组成，它们分别是查询项和功能按钮。其中，查询项用于确定输入指令的内容，例如，直接在“用户姓名”文本框控件中输入“张三”，单击“查询”按钮，搜索张三的数据；直接通过性别选择器控件，选择“男性”选项，然后单击“查询”按钮，搜索所有男性用户的数据；首先在“用户姓名”输入框控件中输入“张三”，然后通过性别选择器控件选择“男性”选项，最后单击“查询”按钮，取二者的输入指令的交集，即在所有名为“张三”的用户中，寻找男性用户，并展示出查询的结果。

功能按钮通常有两个，分别是“查询”按钮和“重置”按钮。“查询”按钮用于执行搜索指令。“重置”按钮有时也称为“清除”按钮，用于快速清除已经输入的搜索内容。

在实际的产品设计过程中，选择器控件基本不会有太多的变化。当查询项太多时，为了节省页面空间，我们可以折叠选择器控件，只显示常用的查询项。如果展开选择器控件则可以看到全部查询项。在功能逻辑方面，要明确每个查询项的查询方式，特别是文本框的查询逻辑是模糊查询还是精确查询，这些逻辑需要在 PRD 中详细描述。

3.6 列表页与详情页

3.6.1 列表页

列表页控件是一种常见的数据展示控件，经常与查询器控件搭配使用，用户通过查询器控件输入查询指令后，查询结果会在列表页展示。常见列表页控件的样式如图 3-12 所示。

列表页控件主要由表头字段、功能按钮和分页器组成。表头字段包含整个列表页所有的数据项，如图 3-12 中的 ID、用户名、性别、积分等都属于表头字段信息。功能按钮一般位于列表页的最后一列，控制行数据的新增、删除、修改和查询等。分页器主要起到翻页的作用，这里不再赘述。

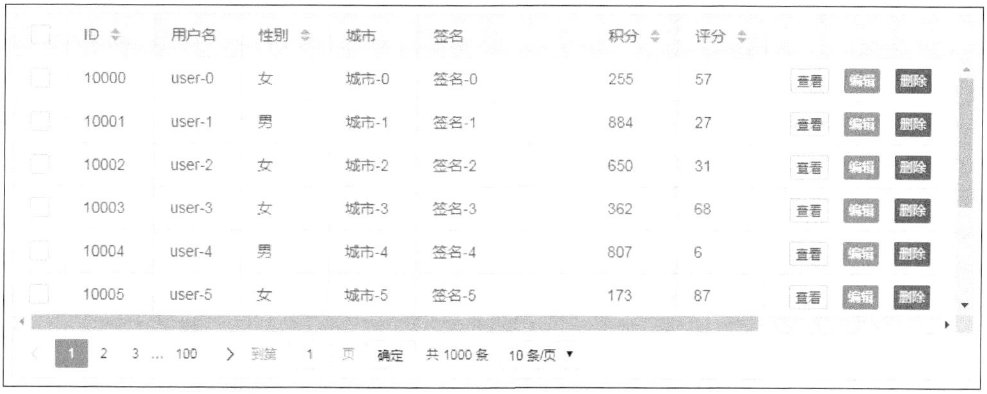

	ID	用户名	性别	城市	签名	积分	评分	
	10000	user-0	女	城市-0	签名-0	255	57	查看 编辑 删除
	10001	user-1	男	城市-1	签名-1	884	27	查看 编辑 删除
	10002	user-2	女	城市-2	签名-2	650	31	查看 编辑 删除
	10003	user-3	女	城市-3	签名-3	362	68	查看 编辑 删除
	10004	user-4	男	城市-4	签名-4	807	6	查看 编辑 删除
	10005	user-5	女	城市-5	签名-5	173	87	查看 编辑 删除

1 2 3 … 100 > 到第 1 页 确定 共 1000 条 10 条/页 ▼

图 3-12 常见列表页控件的样式

在实际的产品设计过程中，列表页控件的样式多，但基本框架和图 3-12 中展示的框架类似。注意，某些场景下，如果我们需要对多行数据进行批量化操作（如批量删除），在列表页的第一列加上复选框就可以一次勾选多行数据，通过功能按钮实现批量化操作。

在功能逻辑方面，列表页支持数据的查看。单击“查看”或“详情”按钮，进入详情页，受限于列表长度，更多的信息会在详情页展示。列表页还支持数据的新增、编辑（修改）和删除等功能，这些功能逻辑在 PRD 中详细描述即可。

3.6.2　详情页

列表页的表头字段往往展示的是重要的信息，受限于列表页控件的长度，更多的信息会在详情页进行展示，在列表页中单击“查看”或者“详情”按钮，就会进入详情页。图 3-13 展示了详情页控件的样式。

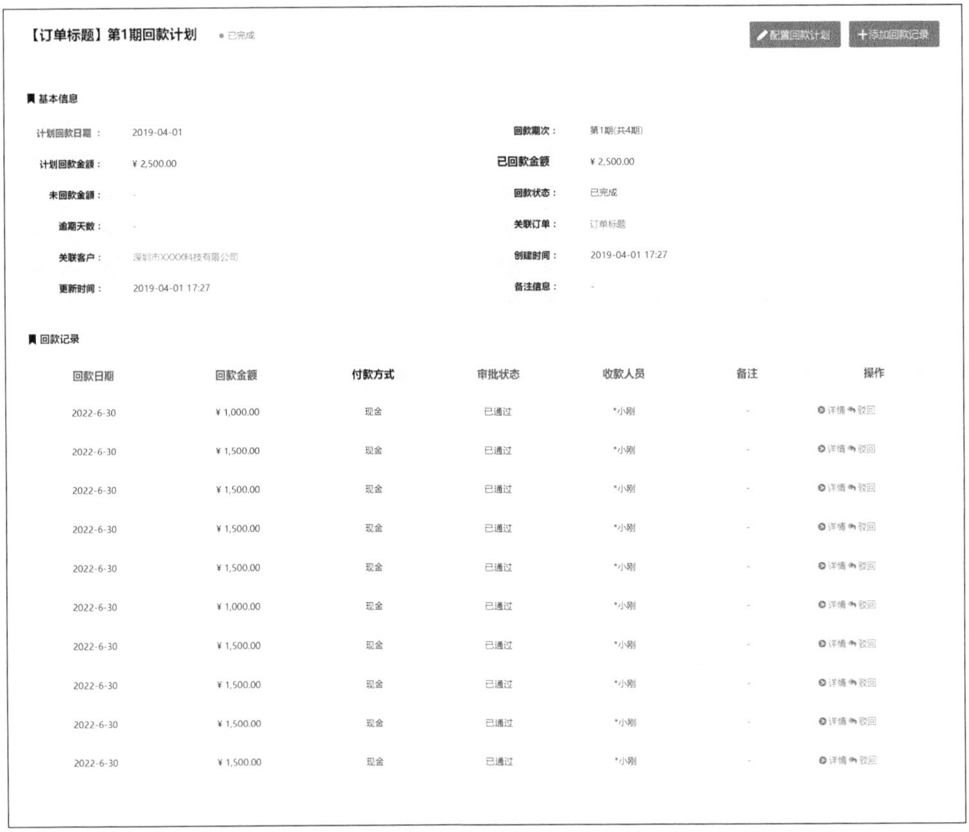
【订单标题】第1期回款计划
已完成
配置回款计划
+添加回款记录
基本信息
计划回款日期 ： 2019-04-01
回款期次： 第1期(共4期)
计划回款金额： ¥ 2,500.00
已回款金额 ¥ 2,500.00
未回款金额： -
回款状态： 已完成
逾期天数： -
关联订单： 订单标题
关联客户： 深圳市XXXX科技有限公司
创建时间： 2019-04-01 17:27
更新时间： 2019-04-01 17:27
备注信息： -
回款记录
回款日期 回款金额 付款方式 审批状态 收款人员 备注 操作
2022-6-30 ¥ 1,000.00 现金 已通过 *小刚 - 详情 驳回
2022-6-30 ¥ 1,500.00 现金 已通过 *小刚 - 详情 驳回
2022-6-30 ¥ 1,500.00 现金 已通过 *小刚 - 详情 驳回
2022-6-30 ¥ 1,500.00 现金 已通过 *小刚 - 详情 驳回
2022-6-30 ¥ 1,500.00 现金 已通过 *小刚 - 详情 驳回
2022-6-30 ¥ 1,000.00 现金 已通过 *小刚 - 详情 驳回
2022-6-30 ¥ 1,500.00 现金 已通过 *小刚 - 详情 驳回
2022-6-30 ¥ 1,500.00 现金 已通过 *小刚 - 详情 驳回
2022-6-30 ¥ 1,500.00 现金 已通过 *小刚 - 详情 驳回
2022-6-30 ¥ 1,500.00 现金 已通过 *小刚 - 详情 驳回

图 3-13　详情页控件的样式

在实际的产品设计过程中，几乎所有与表单页数据信息有关的内容都可放在详情页，因此详情页的样式也是多变且没有固定规范的。我们可以根据实际的用户场景和业务场景自由设计，但是始终要围绕一个核心原则，那就是详情页是对列表页信息和功能的扩展，详情页的信息和功能不能脱离列表页而存在。例如，如果列表页的一条数据展示了 A 用户的姓名、性别、手机号码等基础信息，那么这条数据的详情页的设计应该始终围绕着 A 用户展开，可以是对基础信息的补充，但绝不能展示与 A 用户无关的其他信息（如 B 用户的信息）。

3.7 结果页与异常页

3.7.1 结果页

结果页控件是一种常用的输出控件，在整张页面中使用插画、图标、文字等内容，向用户反馈操作结果，例如，支付订单完成的成功页面。图 3-14 展示了常用结果页控件的样式。

图 3-14 常用结果页控件的样式

常见的结果页控件一般有成功、失败、警告等类型，还有一些特殊的结果页，例如，当前没有查询到数据，或者某个功能正在研发，告知用户需要等待等。特殊的结果页控件的样式如图 3-15 所示。

在实际的产品设计过程中，结果页控件具体的页面元素和控件样式没有固定的规范，可以根据实际的用户场景自由设计。值得注意的是，结果页控件是一种全局页面控件，同样场景的结果页控件尽量要复用。在功能逻辑方面，结果页控件主要负责反馈信息和展示操作结果，在某些特定的场景下还需要承载其他功能，在 PRD 中详细说明即可。

图 3-15 特殊的结果页控件的样式

3.7.2 异常页

异常页控件与结果页控件都是对用户操作结果的反馈，不同之处在于，结果页通常与具体的功能操作（如新增操作、删除操作、修改操作、查询操作等）相关联，作用是针对这些具体的操作输出结果。而异常页控件通常由具体的异常场景（例如，404 页面、500 页面、网络异常页面等）触发。异常页控件的样式如图 3-16 所示。

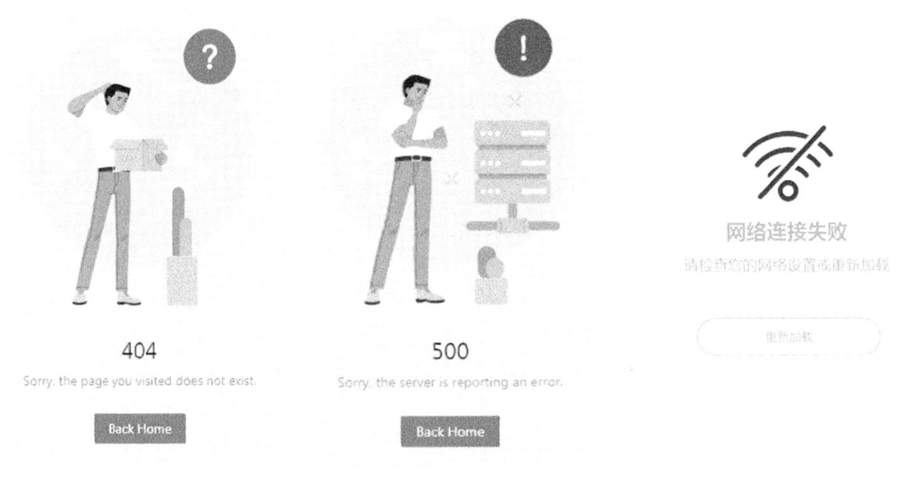

图 3-16　异常页控件的样式

产品使用过程中的异常状态往往会影响用户体验。虽然异常状况无法完全避免，但是对异常结果的清晰反馈和明确定位，一定程度上可以提升用户体验。

在实际的产品设计过程中，异常页控件有相对固定的几种类型，例如，403 页面、404 页面、500 页面、网络异常页面、崩溃页面等类型。我们需要总结用户使用产品过程中所有的异常场景，然后针对每个场景设计对应的异常提示页面。具体的控件样式和描述文案并没有明确的规范，可以根据实际的异常场景自由设计。

在功能逻辑方面，异常页面主要用于实现信息反馈和异常结果展示的功能。如果在特定的场景下还需要承载其他功能，在 PRD 中详细说明即可。

第4章　产品原型设计方法

4.1　色彩选择与按钮设计

4.1.1　色彩选择

在实际的产品设计过程中，虽然产品经理只需要输出原型图和PRD，视觉设计和交互设计会由专门的设计师来完成，但最终的输出结果需要由产品经理来验收。因此，在产品原型设计阶段，一定要描述清楚产品的视觉需求，以方便设计师准确地理解，减少后续的设计返工。

例如，在设计一款股票产品时，考虑到国内股票市场整体"红涨绿跌"（国外一些股票市场的涨跌颜色相反，如美股）的表现形式，以及产品用户（股民）喜涨不喜跌的集体情绪，我们可以提出产品在视觉上要表现出以红色为主的暖色调需求。色彩本身并无冷暖的温度差别，视觉色彩会引起人们对冷暖感觉的心理联想。

当用户看到红、红橙、橙、黄橙、黄、棕等暖色调后，会联想到太阳、火焰等，产生积极、正向、温暖、热烈、豪放、危险等感觉；而见到绿、蓝、紫、青等冷色调后，用户会联想到天空、冰雪、海洋等物象，产生寒冷、平静等感觉。

所以，产品经理在设计产品的过程中，要学会使用色彩，掌握色彩心理和情感效应。产品是基于用户而定位的，什么样的产品定位适合什么样的视觉配色，自然是由产品的用户群体所决定的，整个过程需要用心思考。

4.1.2　按钮设计

按钮是用户与产品进行交互时常用的一种指令输入元素。按钮主要分为普通按钮、图标按钮和文字按钮。本节将详细介绍这3种类型的按钮。

1. 普通按钮

图4-1展示了普通按钮的样式与风格。普通按钮主要由按钮样式、按钮文字，以及按钮配色这3个要素组成。在实际的产品设计过程中，要注意设计的统一性和复用性，即同样的场景和功能下，按钮的三要素应保持一致。

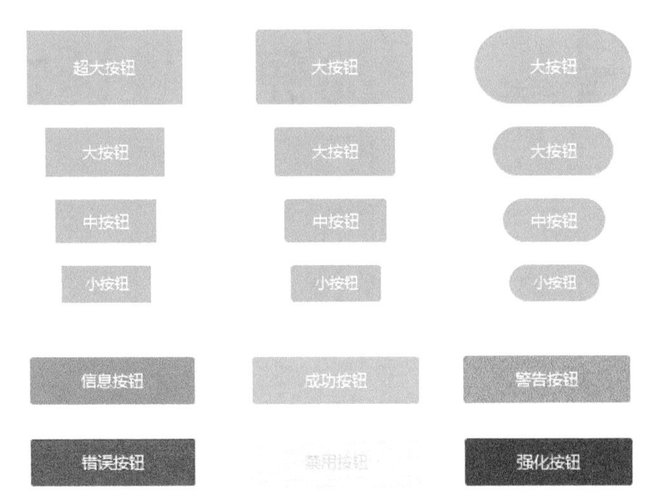

图4-1 普通按钮的样式与风格

在设计按钮的文字时，要注意信息的明确性，例如，“新增”“删除”“编辑”“取消”等，文字表达应简洁而明确。值得注意的是，按钮上的文字个数一般是偶数，要么有两个字，要么有4个字，在过去的经验中很少出现3个字或者5个字的按钮，这在设计时可以作为参考。

对普通按钮的样式进行扩展，取消色彩填充，只保留边框的按钮又称为“幽灵按钮”。“幽灵按钮”能更好地与整体背景融入，不会有强烈的突兀感，一般交互频次较低的按钮可以使用“幽灵按钮”样式。

另外，要注意按钮的配色，不同功能属性的按钮适合使用不同的配色。例如，信息按钮一般是蓝色的，成功按钮一般是绿色的，警告按钮一般是黄色的，错误按钮和删除按钮一般是红色的，在设计时要注意按钮的配色及其承载的功能属性的一致性。

2. 图标按钮

相比普通按钮，图标按钮多了图标元素。相比单纯的文字，图标按钮除视觉比较美观之外，还能传达出按钮的功能与作用，例如，当用户看到垃圾桶图标时，马上就会想到这个按钮承载的是删除功能。图 4-2 展示了图标按钮的样式。

图 4-2 图标按钮的样式

在设计图标按钮时，选用图标的视觉含义要尽可能与按钮所承载的功能相关。例如，"删除"按钮适合搭配垃圾桶样式的图标，"搜索"按钮适合搭配放大镜样式的图标。

3. 文字按钮

文字按钮是最简洁的一种按钮，去掉了按钮样式，用纯文字的形式来代替，与页面背景的融入度最高。例如，列表页控件的"操作"列中的"详情""编辑""删除"等功能都是用文字按钮来承载的，如图 4-3 所示。

日期	姓名	年龄	地址	操作
2016-10-01	张小刚	24	北京市海淀区西二旗	详情 编辑 删除
2016-10-02	李小红	30	上海市浦东新区世纪大道	详情 编辑 删除
2016-10-03	王小明	20	北京市朝阳区芍药居	详情 编辑 删除
2016-10-04	周小伟	19	深圳市南山区深南大道	详情 编辑 删除

图 4-3 文字按钮控件样式示例

文字按钮通常需要带颜色，用来和纯文字信息进行区分，给用户一种可单击的视觉提示。

4.2 使用原型设计中的基础元素

在产品设计过程中，通常会用到 3 种基础元素，它们分别是文字元素、图片元素，以及图标元素。掌握这些基础元素的使用方法，可以帮助我们更好地完成产品设计。

4.2.1 使用文字元素

文字元素是产品向用户展示信息时，使用范围最广且频次最高的一种基本元素。文字元素的基本样式如图 4-4 所示。

页面标题 / 加粗 #666 20px

主标题 / 加粗 #666 16px

次标题 / 加粗 #666 16px

小标题 / 加粗 #666 14px

正文 / #666 14px

辅助文字 / #999 14px

失效文字 / #ccc 14px

链接文字 / #1ABC9C 14px

图 4-4　文字元素的基本样式

在实际的产品设计过程中，要明确使用文字元素的场景类型，例如，主标题、次标题、小标题、正文、辅助文字、失效文字、链接文字等。同时，要根据文字元素的使用场景，设计元素的大小、色彩，以及字体等基本样式。不同的场景使用不同的文字样式，以保证产品信息展示的良好用户体验；相同的场景要使用相同的文字样式，以保证产品设计的整体性和一致性。

4.2.2 使用图片元素

除文字元素之外，图片元素也是产品设计过程中经常用到的一种信息展示元素。例如，电商平台的商品展示图、用户的自定义头像等都是图片元素常见的使用场景。图片元素的基本样式如图 4-5 所示。

在使用图片元素时，要注意图片的形状、尺寸、交互样式等。一般的图片形状有矩形、圆角矩形、椭圆形，以及圆形等；尺寸样式可以根据具体的操作场景自由定义；交互样式一般有新增、编辑、删除、放大 / 缩小、滑动、轮播、渐显等类型，在实际的产品设计过程中，这些逻辑要在 PRD 中进行详细说明。

图 4-5 图片元素的基本样式

4.2.3 使用图标元素

图标元素作为一种信息提示元素，可以单独用于信息提示的场景，也可以和其他控件搭配使用，用来承载某种功能和交互，例如，图标和按钮组合成图标按钮。

图标元素的样式通常带有一些场景意义，例如，垃圾桶状的图标元素往往用于删除场景；麦克风状的图标元素往往用于语音交互场景；而铃铛状的图标元素一般用于消息提示场景。图 4-6 展示了常用的图标元素。

图 4-6 常用的图标元素

在实际的产品设计过程中，要根据具体的使用场景选择合适的图标元素。例如，在上传用户资料的场景下，通常会使用一朵云加上向上的箭头组合形成的图标元素，云代表云端服务器，向上的箭头代表上传动作，接近实际使用场景的图标元素往往能帮助用户更好地理解并使用产品。

4.3 设计导航菜单栏和卡片式布局

4.3.1 设计导航菜单栏

导航菜单栏在不同类型的产品和不同的场景下又称为导航栏或者菜单栏，在使用产品的过程中，起到信息导航和功能引导作用。导航菜单栏是一系列导航控件的总称，通常起到对用户进行信息导航和功能引导作用的控件结构都可以称为导航菜单栏。

图 4-7 展示了网站导航菜单栏的经典结构，其中包括菜单导航栏、功能按钮、面包屑等基础控件。

图 4-7 网站导航菜单栏的经典结构

思考整个产品的信息结构和功能结构如何以最合理的布局，达到最佳的用户体验，是导航菜单栏设计的目标，也是设计的难点。导航菜单栏的设计方法如图 4-8 所示。

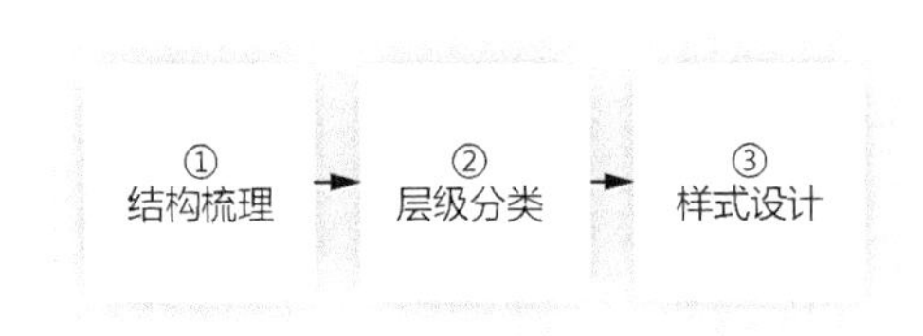

图 4-8 导航菜单栏的设计方法

1. 结构梳理

从用户视角来看，产品的结构主要分为两种类型——信息结构和功能结构。用户使用产品的过程中，通常获取产品信息和使用产品的功能，所以在设计产品的导航菜单栏时，首先要梳理产品的信息结构和功能结构。

前端网站通常强调信息结构。如图 4-9 所示，搜狐网的导航菜单栏按照内容类型分为新闻、体育、汽车、房产、旅游、时尚、科技、财经、娱乐和更多等信息模块，同时提供了搜索导航功能，以及账户登录功能入口，用户可以根据导航轻松找到自己感兴趣的内容。

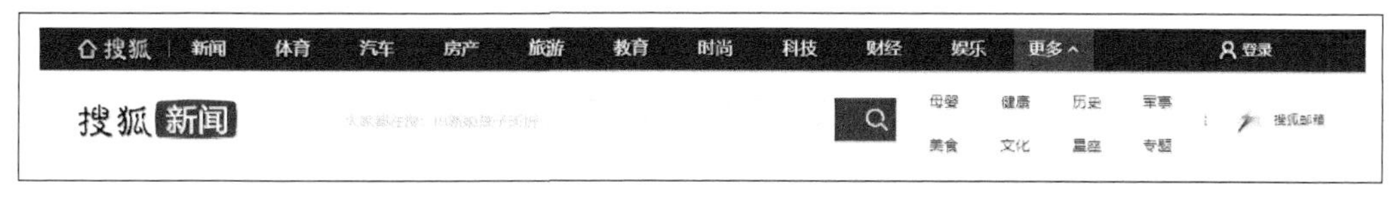

图 4-9　搜狐网的导航菜单栏

而管理后台网站通常强调功能结构。图 4-10 展示了某内容网站管理后台的导航菜单栏设计样式。整个管理后台分为内容管理、用户管理、统计分析等一级功能模块，每个一级功能模块下又有二级功能模块，用户可以清晰地找到自己要使用的功能。

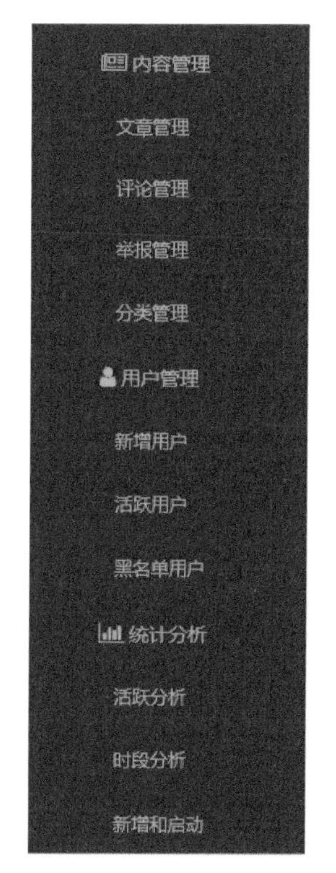

图 4-10　某内容网站管理后台的导航菜单栏设计样式

移动端 APP 类产品使用同样的方法梳理自身的信息结构和功能结构。图 4-11（a）与（b）展示了微信“搜一搜”的信息导航菜单栏和腾讯服务的功能导航菜单栏的设计。

无论是以上案例中的前端网站、管理后台，还是移动端 APP 类产品的导航菜单栏设计，第一步都是梳理产品的功能结构和信息结构。结构梳理完成后再进行层级分类和样式设计，以保证用户可以得到完整的、分类明确的、交互便捷及视觉清晰的引导体验。

2. 层级分类

在梳理完成导航结构后，需要对信息结构和功能结构进行层级分类。例如，图 4-10 中，整个导航菜单栏不同的内容版块被划分在一起，整体呈现出一级结构；而图 4-11 中的功能导航菜单栏在一级功能菜单下又分成二级菜单，所以整体呈现出二级结构。

理论上，层级数没有限制，但在实际的产品设计过程中，层级结构越深，用户需要筛选的时间就会越长，所以层级结构一般不要超过3级。

同一个级别的信息或功能结构中，具体模块的排列顺序要根据信息或功能的权重及用户使用频率来决定。一般来说，权重越高、用户使用频率越高的结构模块排列越靠前。

（a）微信“搜一搜”的信息导航菜单栏的设计　（b）腾讯服务的功能导航菜单栏的设计

图4-11　微信“搜一搜”的信息导航菜单栏和腾讯服务功能导航菜单栏的设计

3. 样式设计

在确定完导航菜单栏的结构和层级分类后，我们需要设计一个导航菜单栏样式来完成最终的导航菜单栏设计。无论是PC端网站类产品，还是移动端APP类产品，导航菜单栏的样式都可以根据实际需要灵活设计。图4-12与图4-13分别展示了PC端网站类产品和移动端APP类产品的常用导航菜单栏样式。在实际的产品设计过程中，我们可以根据实际的产品结构和用户场景选择合适的导航菜单栏样式。

导航菜单栏设计完成后，产品经理要把自己当作一名用户，面对自己设计的产品的导航结构和样式，思考是否能够从这套结构和样式中获得有效的引导，帮助自己更好地使用产品。导航菜单栏最终的样式、功能和交互要在PRD中详细说明。

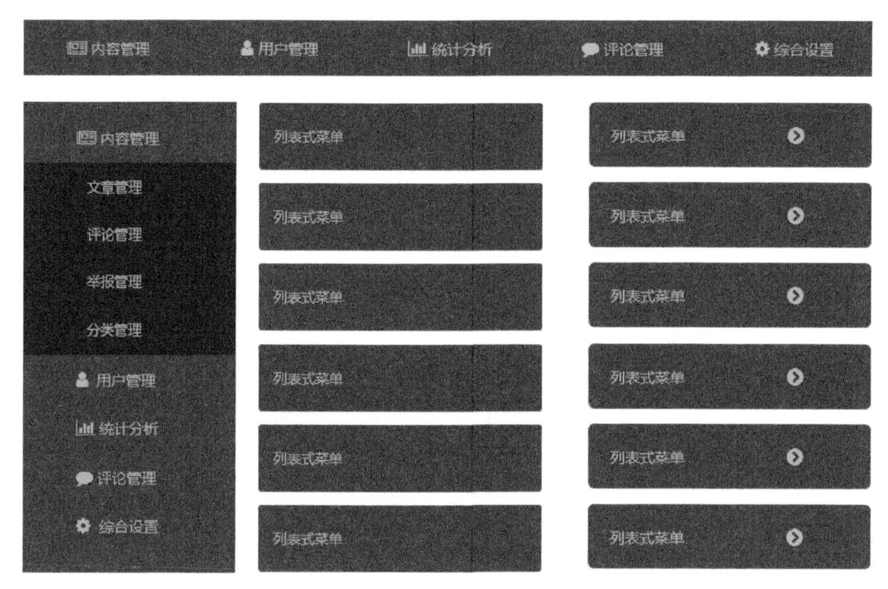

图 4-12 PC 端网站类产品的常用导航菜单栏样式

图 4-13 移动端 APP 类产品的常用导航菜单栏样式

4.3.2 设计卡片式布局

在实际生活中，我们经常会使用各种卡片，如身份证、银行卡、购物卡、公交卡等。这些卡片的共同点是使用一个载体承载信息，并且具有便携性和独立性。这种实体卡片被拟物化地应用于产品设计中，形成了今天常见的卡片式布局设计。图 4-14（a）与（b）展示了常见的卡片式布局设计示例。

（a）优惠券卡片　　　　（b）内容卡片

图 4-14　卡片式布局设计示例

卡片式布局设计广泛地应用于各种类型的产品设计当中。无论是在社交产品中的信息流中，还是电商产品中的商品流中，我们都可以看到卡片式布局。在实际的产品设计过程中，卡片式布局设计中，要注意 3 个基本要素，它们分别是卡片样式、卡片信息和卡片功能，如图 4-15 所示。

图 4-15　卡片式布局设计中要注意的 3 个基本要素

1. 卡片样式

在实际的产品设计过程中，卡片样式是为产品的信息和功能服务的，如果没有特定的设计需求，卡片的形体、内外边距、投影深度，以及颜色对比等专业要素可以交给设计师自由设计，只要符合产品需求预期，即可验收通过。

2. 卡片信息

卡片信息需要产品经理在 PRD 中描述清楚。卡片信息一般由标题和内容两部分组成。通常在用户非常熟悉的场景下，标题可以省略。内容分为两种类型，分别是文本卡片和图文卡片，如图 4-16（a）与（b）所示。

致疯狂的人

致疯狂的人。他们特立独行。他们桀骜不驯。他们惹是生非。他们格格不入。他们用与众不同的眼光看待事物。他们不喜欢墨守成规。他们也不愿安于现状。你可以认同他们，反对他们，颂扬或是诋毁他们。但唯独不能漠视他们。因为他们改变了寻常事物。他们推动人类向前迈进。或许他们是别人眼里的疯子，但他们是我们眼中的天才。因为只有那些疯狂到以为自己能够改变世界的人……才能真正改变世界。

（a）文本卡片

致疯狂的人

致疯狂的人。他们特立独行。他们桀骜不驯。他们惹是生非。他们格格不入。他们用与众不同的眼光看待事物。他们不喜欢墨守成规。他们也不愿安于现状。你可以认同他们，反对他们，颂扬或是诋毁他们。但唯独不能漠视他们。因为他们改变了寻常事物。他们推动人类向前迈进。或许他们是别人眼里的疯子，但他们是我们眼中的天才。因为只有那些疯狂到以为自己能够改变世界的人……才能真正改变世界。

（b）图文卡片

图 4-16　文本卡片和图文卡片示例

文本卡片是一种纯文本卡片，经常在具备信息流的产品中使用；图文卡片在文本卡片的基础上加入了图片元素，丰富了卡片内容。例如，在一些电商平台中，商品介绍除文字描述外，还加上实物图片，这会更容易让用户了解商品。在产品设计过程中，根据实际用户场景，灵活选择卡片样式即可。

3. 卡片功能

除要描述卡片附带的基本信息之外，有些卡片还附带其他功能。如图 4-17 所示，在承载静态内容的信息卡片上，新增了“查看更多”功能按钮。

致疯狂的人

致疯狂的人。他们特立独行。他们桀骜不驯。他们惹是生非。他们格格不入。他们用与众不同的眼光看待事物。他们不喜欢墨守成规。他们也不愿安于现状。你可以认同他们，反对他们，颂扬或是诋毁他们。但唯独不能漠视他们。因为他们改变了寻常事物。他们推动人类向前迈进。或许他们是别人眼里的疯子，但他们是我们眼中的天才。因为只有那些疯狂到以为自己能够改变世界的人……才能真正改变世界。

查看更多

图 4-17　附带交互功能的卡片样式

用户单击“查看更多”按钮，即可跳转到详情页面，这个过程中卡片的交互动作是“单击”，功能是“跳转到详情页”。在产品设计过程中，具体的交互动作和承载的功能也需要在 PRD 中描述清楚。

4.4　使用UI框架

在实际产品工作中，用户界面（User Interface，UI）一般特指产品 UI 的设计，产品的UI设计主要包括“交互”设计和“视觉”设计两方面的工作（部分公司中，“交互”设计和“视觉”设计分别由不同的岗位来完成）。“交互”设计要保证产品操作体验的简洁、高效，以及流畅；“视觉”设计要根据产品的用户群体特征、地域、文化、习俗、宗教等因素综合考虑，以传达给用户最合适的视觉效果。用户需求分析和产品方案设计决定了产品的“有用”，而UI设计决定了产品的“好看”和“好用”，这两部分内容构成了产品的基础用户体验。

在实际的产品设计过程中，产品经理输出产品原型后，UI设计师会根据产品原型图完成交互设计和视觉设计，最后设计图会交由产品经理进行验收，验收通过则交由前端工程师进行开发。前端工程师最主要的工作是根据UI设计师的最终设计稿实现可供用户使用的产品界面。

编码过程中我们经常会写出很多冗余的代码，例如，每个页面中用到按钮的地方都要设计按钮样式，慢慢地，为了加快开发，就开始大量复制和粘贴按钮样式，最后就导致整个代码中存在几十个类似的按钮样式。

页面中其实存在很多像按钮这样多次用到的组件。这时候前端开发人员会把这些具有共同应用场景的组件抽离出来，变成通用组件。这样再次编写页面代码时，只要引入这些通用的组件，就不用在页面里重复编写这些内容了。经过不断总结和实践，就形成了规范的UI框架。

4.4.1 使用UI框架的好处

使用UI框架的好处如下。

- **标准化**。UI设计师通常会有一套自己的设计标准，按照该标准制作一套前端框架时，就可以把设计标准转化为开发标准。如果设计师给出的设计图并没有什么标准，例如，同样功能、同样位置的按钮中，有的高50px，有的高55px，前端开发人员就有义务去和UI设计师沟通，并确定设计标准，以保证同类组件有统一的尺寸和样式。这样以后无论是设计师的更换还是前端开发人员更换，只要标准不更换，就能保证产品设计的一致性和统一性。
- **高效率**。使用UI框架以后，所有通用组件的开发量就减少，开发人员只须进行每个页面中那些没有共性部分的开发即可。
- **可扩展性强**。使用UI框架后，具有共性的内容都集中在一起，因此需要对产品进行样式改造或扩展时，只需要对框架进行升级即可。不用像使用原始开发方式那样，即使只是修改按钮颜色，也要在每个页面中都修改一遍。
- **高性能**。抽离UI组件后，会减少很多冗余代码，这样文件在整体上会变小，同时通过缓存抽离出来的通用组件，还会进一步提高加载速度。

4.4.2 常用的UI框架

1. Bootstrap

Bootstrap 是 Twitter 推出的一款用于 HTML、CSS 和 JavaScript 前端开发的开源工具包，是全球很受欢迎的前端组件库，用于开发响应式布局、移动设备优先的 Web 项目。它同时支持 PC 端和移动端产品，还可以实现自适应，组件非常全面，拥有良好的稳定性，不容易出问题。该框架内的 UI 控件设计可以用作产品原型设计的参考。

2. Layui

Layui 是一款采用自身模块规范编写的前端 UI 框架，遵循原生 HTML、CSS、JavaScript 代码的书写与组织形式，门槛极低，具有开箱即用的特点。Layui 占用的内存空间少，拥有丰富的组件，非常适合用于界面的快速开发。Layui 几乎兼容目前主流的所有浏览器（IE6 和 IE7 除外），可作为 PC 端后台系统与前台界面的速成开发方案。

3. Ant Design

Ant Design 是蚂蚁金服体验技术部输出的一套 UI 设计语言，主要应用于企业级中后台产品的交互设计和视觉体系。Ant Design 拥有开箱即用的高质量 React 组件，全链路开发和设计工具体系，支持数十种国际化语言。

当然，除以上介绍的 3 种 UI 框架之外，市面上还有同样类型的 UI 框架，如 Mint UI、WeUI、Cube UI、iView UI、Element UI、Vant UI、AT UI 等。这些 UI 框架都可以在网络上找到详细的资料，这里不再逐一介绍。

在日常的产品工作中，要多参考这些 UI 框架中的组件设计，博采众长，逐渐培养自己的产品设计思维，开拓产品设计思路。

在进行原型设计时，尽量不要自己创建控件，而应该先熟悉现在市面上流行的 UI 框架，查看其中有没有自己可以复用的控件，因为这些 UI 框架中保留的控件基本上是有效的。同时，由于组件本身具备通用性和规范性，因此我们可以为后续的 UI 设计和验收，以及前端的技术实现节省很多时间。站在巨人的肩膀上，会让我们的产品设计更快、更好。

4.5 如何让原型设计变得又好又快

在实际的产品工作中，让自己的原型设计“又好又快”，想必是所有产品经理的追求。然而，当我们追求设计保真度高、PRD 描述详细的产品原型时，都会觉得效率很低，似乎质量和效率不能同时在产品原型设计这项工作中兼顾，所以要么牺牲质量，提高效率；要么牺牲效率，追求质量。

事实上，我们还可以通过一些技巧和方法，在一定程度上让原型设计既保证质量，又快速完成，从而让原型输出做到真正的“又好又快”。本节将介绍一些方法和技巧，用于帮助我们提高产品原型的设计效率。

4.5.1 掌握通用的产品设计方法

产品原型是产品设计思路和具体方案功能化后的产物。要想快速完成原型设计，一定要先明确产品的设计思路和产品方案。有了完整的方案后，再把方案设计成具体的功能，最后才用产品原型把具体方案中的功能具象出来。

因此，要先快速掌握产品的设计思路和设计方法，才能保障后续的产品原型设计得又好又快，而本书第 4 ～ 9 章会介绍日常产品工作中通用的产品设计思路和设计方法。快速输出的背后一定是清晰的设计思路，希望读者能认真阅读后续章节的内容，掌握通用的产品原型设计思路和设计方法。

4.5.2 熟练掌握控件的使用方法

在掌握了很多产品设计方法之后，还要熟练掌握所有控件的使用场景和方法。首先，熟练掌握控件使用场景，可以促进我们思考产品方案，这样在面对具体的需求时，产品方案和原型画面是同时在脑海中出现的，方案模拟出画面，画面模拟用户的使用场景，反过来修正方案的不足，从而提高有效方案的输出效率。另外，熟练掌握这些控件的使用场景和使用方法，不必在原型设计中花费大量时间思考具体用什么控件，可以节省很多时间。

本书第 1 ～ 3 章介绍了产品设计过程中输入、反馈、输出三大类控件的设计和使用方法。这些控件的使用场景和方法需要熟练掌握。

4.5.3 建立丰富的原型模板库

除掌握通用的产品设计方法和原型控件的使用方法之外，还有一个继续提高设计效率的方法，那就是建立完整的原型模板库。

想象一下，在日常的产品原型设计过程中，若需要一个控件，是自己动手设计或者从网络上查找更快，还是基于自己设计的或者通过其他方式收集的控件创建一个丰富的原型模板库，随时复用控件更快呢？当然是拥有自己的模板库，随时复用更快。

模板库里面不仅要有各种日常原型设计需要用到的控件，还要包含一些通用功能（例如，注册 / 登录功能、列表页功能、表单功能、搜索功能等）级别的控件。建立丰富的原型模板库并在原型设计过程中复用，不仅能让原型设计保真、规范，还可以提高设计效率。

如果读者能熟练掌握这 3 种方法，那么在进行产品原型设计时，就会感受到通透感所带来的流畅和高效。通用的产品设计方法有助于我们快速梳理满足具体需求的产品设计思路，并输出有效的产品方案。熟练掌握控件的使用方法，产品原型设计就会变得和“搭积木”一样简单，在模板库取出组件，所有功能都能通过基础组件拼接而成。

第5章　通用的产品功能设计方法

5.1　如何设计注册/登录功能

产品基于用户需求设计出来，服务于用户，用户使用产品的过程中产生的各种信息，例如，聊天记录、充值余额、会员积分，点赞 / 收藏等，下次使用产品时还能找到，这些都依赖产品能知道用户是谁。因此，大多数产品通常会有一套身份识别体系，来帮助产品和用户互相识别，这样的体系叫作账户体系；而用来帮助建立用户身份和识别用户身份的功能叫作注册 / 登录功能。注册 / 登录功能是所有拥有账户体系的产品必备的功能，也是每名产品经理都必须要会设计的基础功能之一。图 5-1 展示了用户、产品、账户体系与注册 / 登录功能的基本关系。

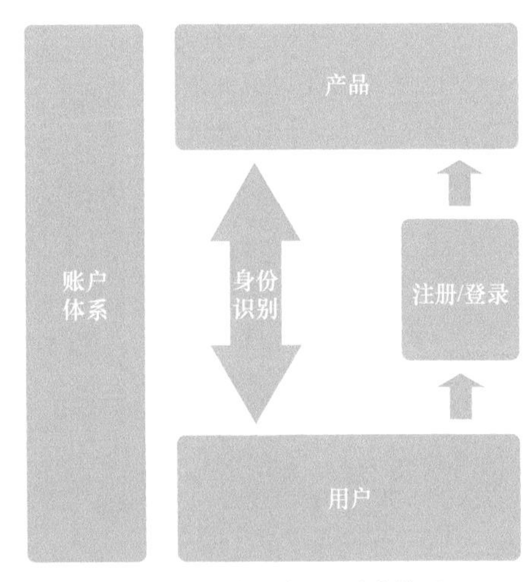

图 5-1　用户、产品、账户体系与注册 / 登录功能的基本关系

注册 / 登录功能是一种通用的产品功能，功能的设计逻辑不基于具体的行业、公司、业务，以及产品形态而改变。注册 / 登录功能的设计逻辑是一体的，先注册后登录。下面将分别介绍注册功能和登录功能的设计方法。

5.1.1　注册功能设计

下面以微信账号注册页面的设计为例进行讲解。图 5-2 展示并标注了微信账号注册功能的基本设计要素，包括账号类型、注册信息、产品使用协议和注册校验 4 个要素。本节将分别介绍这些要素。

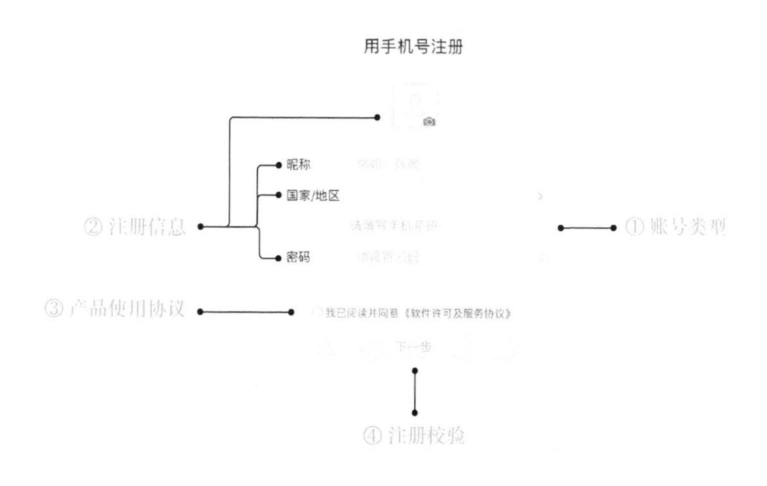

图 5-2 微信账号注册页面

1. 账号类型

账号类型指用户在进行产品注册时，使用什么类型的载体作为用户的注册账号。常见的账号类型有手机号码、电子邮箱、自定义账号、自定义用户名，以及第三方账号等。不同的账号类型有不同的优缺点。

1）手机号码

使用手机号码作为注册账号，是目前主流的产品注册方式。首先，手机号码具备特有的短信验证优势。后续无论是换号场景还是忘记密码的场景，都可以通过短信验证码快速验证并完成。同时，普通用户一般情况下不会有很多个手机号，可以有效防止恶意注册的发生。其次，手机号码本身就是用户已经记住的常备信息，不会因为注册新产品而增加记忆负担。

但是使用手机号码作为注册账号也有其特有的缺点，通过获取手机短信验证码进行后续操作，等待时间不可控制，一些场景下有可能收不到手机短信验证码，导致流程中断。

2）电子邮箱

使用电子邮箱作为注册账号和使用手机号码作为注册账号的优缺点类似，前者适用于早期的 PC 互联网，后者常用于今天的移动互联网。在 PC 互联网时代，使用电子邮箱作为注册账号是主流的注册方式。随着移动互联网的普及，该方式逐渐被取代，现在多见于PC端的网站账号注册，以及一些面向B端的产品账号注册。如今电子邮箱更多作为一种辅助账号，用于帮助忘记账号和密码的用户找回账号。

3）自定义账号

自定义账号注册方式目前在主流产品中使用得比较少。自定义账号注册方式的优点是，用户可以灵活定义自己的账号。增加用户的记忆成本是它的优点，也是它的缺点。另外，自定义账号注册方式缺少验证流程，会导致大量的恶意注册。

4）自定义用户名

自定义用户名注册方式和自定义账号注册方式类似，只是后者同时把账号作为用户名。相比于纯账号的概念，用户名更加容易记住。典型的案例是，早期淘宝的账号注册允许使用中文汉字。其优点是，用户可以自由定义附带特定意义的账号作为自己在产品使用过程中的用户名。其缺点也是显而易见的，例如，中文中很多生僻字以及标点符号，这些都会增加产品设计的复杂度，增加后期账户体系的维护成本。

5）第三方账号

使用第三方账号作为注册账号的逻辑是用户在一个可信任的第三方产品中已注册过账号，第三方产品对外提供的开放注册能力允许市面上的其他产品接入，用户在进行账号注册时，无须输入账号信息，可以直接通过第三方产品进行授权，进行快速注册。

使用第三方账号注册非常便捷。典型的案例是使用微信注册，在注册一个新产品的账号时，如果该产品接入了微信注册功能，则用户可以快速调用微信进行授权，实现注册、登录无缝衔接。

使用第三方账号注册也有一些不足。例如，用户首次通过第三方账号进行注册并登录后，一般产品为了账户体系的完整性，会强制用户绑定手机号码或者电子邮箱账号，一部分用户会有抵触心理；如果不绑定，当第三方账号出现问题（如微信号被注销或者被封禁）时，则会影响没有绑定其他登录方式的用户使用。

2. 注册信息

注册信息主要包含用户的头像、昵称、密码、生日、座右铭等基础信息，不同类型的产品可以选择符合自己产品定位的注册信息来设计注册流程。

3. 产品使用协议

产品使用协议是用户使用产品前需要阅读并确认知晓的一份告知文件。不同产品的协议内容并不相同，但通常都会声明用户在使用产品过程中所拥有的权利和责任。产品使用协议一般会在用户注册时，要求用户阅读、确认并同意，也可以在后续用户使用产品时提示用户同意。

4. 注册校验

注册校验通常是注册流程的最后一步。当用户单击“确定”按钮时，对应图 5-2 中的“下一步”按钮，主要对用户在注册页面填写的所有信息进行有效性校验，例如，用户的必填字段是否填写，注册账号是否有效（已经被注册），以及图像、昵称、密码等字段是否合法。

对于注册信息较多的产品，如果这些信息都在最后一步进行校验，当很多字段填写的信息都不合格时，会导致用户需要单击很多次“下一步”按钮，才能完成所有字段的合法性校验。此时，我们可以考虑在每一个输入框控件中输入完成后进行“即时校验”或者“失焦判断”逻辑操作，保证如果用户输入“非法”信息（不符合格式的信息），第一时间提醒用户进行修改。

5.1.2 登录功能设计

同样以微信账号登录页面的设计为例进行讲解。图 5-3 展示并标记了微信账号登录功能的基本设计要素。

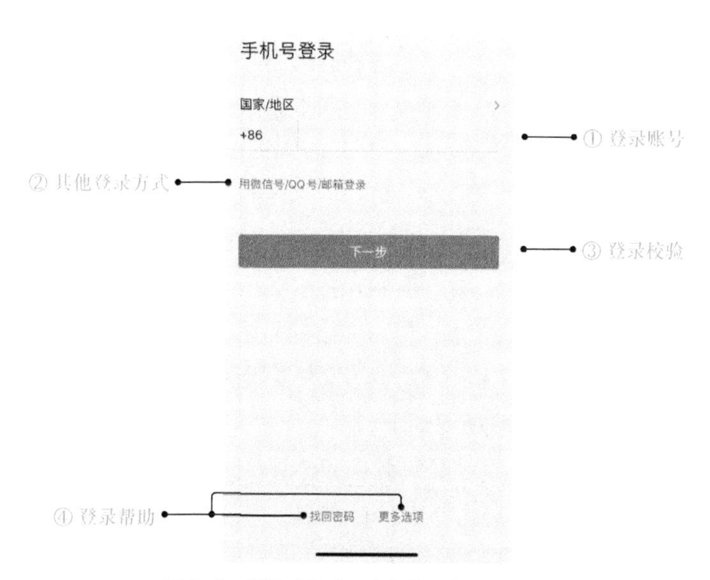

图 5-3 微信账号登录功能的基本设计要素

1. 登录账号

登录账号是用户进行登录操作时需要输入的账号，可以是注册账号，也可以是注册账号绑定的其他账号，例如，微信使用微信号登录，但一般会绑定手机号码，所以也可以用手机号登录。

2. 其他登录方式

登录账号作为用户登录产品的凭证，通常与注册账号保持一致，即注册时用什么账号，登录时就默认用什么账号。如果用户的注册账号绑定了其他账号，那么其他账号也可以作为登录账号（例如，微信可以用已绑定过的手机号、QQ 号、电子邮箱登录），用户可以根据实际的登录需求灵活选择。

3. 登录校验

登录校验通常指用户填写完登录信息，单击“下一步”或者“登录”按钮时，产品对登录信息所做的有效性校验。通常会校验登录账号是否存在，如果登录账号不存在，则提示用户登录账号不存在，重新输入登录账号或者引导用户进行注册；如果登录账号存在，则继续校验登录账号和密码是否匹配。图 5-3 中微信的登录页面首先在用户单击“下一步”按钮时，对账号进行有效性校验，校验通过后，在下一个页面进行密码校验，如图 5-4 所示。

图 5-4 密码的校验

为了提高用户登录的连贯性体验，即不会在产品判断用户账号不存在时，让用户进入注册页面，而是把登录和注册流程设计为一个流程。如果产品判断当前账号不存在，则直接自动注册该账号，并进行登录。当然，这样的设计的前提是提示用户“当前账号如果未注册，则会自动注册并进行登录”。

4. 登录帮助

在设计产品的登录流程时，要考虑一些用户可能遇到的困难，从而提供给用户相应的帮助入口。典型的登录帮助场景如下。

- **用户忘记密码**。用户忘记密码时，可以通过账号的验证码（手机短信验证码或电子邮箱验证码）找回密码，例如，若用户记得手机号码，可以通过手机短信验证码来验证，验证通过后可以设置新密码，继续登录。
- **用户忘记账号和密码**。当用户忘记账号和密码时，无法通过手机短信验证码或者电子邮箱验证码等验证方式来找回密码。此时需要走申诉流程，即用户提供有效信息，证明自己的身份，然后找回账号和密码。例如，用户历史账号所登录过的地区、时间，好友信息、购物信息，使用过的密码等都可作为有效信息。用户提供的有效信息越多，则找回账号和密码的效率就越高。

除忘记账号和密码等常见帮助场景之外，某些用户在登录页面时可能会遇到其他的帮助场景（如紧急冻结账号），这些帮助场景需要由特定的入口和功能承载。在设计登录模块时，要根据产品的实际情况和用户登录场景全面考虑。

以上是注册 / 登录功能的产品设计方法介绍。无论是 PC 端网站类产品，还是移动端 APP 类产品，作为通用功能，注册 / 登录功能的设计细节可能根据产品会所有差异，但是其整体的设计思路和设计方法不会基于产品的形态和定位而改变。在实际的产品设计过程中，要掌握方法，基于用户需求和应用场景灵活变化，从而设计出完整闭环的注册 / 登录流程。

5.2 如何设计APP启动页功能和引导页功能

在设计 APP 产品时，我们经常会听到品牌页、闪屏页、欢迎页、广告页、活动页、引导页等称呼，以至于很多人搞不清楚它们之间的关系。这里以页面的位置及内容作为划分标准，把它们分为两类，分别是启动页和引导页。本节主要介绍启动页功能和引导页功能的设计方法。

5.2.1 启动页功能设计

APP 启动页的设计如图 5-5 所示。启动页是 APP 每次启动时的主页面（启动页也称作品牌页、闪屏页、欢迎页、广告页、活动页）。启动页按内容主要分为三类，分别是品牌 / 产品展示类、广告 / 活动展示类和纯内容展示类。

图 5-5 APP 启动页的设计

1. 品牌 / 产品展示类

大多数产品通常会把品牌介绍放在 APP 启动页，向用户传达品牌定位，强化品牌价值。如图 5-6 所示，通常品牌介绍需要突出品牌 Logo，以及品牌 Slogan，例如，Keep 的 Slogan 是“自律给我自由”，向用户传达出一种自律、健康、积极、向上的产品定位和品牌形象。

除展示产品定位和品牌形象之外，一些产品在迭代出新能力后，也会选择在启动页展示，告知并引导用户去使用。如图 5-7 所示，中国银行手机 APP 在启动页向用户展示了其新功能。

图 5-6　品牌 / 产品展示类启动页示例

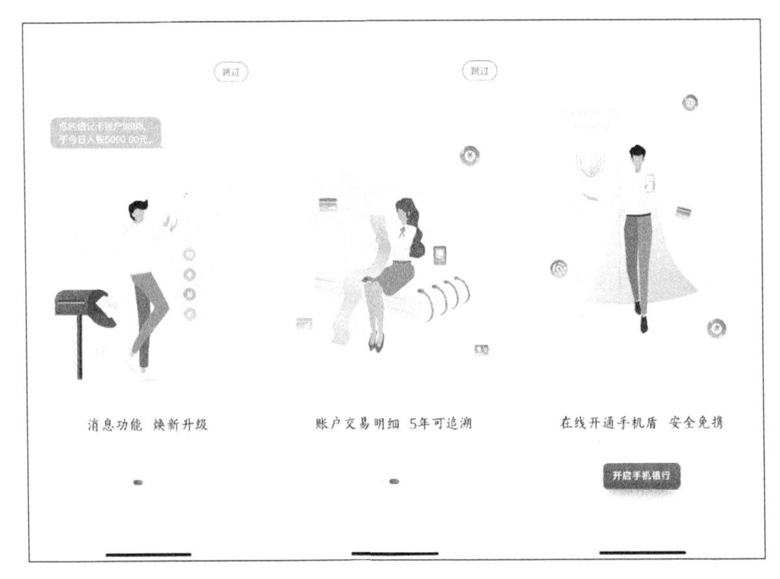

图 5-7　中国银行手机 APP 启动页

2. 广告 / 活动展示类

APP 启动页除用于品牌展示和产品介绍之外，还经常会承载商业广告和营销活动，如图 5-8 所示。因为启动页是用户使用产品时一定会看到的页面，所以它也是广告投放效果及营销活动展示效果最好的位置。

3. 纯内容类

纯内容类 APP 的启动页通常是特定的内容，例如，一些 APP 会以用户的摄影作品作为启动页，如图 5-9 所示。当然，这类 APP 比较少见，通常启动页会被品牌展示、产品介绍、商业广告和营销活动等内容占据。

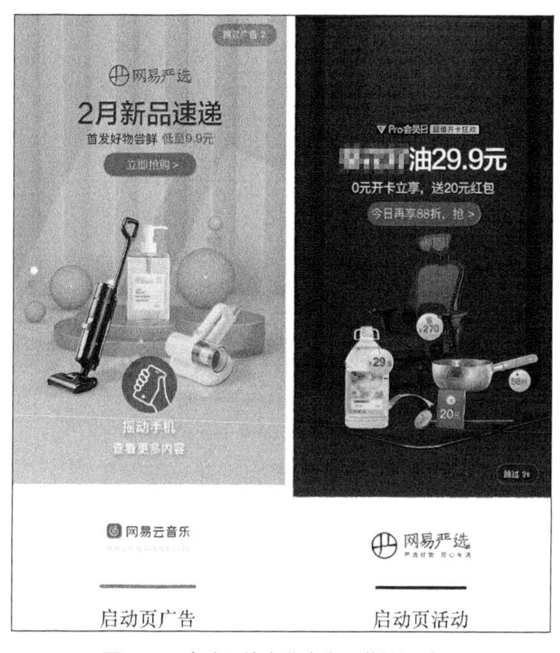

图 5-8 启动页的商业广告和营销活动

图 5-9 Soul APP 启动页

以上是对 APP 产品启动页展示内容的介绍。在实际的产品设计过程中，除根据产品定位和运营需要，选取合适的启动页内容之外，还要注意启动页内的细节交互设计，例如，从启动页进入产品首页的交互逻辑是用户手动单击“跳过”或“进入”按钮进入首页，还是短暂地停留（要明确停留时长）后自动进入首页。

其次，是否需要提供 Wi-Fi 预加载启动页功能，启动页设计成静态的（固定的启动页），还是设计成动态的（在线获取启动页，可以保证每次启动页都不相同，常用于广告类启动页），需要根据产品的实际需求综合考量。

5.2.2 引导页功能设计

引导页用于引导用户使用产品。当发布了产品新功能后，为了降低用户的学习成本，使用引导页来逐步引导用户使用新功能。通常引导页只出现一次，引导完用户后就会消失，不再出现。

图 5-10 展示了常见的引导页样式。引导页通常会出现在需要引导用户的具体页

面，告诉用户每一步应该做什么，页面有哪些功能，更新了哪些特性。

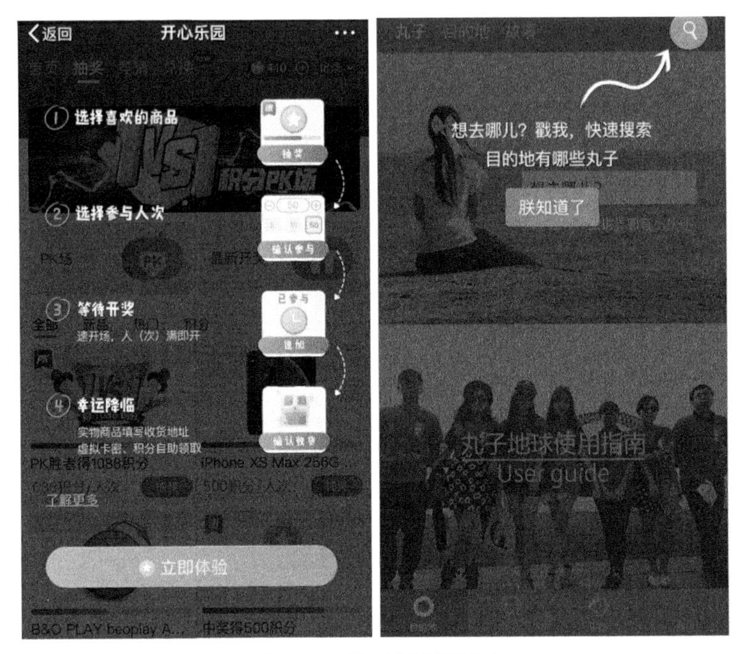

图 5-10　常见的引导页样式

引导页的设计比较简单。除引导页的样式和内容之外，产品设计过程中还需要在PRD中明确引导页的触发事件、出现次数，以及进入和退出的交互逻辑。

5.3　如何设计非法信息输入校验功能

在使用产品的过程中，用户通过信息输入控件执行信息输入指令是很常见的一种交互场景。注册、登录、搜索、资料提交等操作都属于这种输入场景。用户输入信息后，信息输入控件会对用户输入的信息进行校验。如果输入的信息不符合产品要求，则会提示用户进行修正并重新输入，这样的校验过程也叫作“信息输入的合法性校验”过程，这个过程所用到的功能称为“非法信息输入校验”功能。

常见的用户输入信息主要分为3种，分别是文本信息、图片信息，以及附件信息。对于不同类型的信息，校验功能的设计方式也不同，但是设计思路是一样的，都会对用户输入的信息进行一系列的规则校验（合法性校验），对于没能通过校验规则的信息，需要对用户进行提示，说明校验不通过的原因，并给出修正意见，提示用户重新输入。本节将分别介绍非法文本信息的输入检验规则、非法图片信息的输入校验规则和非法附件信息的输入校验规则。

5.3.1 非法文本信息的输入校验规则

1. 文本格式限制

不同的文本输入信息有不同的格式要求。例如，“手机号码”字段的文本格式只能是数字，不能使用字母或标点符号，因此在“手机号码”文本框内，要添加禁止中文、字母、标点符号、特殊符号等非数字信息的限制规则。当在文本框中输入非数字格式的信息时，则控制非数字文本无法输入，同时使用帮助文本提示用户只能输入数字。

2. 文本长度限制

文本输入长度通常是有限制的，不能让用户输入无限长的无效信息。例如，在中国，手机号码固定是11位数字，超出11位则无法输入。除“手机号码”这种有固定位数限制的字段之外，任何字段在进行产品设计时，都要考虑输入长度的极限值，包括最小长度和最大长度。当用户输入的内容长度小于最小长度时，则提示用户输入的内容的长度必须大于最小长度；当用户输入的内容长度大于最大长度时，则禁止用户继续输入，同时提示用户已达到最大文本长度限制。

3. 特定文本类型规则限制

除文本格式和文本长度这样的通用规则限制之外，还存在基于文本信息自身特性所衍生出来的特定规则。例如，对于“手机号码”字段，当我们知道了三大运营商的基本号段规则后，就可以有效地针对“手机号码”输入框进行非法信息输入校验。例如，在不考虑区号的情况下，“手机号码”输入框的第一位数字一定是1，如果第一位数字是别的数字，则立刻提醒用户输入正确的手机号码，同样手机号码的第二位不能是1、2、4、6等，如果出现这些数字，则同样立即提示用户输入正确的手机号码。以此类推，身份证号也好，银行卡号也罢，只要我们掌握了文本信息规则特性，就能根据这些特性设计出合理的非法信息输入校验规则，从而及时提醒用户，打造良好的用户体验。

值得强调的是，引入的外部规则越多，虽然越能带来良好的用户体验，但是随着外部规则的变化，产品本身的规则也要变化，而每一个规则的变化都需要投入研发成本。所以，在产品设计过程中，产品经理要在良好的用户体验和必然的成本投入之间，找到一个平衡点。

进行产品设计，一定要有成本意识，要时刻牢记，我们所设计的产品本质上也是一种商品，是商品就要考虑成本和利润。当强调产品的有用、好用时，也要强调一定程度上的“够用”。很多时候，追求极致的用户体验反而是一种“偷懒”，因为追求极致可能会导致过度设计，而过度设计会导致成本浪费，从而造成商业上的不可持续。

4. 文本内容规则限制

在设计非法信息输入规则时，还要关注文本内容的合法性。例如，违禁词、违法信息通常是不允许用户输入的，若检测到这些内容，需要提示用户“当前内容存在敏感信息，请重新输入”。

5.3.2 非法图片信息的输入校验规则

1. 图片格式限制

图片格式限制和文本格式限制类似，某些场景下，图片上传控件会要求用户只能上传特定格式的图片，如 JPEG、PNG 等。

2. 图片尺寸限制

文本信息有长度限制，对于图片信息，长度限制变成了尺寸限制，这些限制可以保证图片要素的统一，便于管理和维护图片。例如，用户注册新产品并上传本地相册的图片作为用户头像，产品通常会提供图片裁剪功能。裁剪功能不仅起到了对图片尺寸进行限制的作用，还可以对图片进行调整。

3. 图片大小限制

图片尺寸限制限制的是图片的宽和高，图片大小限制限制的是图片占用多大的内存空间。例如，一些产品考虑到图片的传输效率和存储成本，限制上传的图片大小不能超过 2MB 等。

4. 图片内容限制

与文本内容限制类似，敏感图片、非法图片等也不允许用户上传，需要提示用户“当前图片信息不合法，请重新上传”。

5.3.3 非法附件信息的输入校验规则

关于附件，请注意以下方面。

- 附件格式限制。附件格式限制与文本格式限制、图片格式限制类似，如某些产品只支持 MP4、AVI 等格式的视频附件上传。
- 附件大小限制。附件大小限制与图片大小限制类似，这里不再介绍。
- 附件内容限制。附件内容限制与文本内容限制、图片内容限制类似，这里不再介绍。

无论输入的信息是什么类型，非法信息输入校验功能的目标是不变的，都是在用户输入信息的过程中，通过一系列的规则限制，打造良好用户体验的同时，维护产品信息的有效性。

5.4 如何设计第三方登录功能和分享功能

当你使用微信登录了网易云音乐，然后听到一首好听的歌曲时，你选择分享歌曲给自己的微信好友。整个过程中，你使用了微信的登录功能，也使用了微信的分享功能，我们把这样的功能称为第三方登录功能和第三方分享功能。

第三方登录功能和第三方分享功能都是通用的产品功能，经常应用于移动端APP类产品和PC端网页类产品中。这里的“第三方”通常指微信、微博、QQ等大型的、具有强传播效应的社交类产品。

很多初级产品经理刚开始设计产品时，看到其他产品具备第三方登录功能和分享功能，也想为自己的产品接入这些功能，但是不知道该怎么接入。下面以微信这个常见的第三方产品为例，介绍如何快速地为自己的产品接入微信登录功能和分享功能。

在介绍如何接入微信登录功能和分享功能之前，产品经理一定要明确第三方产品具备哪些开放能力。以微信为例，无论是登录能力、分享能力，还是支付能力等，每一项能力的说明，以及如何接入，都会在其开放平台的文档中详细说明。这些信息对外是公开的，也是对称的。产品经理要善于获取第三方开放平台的信息，了解它们对外提供的功能有哪些。这些功能与自己的产品结合能带来哪些增益。

图5-11展示了微信开放平台的基础能力文档，微信登录和分享功能的介绍和接入方法在文档里都有详细说明。

图5-11 微信开放平台的基础能力文档

5.4.1　微信登录功能接入

在接入微信授权登录之前，首先需要在微信开放平台注册开发者账号，拥有一个已审核通过的移动应用，并获得相应的 AppID 和 AppSecret。这部分工作通常由技术人员或者运维人员来完成，申请微信登录且通过审核后，即可开始接入流程。

接下来产品需要设计具体的微信登录接入方案，以 APP 产品为例，通常要考虑 Android 系统和 iOS 两种微信登录方式。目前移动端微信登录只提供原生的登录方式，需要用户安装微信客户端才能配合使用。

对于 Android 应用，建议始终显示微信登录按钮，当用户手机未安装微信客户端时，请引导用户下载并安装微信客户端。

对于 iOS 应用，考虑到 iOS 应用商店审核指南中的相关规定，建议开发者接入微信登录功能时，先检测用户手机是否已安装微信客户端，对未安装微信客户端的用户隐藏微信登录按钮，只提供其他登录方式（如手机号注册登录、游客登录等）。

图 5-12 展示了网易云音乐微信登录流程。网易云音乐登录页面提供了微信登录功能，用户选择微信登录后，跳转到微信授权页面，用户授权后，即登录成功。

图 5-12　网易云音乐微信登录流程

在产品设计过程中，要考虑到以下两种情况。

- 老用户登录：老用户登录授权后，直接登录成功。

- 新用户登录：需要引导新用户绑定手机号码或者电子邮箱账号等其他登录账号。

绑定其他账号的目的是增强账户体系的强健性。如果仅仅用微信作为用户的登录方式，则在用户的微信号被封或用户无法安装微信的情况下，用户将无法通过微信登录。账户体系的设计会在后面详细介绍。

5.4.2 微信分享功能接入

以微信的视角来看，微信分享功能指微信生态提供的一种供第三方 APP 接入，让用户可以从 APP 分享文字、图片、音乐、视频、网页、小程序至微信好友会话或朋友圈的能力。

微信分享功能目前支持文字、图片、音乐、视频、网页、小程序这 6 种类型（海外应用支持网页、小程序类型）的分享。开发者先在微信开放平台账号下申请 APP 并通过审核，接着在 APP 中集成微信 SDK，即可调用接口实现微信分享功能。

图 5-13 展示了网易云音乐这款 APP 的微信分享功能，用户可以分享自己喜欢的歌曲到朋友圈。

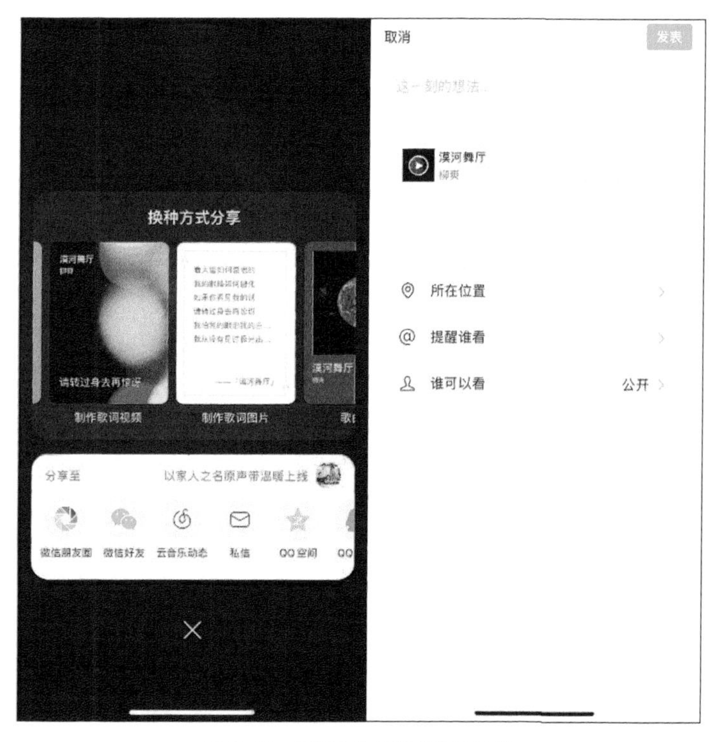

图 5-13 网易云音乐微信分享功能

在接入微信分享功能时，要注意阅读微信开放平台文档，如图 5-14 所示，分享内容要明确的字段有消息标题、描述内容（可以理解为详情）、缩略图和消息类型。APP 可以自由定义标题名称、描述语，以及缩略图。目前支持分享的消息类型有图片、音乐、视频和网页。

WXMediaMessage（微信媒体消息内容）说明

字段	类型	含义	备注
title	NSString	消息标题	限制长度不超过512B
description	NSString	描述内容	限制长度不超过1KB
thumbData	NSData	缩略图的二进制数据	限制内容大小不超过32KB
mediaObject	NSObject	多媒体数据对象	可以为WXImageObject、WXMusicObject、WXVideoObject、WXWebpageObject等

图 5-14 微信分享功能字段说明

以微信为例，以上介绍了 APP 如何接入第三方登录功能和分享功能。除微信之外，还有微博、QQ 等诸多第三方产品。每款第三方产品都有其独特的能力和优势。无论接入哪款产品，接入步骤和方法都是不变的。产品经理需要做的是，明确自己的产品定位和用户画像，确定需要接入的第三方能力，为自身的产品带来增益。

例如，如果通过分析用户画像，我们确定产品的用户和微博的用户重合度较高，那么我们就有理由认为安装了自己产品的用户大多数也安装了微博，可以接入微博登录功能及分享功能。微博登录带给用户便利，用户分享产品内容到微博时也可以为自己的产品带来新的用户。

5.5 如何设计数据列表功能

数据列表是一种通用的产品功能，经常出现在各种管理后台产品中，主要由查询模块和列表模块两部分组成。其中，查询模块主要由各种搜索选择器以及“查询”按钮与“重置”按钮组成；列表模块主要由列表页和增、删、改、查等功能按钮组成。数据列表模块的结构如图 5-15 所示。

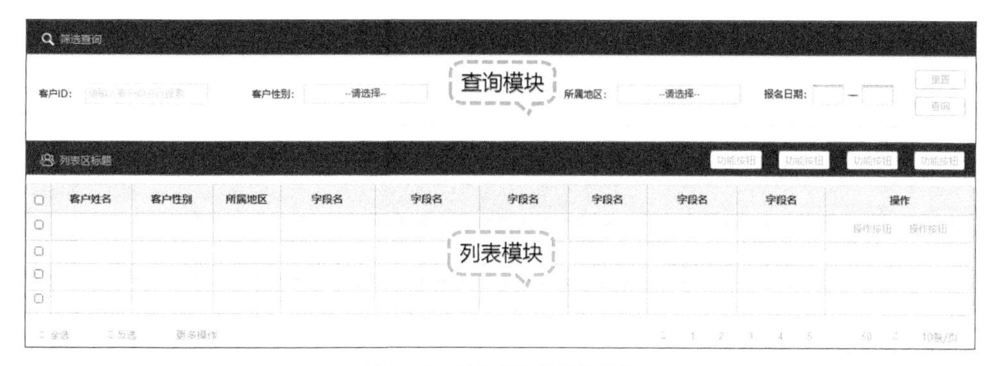

图 5-15 数据列表模块的结构

5.5.1 查询模块设计

查询模块的核心功能是通过一系列的查询控件输入查询指令，控制列表模块显示的内容。查询模块的搜索字段均来自列表模块的表头字段，例如，在查询模块的“客户 ID”搜索框中，输入某个客户的姓名，然后单击“查询”按钮，列表模块就会显示该客户的信息。

查询模块中的各个搜索条件都是独立存在的。如果在一次搜索过程中同时输入了两个搜索条件，那么查询结果取基于两个条件的查询结果的交集。例如，张三是一个客户，直接搜索“张三”的姓名，可以直接查到张三的信息；如果在查询“张三”的姓名的同时，也在性别选项中，选择了“女性”这个维度，那么查询的条件就变成了在所有女性客户中寻找名为“张三”的客户；或者说在所有名为“张三”的客户中，寻找女性客户。

除性别维度外，还有地区、时间等维度，以此类推，无论选择多少个维度，最后都取基于这些条件的查询结果的交集。

在设计查询模块时，还要注意两个特别重要的按钮，它们分别是“查询”按钮和“重置”按钮。前者承载着查询指令的输入功能，例如，在“客户 ID”搜索框输入“张三”，单击“查询”按钮，系统就会查询张三这个客户的信息，并显示在列表模块。后者承载着查询指令的清空和重置功能，例如，进行多种条件查询时，一个一个清空和重置查询条件费时费力，单击“重置”按钮可以一键清空当前输入的查询条件，恢复为默认状态。

5.5.2 列表模块设计

列表模块主要分为 3 个区域，如图 5-16 所示，它们分别是主功能区、列表区和分页功能区。

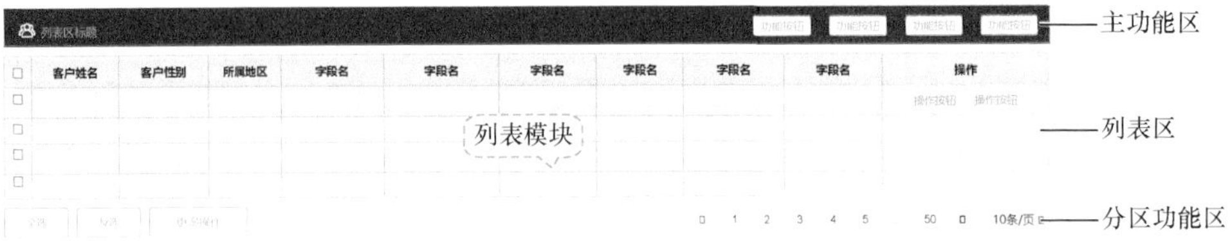

图 5-16 列表模块的结构

其中，主功能区主要承载一些高频且可以批量化操作的功能，例如，“新增”功能和“导出”功能；列表区主要用于展示数据列表，其中表头字段是整个列表区信息结构的主要部分，例如，订单系统中的“订单号”与 CRM 系统中的“客户姓名”等都是列表区常出现的字段信息。

在设计列表区时，不要忘记列表首列的复选框，它用于实现多条数据的批量操作。例如，CRM 系统中经常会一次选择给多个客户发送短信 / 邮件，无论当前的产品功能是否有批量化操作，为了增强后续产品功能的可扩展性，在设计初期尽量不要忽略复选框这个要素。

其次，列表区的最后一列和其他列有所不同，其他页是字段信息，而最后一列一般是功能操作区。它和主功能区一样，承载的也是数据操作功能，主功能区的功能也可以放在列表区的每一行数据的功能操作区。二者不同的是，一般主功能区主要放置一些可以批量化操作的功能或者全局功能。例如，“新增”功能是一个全局功能，就适合放在主功能区；“编辑”功能是一个针对某一行数据的功能，适合放在每一行的功能操作区；而“删除”功能既可以放在主功能区，也可以放在每一行的功能操作区。

最后，设计分页功能区。分页功能区使用了分页器控件，主要功能是控制列表区数据的条目显示及翻页操作。例如，通过分页器控件控制每一页显示多少条数据，跳转到下一页或者指定页码。

以上介绍了数据列表功能的产品设计方法。不同系统的数据列表功能和样式也许各有差别，但是基本模块分区和功能设计思路是不变的，掌握了通用设计方法，在工作中遇到实际业务需求时，就能得心应手地完成产品设计。

5.6 如何设计数据看板功能

数据列表中的数据又称为原始数据，主要承载数据的查询和管理功能。在实际的业务场景中，为了有效地通过数据分析对产品和业务进行评估和指导，通常需要把数据列表的原始数据用图表的形式展示出来。

列表数据图表化的过程也叫作“数据可视化”过程，得到的图表集合称为“数据看板”。数据看板集合了各种维度和指标的图表，可以满足产品和业务人员的数据统计和分析需求。图 5-17 展示了常见的数据看板示例。本节将详细介绍数据看板功能的设计方法。

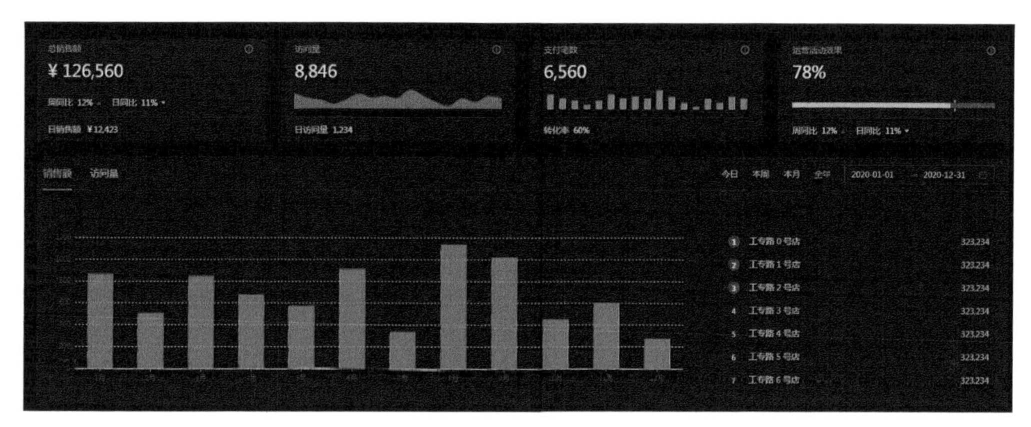

图 5-17 常见的数据看板示例

5.6.1 明确用户需求

设计数据看板功能时，第一步要明确这个数据看板是给谁看的，即明确数据看板的用户是谁。不同角色的用户关注的数据是不一样的，例如，总经理或者 CEO（Chief Executive Officer，首席执行官）这样的高层管理者需要的是战略看板，关注的是公司维度下，各个部门、产品线、市场、销售、财务等整体的数据指标，公司整体目标的达成情况；而业务或部门负责人这样的中层管理者需要的是业务看板，关注的是自身业务的数据指标，如营收、业务监控，以及业务目标的达成情况；一线员工关心的则是部门和自己的业务指标、个人绩效等。

在设计实际数据看板的过程中，各种决策要始终围绕着用户需求进行。数据看板以其用户作为数据分析和业务决策工具，不能为了可视化数据而可视化数据，追求华丽多变的图表效果，而忽略了用户的原始需求，以及产品功能设计的目的。

5.6.2 选择合适的图表

在了解用户的数据看板需求后，要对数据列表的原始数据进行可视化加工，最终以图表的形式展示出来，把用户需求最终转换成数据看板。在选择图表的过程中，要理解不同的图表适合展示不同的数据，例如，数据卡片适合表示重要的静态指标，柱状图适合表达对比，折线图适合表达趋势，饼图适合表达占比等，要明确具体的数据和指标适合用什么样的图表来展示。

1. 数据卡片

数据卡片是数据看板中一种常见的图表类型，主要用于展示一些重要的静态数据指标，如用户数、销售额、订单数等，如图 5-18 所示。

图 5-18 数据卡片

数据卡片主要由 3 个元素组成，它们分别是指标名称、指标数值和指标描述。其中，指标名称指指标的命名，例如，“用户数”就是一个指标名称；指标数值指实际中针对指标统计的数值，如 1000 万，通常卡片中指标值需要突出显示；指标描述指对指标的解释［因为有些指标（如“跳出率”和“留存率”）比较专业，并非所有使用数据看板的用户都知道相关概念，所以我们可以在数据卡片中用简洁的语言描述指标的定义和计算方式］，让使用数据看板的用户可以快速地理解指标的含义。在设计过程中，样式一般选择“气泡卡片”控件，鼠标单击或者移入时，可以显示指标释义。

除上述主要的 3 个元素之外，我们还可以根据实际需求为数据卡片添加辅助指标。例如，“销售额”是一个核心指标，而销售额的“环比增长率”就可以作为“销售额”的辅助指标显示在数据卡片中，为用户展示更多的信息。

2. 柱状图

柱状图又称为柱形图，如图 5-19 所示，是一种以柱状条高度为变量的统计图表。柱形图用来比较两个或以上的数值（不同时间或者不同条件），只有一个变量，通常用于较小的数据集分析，其中长条图亦可横向排列，或用多维方式表达。

柱状图适用于二维数据集（每个数据点包括两个值 x 和 y）中只有一个维度需要比较的场景。柱状图利用柱状条的高度，反映数据的差异，肉眼对高度差异很敏感，因此柱状图的辨识效果非常好。

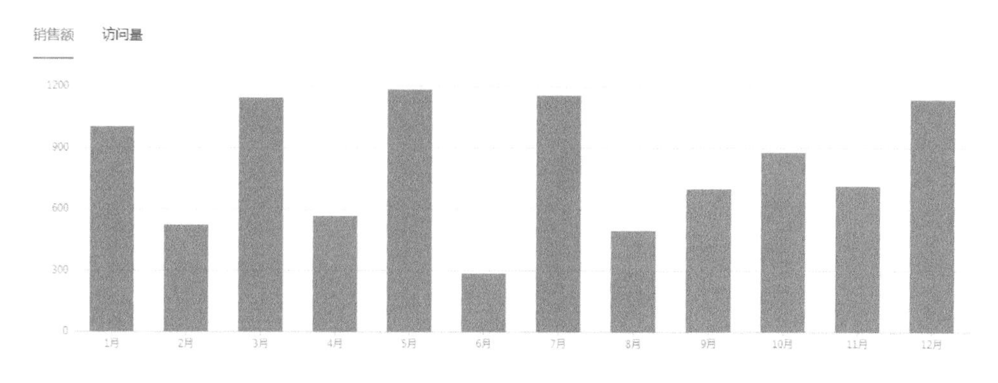

图 5-19 柱状图示例

3. 折线图

同一个指标在连续节点上的数值连线形成了折线图，折线图可以显示随特定维度（如时间维度）而变化的连续数据，适用于反映数据变化的趋势。折线图示例如图 5-20 所示。

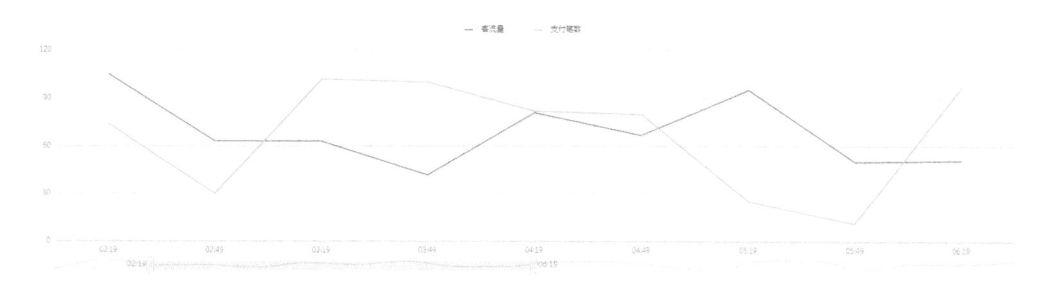

图 5-20 折线图示例

4. 饼图

饼图通常用于显示一个数据系列中各项数据占总和的比例，属于简单的占比图，可以清晰表达同一个整体中，不同成分的比例关系。在使用饼图时要注意用数字标明占比情况，如图 5-21 所示。

5. 漏斗图

当我们需要对某个具备转化和递进特性的流程进行数据监控和分析时，漏斗图是一个不错的选择。通过对漏斗中各环节数据的比较，我们能够直观地发现和说明问题所在。例如，在网站分析中，提前设计好转化路径，为每一步转化设计好数据埋点，监控每一步的转化率，如果某一层的转化率较低，就对这个层级进行转化率分析，找出原因并得出优化方案，如图 5-22 所示。

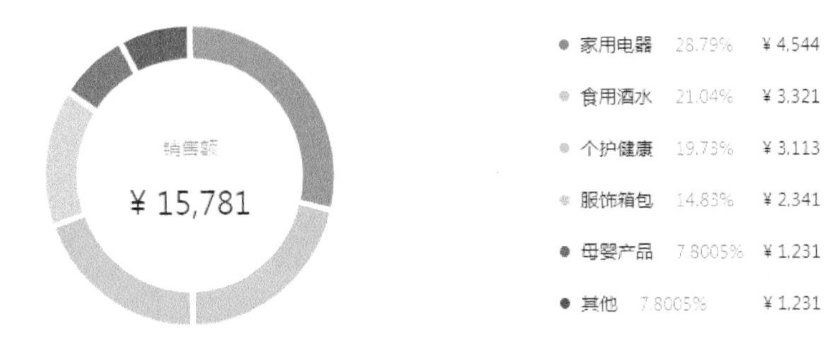

图 5-21　饼图示例

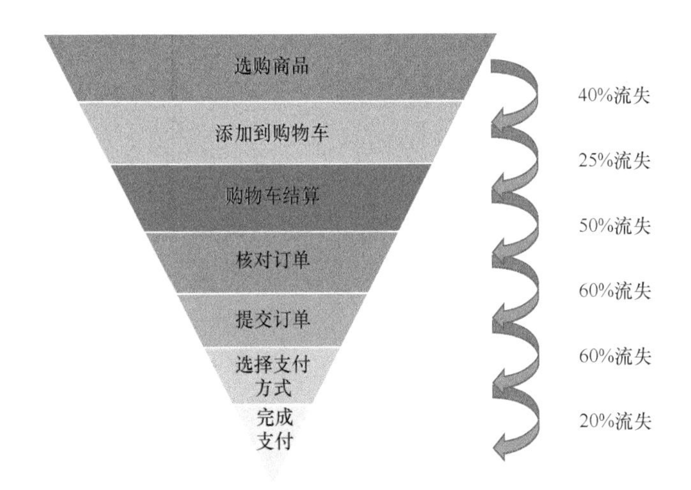

图 5-22　漏斗图示例

6. 雷达图

雷达图是一种形似蜘蛛网的网状图，可以对涉及多个组别、多种变量的项目进行对比。它可以反映数据相对中心点和其他数据点的变化情况，清楚地反映事物的整体情况，如图 5-23 所示。

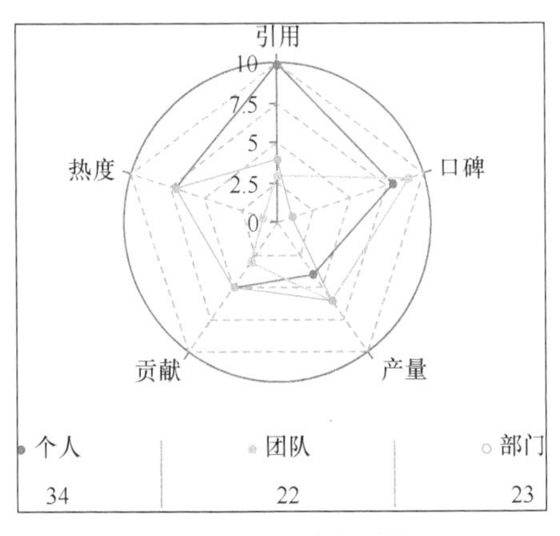

图 5-23　雷达图示例

7. 排行榜

排行榜作为一种特殊的图表，常用来表达一组数据的排名情况，也是数据看板中常见的一种图表形式，如图 5-24 所示。

以上介绍了数据看板中常见的图表类型。当然，在设计实际产品的过程中，根据需求场景，我们会用到更多类型的图表，如散点图、热力图、关系图、旭日图、路径图和桑基图等。市面上也有很多图表框架，如 ECharts、AntV 等，它们可以作为产品设计的参考。

门店销售额排名

1	工专路 0 号店	323,234
2	工专路 1 号店	323,234
3	工专路 2 号店	323,234
4	工专路 3 号店	323,234
5	工专路 4 号店	323,234
6	工专路 5 号店	323,234
7	工专路 6 号店	323,234

图 5-24 排行榜示例

5.6.3 确定图表布局

在明确了用户的数据看板需求，选择了合适的图表后，还要对图表进行排列布局，最终形成完整的数据看板。在确定图表布局时，如果不同的看板中图表的个数、形态和大小不一致，那么怎样才能把这些多变的元素规范起来，形成有序布局的数据看板呢？

这里需要引入“框格”这个抽象的概念。类似于图片中“像素”的概念，数据看板是由框格组成的，框格用来容纳图表，如图 5-25 所示。一个框格可以容纳一张或者多张图表。

图 5-25 数据看板框格

把数据看板理解成一张大画布，图表排版的过程就是在画布中填充框格的过程。如图 5-26 所示，整个数据看板分为 4 行，总共有 4 个框格。第 1 行的框格中有 4 张数据卡片，第 2 行的框格容纳了一张柱状图，第 3 行的框格容纳了一张饼图和一张雷达图，第 4 行的框格中容纳了一张折线图。它们整体形成了一个清晰完整的数据看板。

以图 5-26 中的数据看板为例，可以总结出，在规划数据看板的布局时，要把数据看板看成多行、多列的框格。根据用户眼球的浏览习惯，把重要的图表按照从上到下，从左到右的顺序填充进去；根据图表实际的形状和大小，决定每一行的框格所容纳的图表数。

如果某个特定的图表和其他图表的高度差距很大，则它可以放在一个大的行框格中，然后再把其他较小的图表容纳进来，如图 5-27 所示。

图 5-26 包括 4 个框格的数据看板

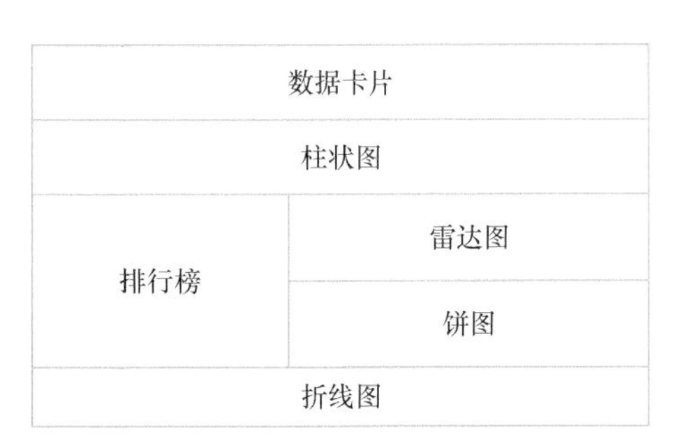

图 5-27 包括多行、多列框格的数据看板示例

图 5-27 中，“排行榜”这个图表的尺寸较大，放在了一个大的行框格中，框格的空间还可以容纳下“雷达图”和“饼图”，所以在第 3 行的框格中，实际上容纳了 3 个图表。

以上就是数据看板图表布局的设计方法。在实际的产品设计过程中，我们可以多参考一些 UI 框架中的数据看板案例。这些案例本身符合设计的规范并且经过用户的有效性验证，根据实际产品需求进行一定程度的复用，可以提高产品设计效率和质量。

5.7 如何设计短信群发功能

产品消息除通过应用外的消息通知栏以及应用内的消息中心触达用户之外，还可以通过短信触达用户。事实上，公告通知、活动推广、新品宣传、会员关怀、商品促销、活动邀请、用户拉新、流失召回等诸多的能力都可以通过群发短信功能实现。群发短信功能已经成为客户关系管理中最常见的方式之一。

本节主要介绍群发短信功能的设计方法，主要内容包括两部分，分别是短信发送的基本规则背景和群发短信功能设计。

5.7.1 短信发送的基本规则背景

1. 短信的结构

短信主要由签名、文本和变量三部分组成。

签名是短信服务提供的一种快捷的个性化签名方式。根据用户属性，创建符合自身属性的签名，一般建议设置为账号主体所在机构的全称或简称。当发送短信时，短信平台会将已审核通过的个性化短信签名添加到短信内容中，再发送给短信接收方。

例如，如果企业主体为“阿里巴巴网络技术有限公司”，则可以提交的签名包括企业全称或简称——【阿里巴巴】【阿里巴巴网络技术有限公司】；公司旗下产品名称包括【淘宝网】【阿里云】等。

文本指短信的文本内容，其中一种特殊的文本称作“变量”。变量会根据用户自动转换成合适的文本。例如，如果在短信中附带客户姓名，群发短信后不同的客户会收到附带自己姓名的短信内容，这个“姓名”就是一个变量，取值来自“客户姓名”字段。如图5-28所示，【脉脉】是这条短信的签名，其中“赵丹阳”是变量，其他部分是正常的文本内容。

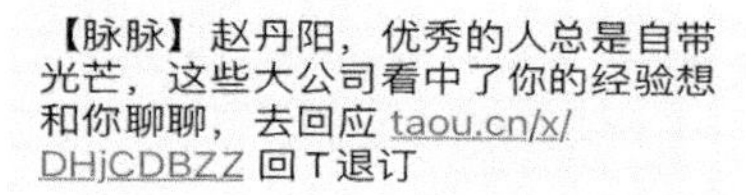

【脉脉】赵丹阳，优秀的人总是自带光芒，这些大公司看中了你的经验想和你聊聊，去回应 taou.cn/x/DHjCDBZZ 回T退订

图5-28 短信示例

2. 短信的模板

不同的场景下，我们需要发送不同的短信，例如，用户注册 / 登录时会发送短信验证码，用户的生日时会发送祝福短信。这些短信的场景和内容具备重复性和复用性，为了提高效率，我们可以设计成短信模板，通过模板快速响应。

短信模板由变量和模板内容构成。模板内容利用变量提供针对不同手机号码的短信定制方式，在模板中设置变量后，发送短信时指定变量的实际值，短信服务会自动用实际值替换模板变量，并发送短信，实现短信的定制化。

这里以阿里云短信平台的短信模板“【阿里云】您正在申请手机注册，验证码为${code}，5分钟内有效！”为例进行讲解。

案例中的模板内容如下。

您正在申请手机注册，验证码为${code}，5分钟内有效！模板变量为${code}。

3. 短信的审核

在介绍短信审核的背景前，先讲述短信服务的基本链路。整个短信服务链路中有3个基本角色，它们分别是短信运营商、短信服务商和短信用户。

短信运营商是提供短信服务的供应商，中国电信、中国移动、中国联通三大运营商都属于短信运营商，因为我国在电信管理方面相当严格，只有拥有中华人民共和国工业和信息化部颁发的运营牌照的公司才能架设电信网络。因此国内短信运营商目前只有中国电信、中国移动、中国联通，三家独立运营，也存在一定的竞争关系。

短信服务商也称为短信群发平台或第三方短信平台，例如，腾讯云短信、阿里云短信、华为云短信等都属于短信服务商。短信服务商通过与短信运营商达成协议，获得短信通道使用资格，利用短信（如验证码短信、营销短信等）和彩信等，通过客户端直接向运营商服务器发送群发请求，然后为用户提供短信服务。

但无论用户的产品接入的是哪家短信服务商的短信服务，在短信内容方面，都需要遵守《通信短信息服务管理规定》，所以通常短信服务商会有审核机制，即发送给用户的短信内容需要提交给短信服务商进行审核，审核通过后才可以发送。

5.7.2　群发短信功能设计

群发短信功能的设计主要分为 4 个步骤，分别是新建群发短信，管理短信模板，管理用户分群，管理群发记录。

1. 新建群发短信

图 5-29 展示了新建群发短信功能页面。首先编辑短信文本我们可以输入短信内容，也可以引用已经编辑好的短信模板。

接收号码
根据业务添加
添加客户联系人
添加线索联系人
添加商机联系人
• 添加号码数量：1000
• 最多同时可发送1000个号码

群发短信
剩余可用短信条数： 1000
请输入短信内容
从短信模板库选择
短信内容不能多于65个字，当前已输入40个字
发送时间
提交审核
保存群发

使用说明
（1）发送时将自动在短信前添加公司名称签名，请勿手动添加。
（2）请不要在短信内容中填写特殊字符，包括换行符。
（3）短信内容不能多于65个字（其中空格、数字、字母、汉字均为一个字）。
（4）同一手机号间隔发送时间不得少于20秒。
（5）编写短信时请仔细阅读下面的内容说明，请严格按照系统设定标准格式发送短信。
（6）最好不要在晚10:00至早7:00时段发送短信， 以免引起客户反感。

变量说明
（1）{称呼} 表示企业联系人的称呼或个人客户的称呼(如：王总,周经理,就是客户信息中的称呼，如果为空则发送时会显示联系人名)。
（2）{联系人名} 表示企业联系人名称或个人客户的名称(如：张三)。
（3）{客户名} 表示企业客户的客户名称(如： 深圳市亿恩科技有限公司）。

内容说明
不得包含以下内容——非法的、骚扰性的、中伤他人的、辱骂性的、恐吓性的、伤害性的、庸俗的、淫秽 的信息，教唆他人构成犯罪行为的信息、 危害国家安全的信息，及任何不符合国家法律、国际惯例、地方法律规定的信息。

图 5-29　新建群发短信功能页面

其中，短信文本可以自由编写；发送短信的对象是用户，通常需要对用户进行分群，以实现精准的短信投放；短信内容和发送对象都准备好后，还需要单击“提交审核”按钮，提交给短信服务商进行审核，审核通过后可以设置为立即发送，也可以设置为定时发送。

2. 管理短信模板

一款产品中，需要发送短信的场景基本上是固定的，例如，用户登录验证码短信，用户找回密码的短信，用户生日祝福短信，基本余额变动提醒短信等。

这些短信都会提前设置好短信模板，在手动发送短信或者触发事件并发送短信时，无须再次输入短信内容，而直接调用模板内容实现高效率的短信发送。因此，通常需要设计短信模板管理模块来管理短信模板，如图 5-30 所示。

图 5-30 短信模板管理模块

新建一个短信模板，通常需要选择短信模板的分类，如登录验证码短信模板、异地登录提醒短信模板、账户余额不足提醒模板、生日祝福模板等。短信模板内容主要由文本内容和变量组成。

短信模板中的文本一般由运营人员根据短信模板类型提前编辑好，其中可以引用系统中提供的丰富的变量，变量格式一般为 { 变量名 }。

下面是一个短信模板说明示例。

特别说明如下。

（1）请不要在短信模板内容中填写特殊字符，包括换行符。

（2）短信模板内容不能多于 65 个字（其中空格、数字、字母、汉字均为一个字）。

变量说明如下。

（1）{ 称呼 } 表示企业联系人的称呼或个人客户的称呼（如王总，周经理就是客户信息中的称呼，如果为空则发送时会显示联系人名）。

（2）{ 联系人名 } 表示企业联系人名称或个人客户的名称（如张三）。

（3）{ 客户名 } 表示企业客户的客户名称（如深圳市 ×××× 科技有限公司）。

3. 管理用户分群

某些类型的短信（如营销短信）通常不是发给所有用户的，而是发给特定目标用户的。为了实现精准的短信投放，要对用户进行分群。用户分群的维度可以是性别、年龄、地区、新 / 老用户、活跃度、忠诚度以及其他自定义的标签等。例如，一款母婴产品需要投放一条母婴广告短信，在该产品的用户管理系统中如果能标记出那些女性用户是孕妇，就可以筛选出这些目标用户并进行精准的广告短信投放。

4. 管理群发记录

群发记录模块主要的功能是统计所有短信的群发记录，通常被设计成列表形式。其中关键字段信息包括短信内容、发送人员、群发状态、短信条数、到达条数、发送时间、操作等，如图 5-31 所示。

短信内容	发送人员	群发状态	短信条数	到达条数	发送时间	操作
尊敬的{称呼}您好，今天是您{年龄}...	赵小刚	未提交	1000	1000	2022-3-21 18:23	详情 删除
尊敬的{称呼}您好，今天是您{年龄}...	赵小刚	未通过	1000	1000	2022-3-21 18:23	详情 删除
尊敬的{称呼}您好，今天是您{年龄}...	赵小刚	待审核	1000	1000	2022-3-21 18:23	详情 删除
尊敬的{称呼}您好，今天是您{年龄}...	赵小刚	待发送	1000	1000	2022-3-21 18:23	详情 删除
尊敬的{称呼}您好，今天是您{年龄}...	赵小刚	已发送	1000	1000	2022-3-21 18:23	详情 删除

图 5-31 短信群发记录功能列表

- 短信内容：记录已发送短信的内容。
- 发送人员：记录当时发送这条短信的系统用户。
- 群发状态：记录当前短信的状态，通常有未提交、待审核、未通过、待发送、已发送等状态。
- 短信条数：短信选择发送的用户总数，也称为“发送用户数”。
- 到达条数：实际收到短信的用户数，也称作触达用户数。由于某些状况，如用户手机号注销或者手机号不存在，并不是所有选择发送的客户都能收到短信，到达条数通常会小于或等于短信条数。

- 发送时间：短信实际发送的时间，用于完善短信的发送记录。
- 操作：主要包括“详情”和“删除”两个文字按钮。单击“详情”按钮可以查看短信的所有基础信息和发送记录，如图 5-32 所示；单击“删除”按钮则可以删除短信记录。

以上就是群发短信功能的设计方法介绍，用户在设计群发短信功能时需要结合自己产品的实际情况，活学活用，适合的产品方案才是最好的产品方案。

群发详情

群发信息

短信内容：尊敬的{称呼}您好，今天是您{年龄}岁的生日，祝福您生日快乐！

短信条数：1000

发送人员：赵丹阳

发送时间：2022-3-21 18:23

群发状态：已发送

提交时间：2022-3-21 18:23

审核信息

审核人员：赵丹阳

审核结果：通过

审核时间：2022-3-21 18:23

审核备注：-

图 5-32 短信群发详情

5.8 如何设计APP消息推送功能

无论是产品信息对用户的触达，还是用户和用户之间的通信，（一款产品的通信能力）都是通过“消息”来承载的。从类型来看，消息主要分为文本、图片、音频、视频、网页等信息；从用途和使用场景来看，消息主要分为 IM 消息和非 IM 消息。

IM 是 Instant Messaging 的简称，称作即时通信。社交类产品 QQ 与微信的单聊、群聊、聊天室等都属于即时通信场景。APP 的消息推送（包括应用外的通知栏消息，以及应用内的产品功能通知、活动推广、订阅与广播内容等）都属于非即时通信场景。APP 消息类型和消息场景如图 5-33 所示。

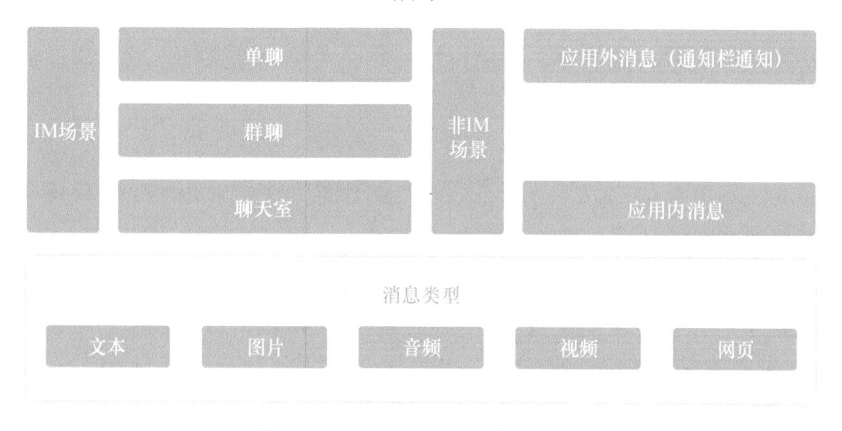

图 5-33 APP 消息类型和消息场景

本节主要从APP产品经理的视角，介绍如何为自己的产品设计消息推送功能。消息推送功能的设计主要分为两部分，分别是APP外通知栏消息功能设计和APP内消息中心设计。

5.8.1 APP外通知栏消息功能设计

APP外消息主要指通知栏消息。推送通知栏消息的过程，又称为推送，指运营人员（主动人工推送）或者系统自身（被动事件触发）通过消息推送功能对用户移动应用（一般指APP）进行消息推送的过程。

几乎所有的APP都具备消息推送功能，用户可以在移动设备的通知栏看到推送消息通知，单击相应的消息条目，可唤醒APP并跳转至指定页面。消息推送可以很好地触达用户，提高APP的用户活跃度，也是各种运营活动触达用户很好的方式。

本节按照步骤介绍如何设计APP通知栏消息推送功能。

1. 接入通知栏消息推送功能

消息推送功能通常不必由产品自身的技术团队去独立研发（如果团队有技术能力独自研发消息推送功能的产品，可以直接跳过这一步），在市面上很多成熟的第三方技术服务提供商专门提供消息推送整体技术解决方案。例如，极光推送、腾讯信鸽、百度云推送、个推和华为云推送等，每一家服务提供商都有自己的优劣势。产品经理需要做的是调研好这些技术服务商的方案和成本，供产品研发技术团队、运维团队与采购团队做技术评估和采购决策。

2. 设计用户标签分类

在具备完整的产品消息推送能力后，要对推送的人群进行分类。一条消息推送的对象可以是所有用户，也可以是按标签分类的用户。标签的维度有多种，例如，用户职业、爱好、性别、会员等级、年龄段、活跃程度、忠诚度、地区、使用的设备、系统版本、应用版本、发布渠道等。对用户按标签分类可以保证推送的消息面向的用户足够精准，有利于精细化运营的实施。

3. 设计推送策略

推送策略主要分为两部分，分别是内容策略和推送策略。内容策略决定推送什么内容给用户，推送策略决定以什么方式推送给用户。

一般产品推送的消息内容主要由运营人员手动确认，如情人节活动，运营团队设计好活动落地页后，通过推送消息的方式推送给用户；也可以由特定的事件规则来决定，如某新闻APP中，若某条新闻的热度达到特定值，就会推送给用户，从而让更多的用户看到。对于推送策略，除设计每条消息按照用户分类确定推送人群之外，我们还可以设置消息立即推送或定时推送。

4. 统计推送数据

一条消息推送给用户后，要对相关的数据进行统计，统计维度包括两个，一个是消息自身的触达数据；另一个是消息本身带来的运营数据。前者关心的是这条消息的成功推送的用户数、用户单击数、触达率、单击率等；后者关心的是这条消息产生的运营指标，如果推送的是一条抽奖活动消息，那么关心的就是该活动的参与人数、中奖人数、参与率，以及实际中奖率等。

到此，一个完整的APP消息推送链路就建立起来了，得到的结果如图5-34所示。

图5-34　APP推送消息示例

5.8.2　APP内消息中心设计

APP内的通信功能主要由消息中心来承载，通过消息中心，产品的各种信息可以进行集中管理，从而有序地向用户传递。和通知栏消息推送功能一样，如果产品团队自身有研发能力，可以自己设计应用内的消息通信功能。考虑到投入产出比，团队也可以引进第三方的技术服务。图5-35展示了网易云这款产品的消息中心设计。

图5-35　网易云的消息中心设计

消息中心包含需要告知用户的所有消息——用户和其他用户的IM消息、产品公告消息、运营活动消息、客服对话消息、用户订阅消息等。对于消息中心模块，要从消息呈现、消息分类和消息管理三个方面来设计。

1. 消息呈现

用户收到的消息通常按照时间顺序进行排列，新收到的消息会显示在最前面，如果发生信息交互，则这条刚交互的这条消息会置顶，显示在最前面。对于特殊消息，设计置顶的逻辑，如重要的通知和活动可以自动置顶在消息中心以增加曝光率。

2. 消息分类

为了更好地管理，消息中心可以对消息进行分类，消息通常可以分为IM消息、公告消息、活动消息、订阅消息等。分类的好处是用户可以快速地通过消息类型识别自己关注的消息。

图5-36展示了“全民K歌”APP消息中心示例。该消息中心对消息进行了详细分类，包括评论和点赞、礼物、最近听众和好友更新。在消息流中，又有官方消息、陌生人私信、漂流瓶、资产变更通知等特有的消息类型。

图5-36　“全民K歌”APP消息中心示例

虽然根据产品类型，消息的分类不尽相同，但总体设计思路是不变的。在设计消息中心的消息分类时，要从产品的实际功能出发。首先，要明确自己的产品会向用户传达哪些消息；其次，对消息进行合理分类；最后，实现页面，确定交互逻辑，输出完成的产品方案。

3. 消息管理

用户对消息的操作通常有以下几种。

- 标记已读（针对未读消息）：用户将未读消息标记为已读。这个操作主要适用于用户觉得这条未读消息不重要或者已知晓，希望去掉未读消息提示的红点，降低在其在消息列表的权重（靠后）的场景。
- 标记未读（针对已读消息）：如果对于某些重要消息，虽然用户已读（红点提示消失），但是存在一些场景，如这条消息很重要，需要再次提醒，则可以对此条已经阅读过的消息进行未读标记。标记未读后，已读消息前面会重新出现红点，提高在消息列表中的权重（靠前）。
- 消息置顶：当用户需要强调某条消息的重要性时，如果将其置顶，则这条消息会在消息列表的最上面显示。要注意多条消息置顶的规则，以及取消置顶功能闭环的设计。
- 删除消息：当用户觉得某些消息不重要时，会对这些消息进行删除操作，这时消息会在消息列表消失。

在实际的产品设计过程中，要理解设计思路，并灵活地运用到自己的产品中，才能设计出更符合用户需求的产品。

5.9　如何设计APP版本管理功能

当 APP 产品进行了某些功能的迭代更新后，通常要发布新的版本来触达用户。已经安装过 APP 的用户可以通过应用内的版本更新功能进行升级；未安装 APP 的用户可以通过应用商店等渠道下载并安装最新版本的 APP。APP 版本号通常用来作为区分新旧版本的唯一标识。

作为一名产品经理，要了解 APP 版本号命名规范、APP 版本发布流程、APP 版本升级策略、APP 升级策略配置，以及 APP 升级流程，才能设计好 APP 版本的更新与管理功能。

5.9.1　APP版本号命名规范

市面上的 APP 版本号命名规范有很多，最常见的一种主要由 4 部分组成，即 < 主版本号 .>;< 子版本号 >;< 阶段版本号 >;< 日期版本号 >;< 字母版本号 >。其中，字母版本号共有 5 种——Base、Alpha、Beta、RC、Release。例如，2.0.1.200303_Release。

下面是字母版本号的定义。

- Base：此版本表示该软件仅仅是一个假的页面链接，虽然包括所有的用户界面和全部功能，但是页面中的功能都没有完整的实现，只展示了一个可视化的基础框架。
- Alpha：也称为 α 版，此版本主要以实现软件功能为主，不注重用户界面的设计，通常只在软件开发者内部用于产品功能的实现性验证。
- Beta：也称为 β 版，此版本相对于 Alpha 版已经有了很大的改进，消除了严重的错误，用户页面趋于完整和规范，但还存在一些缺陷，需要经过多次测试来进一步消除。
- RC（Release Candiate，发布候选版）：此版本是最终 Release 版本之前的最后一个版本，已经相当成熟，基本上不存在致命性的 Bug，与即将发行的正式版相差无几，是测试通过的版本。
- Release：此版本的意思是“最终版本”“上线版本”，是经过前面一系列的版本之后，最终交付给用户使用的一个版本。一般情况下，Release 版本不会以单词形式出现在软件封面上，取而代之的是符号 R。

微信 WeChat
Version 7.0.15

图 5-37　微信的版本号示例

产品正式上线后，通常省略日期版本号和字母版本号，只显示 < 主版本号 >;< 子版本号 >;< 阶段版本号 >。图 5-37 展示了微信的版本号示例。

5.9.2 APP版本发布流程

APP 的新版本打包完成后，需要上线发布并供用户下载。Android 版本通常会发布到官网或 Android 应用商店，如小米应用商店、华为应用商店、OPPO 应用商店，以及 vivo 应用商店等；而 iOS 版本只能通过应用商店来统一对用户发布。

值得注意的是，苹果 APP Store 的审核时间较长（3 ～ 14 天不等）。如果需要 Android 和 iOS 两个版本同步发布，一般需要先提审 iOS 版本，再提审 Android 版本（Android 各个应用商店的平均审核周期为一天）。等应用包上架应用商店后，再引导已经安装 APP 的老用户升级到新版本，应用商店不同，应用升级方式也有所不同。

5.9.3 APP版本升级策略

APP 版本更新的核心逻辑是，用户启动 APP 后，对比客户端版本与服务器端版本。如果客户端版本等于服务器端版本，例如，客户端版本是 v2.0.0，服务器端版本也是 v2.0.0，则当前的用户使用的版本为最新版本，无须进行版本升级；如果客户端版本小于服务器端版本，例如，客户端版本是 v2.0.0，服务器端版本是 v2.0.1，则会执行更新逻辑，客户端会从低版本升级到最新版本。

其中，APP 升级策略有 4 种，分别为不提示升级、弱提示升级、强提示升级和强制升级。下面将详细介绍这 4 种更新逻辑的设计思路与方法。

1）不提示升级

不提示升级，指当 APP 有版本更新时，不会以弹窗的形式提醒用户有版本更新，通常依赖用户主动检查更新。图 5-38 展示了微信版本更新方式，若用户选择“版本更新”选项，就会对比客户端版本会和服务器端版本。如果有新版本，则会询问用户是否要更新到最新版本。

图 5-38 微信版本更新方式

不提示升级一般适用于规模较小的版本更新，用户对新版本的更新提示感知程度最弱，当然对用户的打扰也最弱。

2）弱提示升级

弱提示升级，指当用户启动 APP 后，会以弹窗的形式提示用户有版本更新，用户可以选择升级，也可以选择取消升级，如图 5-39 所示。

弱提示升级适用于软件版本做了较大的更新，有必要提醒用户，期望用户更新版本的场景。

3）强提示升级

强提示升级和弱提示升级的展现形式相同，都采用弹窗的形式提示用户。不同之处在于，弱提示升级只会弹窗一次，在下个版本更新前，不会再次弹窗并提醒用户升级；而强提示升级则每天都会弹窗一次，提醒用户升级。

4）强制升级

强制升级指一旦新版本发布，客户端必须进行版本升级，否则无法继续使用。强制升级也以弹窗的形式提示用户。不同于弱提示升级和强提示升级，对于强制升级，用户不能取消提示，不升级就无法继续使用 APP，如图 5-40 所示。

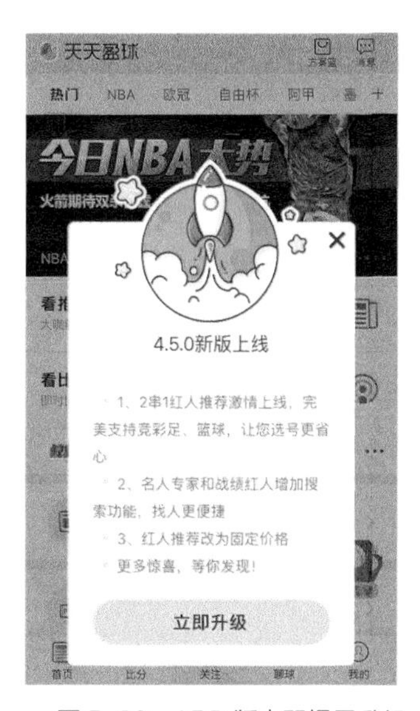

图 5-39 APP 版本弱提示升级

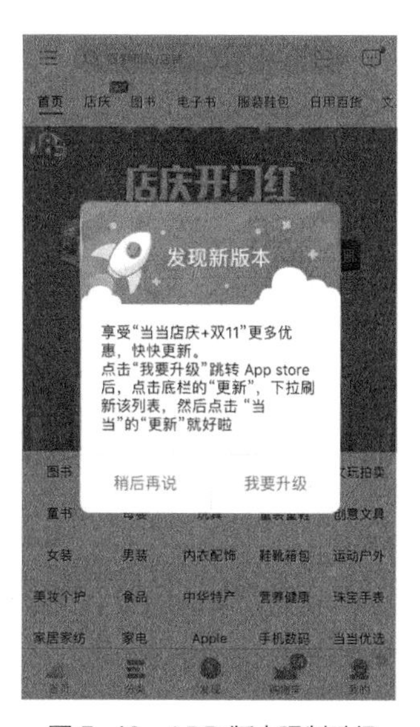

图 5-40 APP 版本强制升级

强制升级一般适用于 APP 有重大的功能更新和 Bug 修复且产品侧强烈希望用户升级的场景。

以上介绍了 APP 版本的 4 种升级策略。每一种升级策略都有自己的适用场景，在实际的产品版本管理过程中，要根据产品版本的具体情况，择优选择。

5.9.4 APP版本升级策略配置

当我们发布一个 APP 的新版本时，通常需要配置历史版本的升级策略。这里的设计思路有两种，分别是历史版本维度 - 单量策略配置和新版本维度 - 批量策略配置。

1. 历史版本维度 – 单量策略配置

历史版本维度 - 单量策略配置指新版本发布后，针对所有的历史版本逐一配置升级策略。例如，最新发布的 APP 版本是 v1.0.5，当前用户使用的历史版本有 4 个，它们分别是 v1.0.1、v1.0.2、v1.0.3 和 v1.0.4，所以当 v1.0.5 版本发布时，需要针对每一个版本设置升级策略。例如，v1.0.1 设置为弱提示升级，v1.0.2 设置为强提示升级，v1.0.3 设置为无提示升级，v1.0.4 设置为强制升级。

如图 5-41 所示，这种设计思路的优势是可以灵活地控制任何历史版本的更新策略，劣势是设计和实现较复杂，投入产出比需要根据实际产品综合考虑。

图 5-41　历史版本维度 – 单量策略配置升级思路

2. 新版本维度 – 批量策略配置

新版本维度 - 批量策略配置指以最新版本为准，配置所有旧版本的升级策略。例如，如果最新版本是 v1.0.5，那么这个版本的升级策略可以配置为强提示升级，最小兼容版本是 v1.0.2。

最小兼容版本指最新版本升级逻辑支持的最小版本号，小于该版本的历史版本均采用强制升级策略。这条策略的意思就是对于所有历史版本都执行强提示升级策略，且对于 v1.0.2 以下的版本执行强制升级策略。

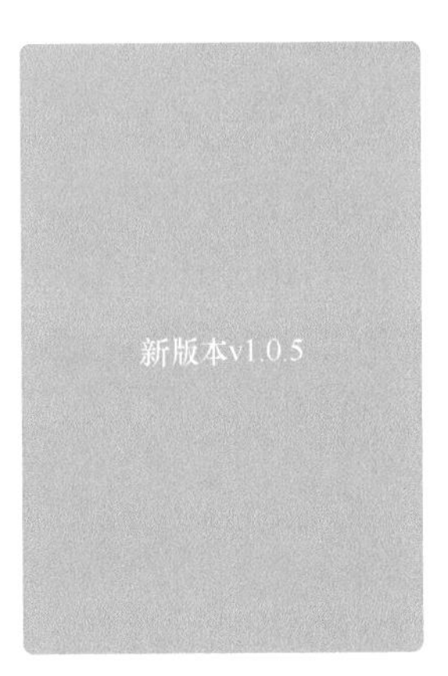

图 5-42　新版本维度 – 批量策略配置升级思路

如图 5-42 所示，新版本维度 - 批量策略配置的设计思路从新版本出发，批量化地对历史版本进行策略配置。其优势是策略配置方式简单，劣势则是复杂场景难以覆盖。

这两种设计思路各有优缺点，在实际的产品设计过程中，要根据自己产品的实际情况，择优选择。

5.9.5 APP升级流程详解

当所有版本的升级策略都配置好后，用户打开 APP，APP 获取升级策略后，会先对比服务器端版本与客户端版本。如果客户端版本大于或等于服务器端版本，则无须执行升级策略，直接打开目标页；如果客户端版本小于服务器端版本，则执行升级策略。

如果升级策略是强提示升级，则先校验今天是否弹出过强提示窗口。如果弹出过，则不再弹出；如果没有，则弹出强提示窗口。

如果升级策略中有最小兼容版本，则需要判断当前客户端版本是否小于或者等于最小兼容版本。如果小于或者等于，则执行强制升级策略；否则，继续执行其他升级策略。

如果升级策略是无提示升级，那么打开目标页，同时在“手动更新”按钮处出现新版本的提示徽标。

如果升级策略是弱提示升级，则先校验历史版本中是否已经弹出过弱提示窗口。如果弹出过，则不再弹出；如果没有，则弹出弱提示窗口。

第6章 通用的产品逻辑

6.1 关系逻辑

对于产品经理来说，抽象思考能力是一种很重要的能力，通常体现在能在复杂产品设计过程中深刻地理解需求、产品、功能之间的关系，从而输出合理且有效的产品设计方案。

为了锻炼并提升自己的抽象思考能力，要先了解事物之间的6种基本关系。这6种基本关系分别是依赖关系、关联关系、聚合关系、组合关系、泛化关系，以及实现关系。深刻地理解这些关系的定义，能有效地帮助我们在进行复杂的产品设计时，进行有效的抽象思考。本节会详细介绍这些关系。

6.1.1 依赖关系

依赖关系是一种使用关系，是对象之间耦合度最弱的一种关联方式，强调对象与对象之间一种临时性的关联。例如，当用户使用手机打电话时，用户和手机就是一种依赖关系，用户需要依赖手机来打电话。

抽象的依赖关系具象到实际的产品过程中，就形成了“依赖条件”或者“前置条件”。例如，用户刚下载了一款可以欣赏音乐的APP，遇到了一首喜欢的歌曲，单击“收藏”按钮后，APP会弹出窗口提示用户登录，因为点赞/收藏功能是基于用户登录账号才能完成的。下次用户登录APP时，APP就可以通过该账号识别用户，然后在该用户的收藏夹中显示他曾经收藏过的歌曲。

以上过程中，登录状态就是收藏动作的前置状态，用户单击“收藏”按钮完成歌曲的收藏，依赖于用户已经登录APP，因此收藏功能和登录功能之间存在着依赖关系。

6.1.2 关联关系

关联关系是常见的一种关系，用于表示一类对象与另一类对象之间的联系。例如，老师和学生，师傅和徒弟，丈夫和妻子等。

关联可以是单向的，也可以是双向的，例如，在常见产品的权限体系设计逻辑中，一名用户只能关联一个角色，一个角色可以被多名用户关联，这就是单向关联关系。又如，在使用微信的过程中，用户之间的关系通常为陌生人关系、好友关系等。不同用户之间可以存在各种关系，这样的关系称为双向关系。

6.1.3 聚合关系

聚合关系是一种强关联关系，是整体和部分之间的关系。聚合关系建立在部分和整体的关系基础之上，其中部分对象是整体对象的一部分，但是部分对象可以脱离整体对象而独立存在。例如，学校与老师的关系，学校包含老师，但如果学校停办了，老师依然存在。以外卖订单为例，每一笔外卖订单都对应一个独立的配送员，外卖订单与配送员之间就是聚合关系，外卖订单取消了，配送员依然存在。

6.1.4 组合关系

和聚合关系一样，组合关系也表示整体与部分的关系，但它是一种更强烈的聚合关系。聚合关系中成员可以脱离整体对象而存在，但组合关系中不能。

在组合关系中，整体对象控制部分对象的生命周期，一旦整体对象不存在，部分对象也将不存在。同样以外卖订单为例，取消外卖订单，这笔订单的“下单时间”字段信息会跟着消失，但是系统中依然会有关联到这订单的“配送员”信息。因此，外卖订单与该订单的下单时间之间是组合关系，而与该订单的配送员之间是聚合关系。组合关系就好比头和嘴的关系，没有了头，嘴也就不存在了。

这也是为什么在电商产品中删除账户、删除商品等功能需要经过多重限制才能实现。因为账户、商品都属于底层数据，与订单、会员、积分、库存、物流等一系列功能和逻辑是组合关系，牵一发而动全身，所以设计这样的产品功能时，要格外严谨，明确各个模块的组合关系，穷尽所有的条件和范围，才能形成有效的产品方案闭环。

6.1.5 泛化关系

泛化关系是对象之间耦合度最强的一种关系，表示一般与特殊的关系，是父类与子类的关系，是一种继承和包含的关系。产品设计过程中经常用到的级联控件就呈现出一种泛化关系。例如，在地区选择器控件中，深圳市属于广东省，南山区属于深圳市，南山区属于广东省。

6.1.6　实现关系

最后一种关系是实现关系。若元素A定义一个约定，元素B实现这个约定，则B和A的关系就是实现关系。例如，你在美团APP上订购了酒店房间，美团APP生成了酒店订单，然后你去住酒店，完成酒店的订购订单，完成和美团APP的约定，这个过程也称作“履约”。这时候你和美团APP之间形成的就是实现关系。

以上就是产品设计过程中会遇到的各种相互关系的基本介绍，理解各种关系的概念和使用方法，有助于我们培养抽象思维，在复杂的产品设计过程中理清思路，从而设计出完整的产品方案闭环。

6.2　支付对账逻辑

对于几乎所有商业模式下的产品，为了形成商业价值的闭环，最后一步都离不开交易环节，而一旦存在交易环节，那么必然会出现对账业务逻辑和相应的产品功能。作为一种通用的产品逻辑，虽然对账在不同行业和公司所表现出来的产品形式不同，但是其基本逻辑是不变的，这是每名产品经理都需要了解的。

本节将介绍对账逻辑。内容框架主要分为支付对账的基本定义、支付对账逻辑的本质、支付对账功能的设计方法三部分。

6.2.1　支付对账的基本定义

对账的概念在会计学中准确的解释如下：

按照一定的方法和手续核对账目，做到账证相符、账账相符、账实相符、账表相符等，从而保证账簿记账准确的过程。

本节将介绍会计准则中的几种对账要求。

1. 账证相符

账证相符是会计账簿记录与会计凭证有关内容相符的简称。保证账证相符，是会计核算的基本要求之一。由于会计账簿记录是根据会计凭证等资料编制的，因此两者之间存在逻辑联系。

因此，通过账证核对，我们可以检查、验证会计账簿和会计凭证的内容是否正确无误，以保证会计资料真实、完整。各单位应当定期将会计账簿记录与相应的会计凭证（包括时间、编号、内容、金额、记账方向等）逐项核对，检查是否一致。如果发现不一致之处，应当及时查明原因，并按照规定予以更正。

2. 账账相符

账账相符是会计账簿之间相对应记录相符的简称。保证账账相符，同样会计核算的基本要求之一。会计账簿之间，包括总账与各账户之间、总账与明细账之间、总账与日记账之间、会计机构的财产物资明细账与保管部门、使用部门的有关财产物资明细账之间等相对应的记录存在着内在联系。通过定期核对，我们可以检查、验证会计账簿记录的正确性，便于发现问题，纠正错误，保证会计资料的真实、完整和准确无误。

3. 账实相符

账实相符是账簿记录与实物、款项实有数相符的简称。保证账实相符，是会计核算的基本要求之一。由于会计账簿记录反映了实物款项使用情况与实物款项的增减变化情况，因此我们必须在会计账簿记录上如实记录、登记。因此，通过核对会计账簿记录的正确性，发现财产物资和现金管理中存在的问题，有利于查明原因、明确责任，有利于改进管理、提高效益，有利于保证会计资料真实、完整。

4. 账表相符

账表相符是会计账簿记录与会计报表有关内容相符的简称。保证账表相符，同样是会计核算的基本要求之一。由于会计报表是根据会计账簿记录及有关资料编制的，两者之间存在着相对应的关系，因此通过检查会计报表中各项的数据与会计账簿有关数据是否一致，确保会计信息的质量。

6.2.2 支付对账逻辑的本质

在日常的产品工作中，对于一些专业性较强的需求，产品经理需要学习并了解各种相关的专业知识，才能设计出合理的产品方案。例如，对于设计记账 / 对账功能，要了解一定财会知识；对于设计金融系统，要了解一定的金融知识；对于设计支付系统，要了解一定的支付知识。以上在会计学范畴内介绍了对账的定义，要把这些专业知识运用到实际的产品设计中，还需要理解对账在产品设计过程中的本质逻辑。

支付对账逻辑的本质是在业务系统、支付系统以及支付渠道之间的信息流和资金流的对账。支付渠道的流水是在电子货币体系下最接近资金流的信息流，所以也被视为真正的资金流。这个在产品设计范畴中给出的对账定义明确了对账的发生、经过和结果。它将整个对账过程抽象为 3 个阶段。

（1）业务系统的自对账。

（2）业务系统和支付系统的对账。

（3）支付系统和支付渠道之间的对账。

经过这 3 个阶段的对账，即完成了业务系统的信息流和支付渠道的资金流的对账闭环。接下来，将结合实际案例介绍这 3 个对账阶段的详细过程。

1. 业务系统的自对账

下面以电商平台中客户购买商品的流程为例进行讲解。用户选择一个商品，单击“购买”按钮后，业务系统（订单系统）会生成一条“待支付”状态的订单记录。到此为止，全部是业务系统发生的行为。此时，会出现第一次对账。这次对账针对现实世界的用户操作行为产生的产品数据结果进行即时性对账，这个对账过程也称为业务系统的自对账过程。

用户提交订单后，业务系统必须生成一条商品、金额、优惠信息等与该商品参数一致的“待支付”状态的订单记录，如果没有这笔订单，或者订单参数不一致，就说明第一阶段的对账出现问题。一般情况下，业务系统的自对账出现问题的概率极小，对于大多数产品，也不会把这个阶段专门当作一个对账阶段去设计。

2. 业务系统与支付系统的对账

紧接着，用户针对“待支付”状态的订单，单击“支付”按钮，触发支付功能。此时业务系统和支付系统发生了第一次交互，业务系统向支付系统发送“支付请求”，同时支付系统生成了与这笔支付订单具有唯一映射关系的“支付流水”。此时，业务系统与支付系统之间的对账其实就是“支付订单”和“支付流水”之间的对账，也就是第二阶段的对账。

首先，要保证业务系统的支付订单一定能在支付系统中找到唯一对应的支付流水（通常以业务订单号作为映射关系标识）。如果业务系统有支付订单，而支付系统没有支付流水，则需要重新提交订单，即重新下单。如果支付系统有支付流水，而业务系统没有这笔支付订单，这种事情发生的可能性非常低，一旦发生，就需要技术人员介入，进行人工处理。

其次，要保证支付订单和支付流水的参数一致。例如，支付订单的金额应该和对应的支付流水的金额一致，一般情况下，参数不会出现错误，一旦出现错误，就需要技术人员介入，进行人工处理。

3. 支付系统与支付渠道的对账

用户完成一笔订单的支付后，支付系统生成支付流水的同时，会向上游支付渠道发送支付请求。此时，支付渠道会按照同样的逻辑生成一条渠道流水，并按照同样的逻辑，在支付系统和支付渠道之间用支付流水与渠道流水进行对账。到此，第三阶段的对账完成。

在实际的对账业务操作过程中，对于大多数产品，一般只会进行第三阶段的对账，也就是支付流水和渠道流水之间的对账。只有某笔订单的对账出现问题，才会继续对这笔订单进行第二阶段和第一阶段的对账，直至找到问题的原因。

6.2.3 支付对账功能的设计方法

在实际的产品工作中，要完成对账功能的方案设计，还需要把抽象的对账逻辑具象为可操作的流程和方法。在设计对账功能时，对账流程包括以下 3 个步骤。

（1）创建对账任务。

（2）执行对账任务。

（3）处理对账差错。

本节介绍如何完成这 3 个步骤。

1. 创建对账任务

首先，对账任务一般由支付系统的对账功能模块创建并发起。设计对账任务前，要确认任务信息，一般包括通道名称、通道编号、渠道商户号、对账任务批次、对账任务状态、交易时间、任务创建时间、下载开始时间、下载结束时间、下载状态、对账开始时间、对账结束时间、对账结果及对账方式等。

其中，通道名称、通道编号、渠道商户号明确了支付系统和上游支付渠道之间信息交互的身份识别；对账任务批次防止了重复对账。另外，要在对账结束时将对账结果信息存储到对账任务批次中。

其次，对账过程中可能会遇到来自支付系统或上游渠道的未知问题，导致漏单等情况发生，需要二次或多次执行对账任务。若遇到这种情况，一般需要技术人员手动重新发起与上游支付渠道的对账任务。

最后，在设计支付任务时，要多与上游支付渠道侧进行沟通，确认一些注意事项，例如，向支付渠道发起对账请求有可能会需要申请白名单权限或提供地址信息，要谨防上线后才发现系统无法正常获取对账单的情况发生。

2. 执行对账任务

执行对账任务主要分两个步骤进行，它们分别是下载对账文件并解析入库，完成对账。

1）下载对账文件并解析入库

渠道对账文件的获取方式一般提前作为规则规定好。获取对账文件的方式可以是上游支付渠道侧推送到下游支付系统，也可以是支付系统主动从渠道侧通过 HTTP、

FTP 等方式下载。一些上游渠道比较特殊，需要人工登录渠道提供的商户后台，手动下载对账文件，再导入支付系统进行对账。

获取对账文件后，要对对账文件进行解析入库。解析入库指将下载的对账文件解析成支付系统可以对账的数据类型并且入库。解析后的文件类型一般包括 JSON、TEXT、CVS、XLSX 等。另外，部分银行会对对账文件加密或者提供 ZIP 打包服务，这时就需要额外开发 ZIP 工具和加解密工具。对账文件中的主要信息包括商户订单号、交易流水号、交易时间、支付时间、付款方、交易金额、交易类型、交易状态等。

2）完成对账

在下载对账文件并解析入库后，就开始了真正的对账过程。上文提到，支付对账的重点是支付系统侧的支付流水和上游渠道侧的渠道流水之间的对账。这里体现的对账原则是“逐一匹配”，先通过支付流水和渠道流水之间一对一的映射关系，判断两个流水的支付时间、支付金额、支付状态等关键信息是否一致。如果一致，就是正常状态；如果不一致，则需要进行对账差错处理。

3. 处理对账差错

使用再完美的对账方案设计，在复杂的支付场景和系统交互的情况下，对账的结果也难免会出现差错。这里值得注意的是，产品经理在设计这部分对账功能时，目标不应是追求一个完美的对账方案，而应该追求一个尽可能准确但是允许出现差错且对出现差错的场景有完整的处理机制的对账方案。

差错处理一般分为 4 种情况，分别是流水单号不存在，交易时间不匹配，交易金额不匹配，交易状态不匹配。

1）流水单号不存在

流水单号不存在的一种情况是支付系统侧流水存在，而渠道侧流水不存在。出现这种情况的一种可能是网络延迟及渠道侧日切等导致下载的 T 日对账单中的部分流水被记入了 T+1 日的对账单。若遇到这种情况，一般需要再获取 T+1 日的账单，进行再次验证，或将该笔支付流水进行挂账处理，再参与次日的对账，最终进行销账处理。另一种可能是，支付请求失败，渠道侧没有生成这笔支付的渠道流水。若遇到这种情况，一般这笔支付流水作废，不计入对账。

另一种情况是渠道流水存在，支付流水不存在。这种情况非常少见，一旦遇到，就需要技术人员跟踪处理。如果确定为丢单，则需要进行补单。

2）交易时间不匹配

通常，网络延迟或者渠道侧日切会导致支付流水和渠道流水的时间不一致，这种情况称为交易时间不匹配。交易时间不匹配通常作为一个对账信息点，用来定位这笔交易发生的时间。如果支付流水和渠道流水都存在，则时间不一致并不影响对账结果。

3）交易金额不匹配

交易金额不匹配通常是支付系统调用渠道侧接口时，双方金额字段定义的不一致导致的。当然，也存在其他异常情况，但出现的概率很小。这种情况出现时需要技术人员定位原因，必要时需进行人工处理。

4）交易状态不匹配

通常网络抖动或者支付系统、渠道系统故障、异常等会导致支付流水的状态和渠道流水的状态不一致，这称为交易状态不匹配。这种情况下，通常支付系统会采用轮询机制进行轮询，直到获取上游渠道侧的流水终态，更新支付流水的状态使其与渠道流水的状态保持一致。

以上就是对账时可能遇到的几种常见问题及处理方案。在不同的公司、不同的业务背景下，虽然对账的方式和诉求各不相同，但是对账的本质逻辑是不变的。在实际设计对账功能的过程中，要遵守底层逻辑并灵活运用，从而设计出完整的产品对账功能。

6.3 分销逻辑

本节主要介绍分销产品设计的基本逻辑。所有带有销售性质的业务模式都会有潜在的分销需求，从而衍生出新的分销业务，分销业务通常需要分销功能来支撑。理解分销逻辑，有助于我们更好地设计产品的分销功能。本节将从概念和功能设计方面介绍基于分销逻辑产品的设计。

6.3.1 分销涉及的基本概念

在西方经济学中，分销是建立销售渠道的意思，指某种商品或服务从生产者向消费者转移的过程。商品经济的高速发展使工商企业的经济协作和专业化分工水平不断提高，面对众多消费者群体，生产厂商既要生产或提供满足市场需要的产品和服务，又要以适当的成本快速地将产品和服务销售给目标消费者。对于商品生产厂商来说，即使有能力做到，也没有必要去做，因为这样未必能达到企业收益最大化的目的。通过其他中间商贸企业丰富而发达的市场体系分销产品就成为市场经济的常态。

以上是分销概念在经济学中的定义。在互联网飞速发展的今天，虽然分销的定义和逻辑没变，但描述的对象更多地从传统的线下销售模式转变为线上销售模式，例如，直播带货就是这种新型分销模式的产物。

在介绍分销逻辑前，首先要明确分销体系中几个常见概念的定义。

- 主营商户：提供分销商品和佣金的商户。
- 分销商：拥有自己的销售渠道，能够帮助推动产品销售的个人或商户。
- 消费者：购买分销商品的人。
- 佣金：主营商户返还给经销商的比例抽成。

因此，分销的本质是分销商帮助主营商户销售商品，消费者购买商品，主营商户返还一定比例佣金给分销商的销售过程。在这个过程中，分销商可以有多重等级。现有市场法规下，最多只允许 3 个层级的分销，因此形成了一级分销模式、二级分销模式，三级分销模式这 3 种主要的分销模式，如图 6-1 所示。

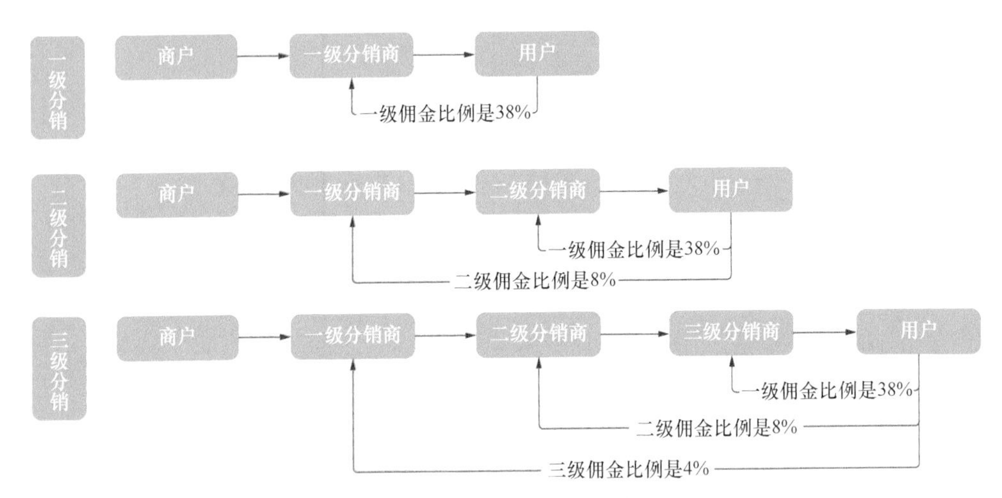

图 6-1 分销等级及分销模式

一级分销模式下，只有商户和一级分销商，形成了商户→一级分销商的结构。如果商品由分销商渠道售卖出去，商户会给一级分销商一定比例的佣金，假设这笔订单的金额是 100 元，返佣比例为 38%，那么一级分销商就可以得到 38 元的佣金。

二级分销模式在一级分销模式之上又多了一级分销商，这级分销商称为上级分销商的下级，形成了商户→一级分销商→二级分销商的结构，分销商级别越低，拿到的返佣比例越高。例如，假设二级分销商返佣比例为 38%，一级级经销商返佣比例为 8%，如果用户从二级分销商的渠道购买了 100 元的商品，那么从这笔 100 元的订单中二级分销商可以拿到 38 元，一级分销商可以拿到 8 元。三级分销模式同理，这里不再介绍。

值得注意的是，对于一个三级分销结构，即商户→一级分销商→二级分销商→三级分销商→用户，佣金比例如下。

- 一级佣金比例：38%。
- 二级佣金比例：8%。
- 三级佣金比例：4%。

如果客户直接从三级分销商渠道购买 100 元的商品，则属于三级分销模式，则三级分销商得到 38 元，二级分销商得到 8 元，一级分销商得到 4 元。

如果客户从二级分销商渠道购买 100 元的商品，则属于二级分销模式，二级分销商得到 38 元，一级分销商得到 8 元。

如果客户从一级分销商渠道购买 100 元的商品，则属于一级分销模式，一级分销商得到 38 元。

6.3.2 分销功能设计

清楚地理解了分销的基本逻辑之后，我们就可以设计承载分销业务的分销功能了。分销功能的设计主要分为以下 5 步。

（1）分销商准入规则设计。

（2）分销商层级绑定规则设计。

（3）分销商等级规则和分润规则设计。

（4）分销订单管理。

（5）佣金结算规则设计。

本节介绍如何完成这 5 步。

1. 分销商准入规则设计

在了解分销商的准入规则前，要有一个基本的认知，那就是分销功能模块的账户体系是建立在整个电商平台账户体系之上的。也就是说，分销商只是一名被系统赋予分销商角色，从而拥有分销权限的用户而已。在实际的业务场景中，并非所有用户都具有分销商资格，一般要求具备自己的销售渠道和流量等的用户才能成为分销商。因此，从普通用户角色到经销商角色的转换需要具备一定的条件，也就是满足分销商准入规则。

一般有以下 4 种类型的分销商准入规则。

- 无规则：没有分销商的准入门槛限制，所有用户都可成为分销商，参与商品的分销与分润。
- 购买指定商品：需要购买特定的商品才可以成为分销商，如购买电商平台的一个礼包，就可以成为该平台的分销商。

- 消费达到指定金额：用户消费达到指定金额，如 50 万元，就可以成为平台的分销商。
- 人工审核：前面 3 种情况都是用户满足某种条件即自动获得分销商的角色和权限，而有些平台需要用户提供特定的资料证明用户的真实身份，并具备分销能力，人工审核通过后，用户才能获得分销商角色和权限。

当然，实际的业务中，对于不同的行业、不同的平台、不同的业务，会有不同的准入规则，但是产品的设计逻辑不变，都是需要用户满足一个或多个准入条件后，才能成为经销商。

2. 分销商层级绑定规则设计

完成分销商准入规则的设计后，还需要设计上下线的关系绑定规则，也就是上级分销商用什么形式与下级分销商建立绑定关系。通常一级分销商身份是通过准入规则获得的，当一级分销商发展二级分销商时，会分享一个邀请链接给要成为二级分销商的用户。该用户单击邀请链接，满足特定条件后，就可以成为一级分销商下面的二级分销商，并按照同样的逻辑来发展三级经销商。

值得强调的是，这里的“特定条件”可以灵活设计，可以设计为单击链接直接建立绑定关系，成为二级分销商；也可以是首次分销达成交易后，才能成为二级分销商。

3. 分销商等级规则和分润规则设计

通常，商家会设计多重的分销商等级，来激励分销商提高自己的分销业绩。假设采用 3 级分销模式，则商家可以设计 3 个分销等级，分别是初级分销商、中级分销商和高级分销商。

其中，初级分销商的分润佣金比例如下。

- 三级佣金比例：4%。
- 二级佣金比例：8%。
- 一级佣金比例：38%。

中级分销商的分润佣金比例如下。

- 三级佣金比例：11%。
- 二级佣金比例：15%。
- 一级佣金比例：45%。

高级分销商的分润佣金比例如下。

- 三级佣金比例：16%。

- 二级佣金比例：20%。
- 一级佣金比例：50%。

其次，要设计分销商等级之间的晋升规则。一般的设计思路是，先设计一个默认等级，对于后续的每个等级都会设计准入条件。上面的案例中，初级分销商是一个默认等级，有一个默认的佣金比例，初级经销商要想晋升为中级经销商，需要满足特定的条件。

这些条件通常可以根据各种维度设计，例如，在分销订单维度，这些条件可以是分销订单销售额、分销订单数目；在分销商维度，这些条件可以是分销商下线总人数、分销商一级下线人数；在商品维度，条件可以是购买指定商品。分销商等级规则可以设计为必须满足多种条件才可以升级，也可以设计为满足任意一个条件就可以升级。

在实际的产品设计过程中，分销商等级的晋升规则及每个等级的分润规则，需要根据具体的业务规则来定，但无论表层的业务有多么复杂多样，底层的设计思路是不变的。

4. 分销订单管理

分销订单模块的设计主要分为两部分，一是分销订单信息结构的设计；二是分销订单中各角色权限关系的设计。

分销订单的信息结构与普通订单的信息结构相似，通常包括时间信息、商品信息、用户信息、状态信息等。不同的是，分销订单中多了分销商的信息并且会显示佣金明细，这些佣金明细会作为后续主营商户向分销商进行佣金结算的对账依据。

此外，不同角色会拥有不同的分销订单权限。在整个分销体系中，以最复杂的3级分销模式为例，涉及的角色有主营商户、一级分销商、二级分销商和三级分销商4个角色。下面是这些角色常见的订单权限分配情况。

- 主营商户拥有所有订单的查看和操作权限。
- 一级分销商只能看到自己下级（二级分销商和三级分销商）的分销订单，不能看到同级别其他分销商的订单。
- 二级分销商只能看到自己下级（三级分销商）的分销订单，不能看到上级和同级别其他分销商的订单。
- 三级分销商只能看到自己的分销订单，不能看到上级和同级别其他分销商的订单。

在实际设计分销模块的功能时，要掌握的重点是分销订单的信息结构设计，以及各种角色之间的权限关系设计。掌握了分销订单的设计思路，结合具体业务需求进行嵌套，从而形成完整的产品方案闭环。

5. 佣金结算规则设计

佣金结算即商家根据佣金比例结算给各级分销商佣金的过程。整个过程中的返佣结算规则主要由两部分组成，它们分别是结算规则和提现规则。

1）结算规则

结算规则主要包括 4 部分，分别是佣金计算方式、最低提现额度、提现手续费，以及结算周期。

其中，佣金计算方式有多种，这里仅列举常见的两种计算方式。

- 按照订单总金额来计算佣金。佣金等于订单总金额乘以佣金比例。
- 以优惠后的订单金额进行结算，即根据用户购买分销商品的实付金额计算佣金，计算公式为佣金＝（订单总金额－优惠金额）× 佣金比例。例如，一笔分销订单的金额是 100 元，各种优惠金额总共 20 元，一级分销比例为 40%，按照第一种计算方式，佣金为 100 元 ×40%=40 元；按照第二种计算方式，佣金为（100 元 -20 元）×40%=32 元。

当然，不同的业务场景下，会有不同的佣金计算方式，产品经理需要做的是把这些规则落实到产品设计方案中，最终让整个分销功能形成闭环。

最低提现额度比较容易理解，考虑到提现成本，商家通常会设置一个最低提现额度，这个额度决定了分销商一次提现的最低金额。

提现手续费指分销商提现时，商户需要扣除的手续费。因为普通商户的分销提现功能一般依赖第三方支付机构提供的支付服务，而这个服务是收费的，所以商户会存在向分销商收取手续费的需求。无论最后商户设不设置提现手续费，但作为一个完整的产品方案闭环，在进行产品设计时，需要考虑这样的场景。提现手续费的规则可以是不收取手续费，也可以是自定义收取方式，例如，超过某个提现金额开始收取手续费，或在某一提现金额区间内不收取手续费等。

结算周期指用户在支付分销订单后，多长时间后开始给分销商结算佣金。这里的结算周期可以是立刻结算，即用户支付完分销订单，分销商就可立即发起佣金结算。但是，这种方案一般很少采用。考虑到用户会存在退款的情况，一般会存在一个维权期，维权期结束后，主营商户才会与分销商进行佣金结算。

一般维权期为 7 ～ 14 天。不同的结算周期有不同的优劣势，结算周期越短，对分销商越友好，而平台的风险越大，反之亦然。在设计结算模块的规则和交互时，要提示不同结算周期的利弊，让商户根据实际的业务情况去配置。

2）提现规则

提现规则指分销商提现过程所遵守的规则。这个规则通常由商户根据实际业务需求进行配置。通常包括两部分——提现审核和提现方式的规则。提现审核指分销商提现时是否需要人工审核。在产品设计层面，需要提供自动审核和手动审核两种产品方案，由商户选择配置。提现方式指最终提现到哪里，可以是分销商的微信钱包、支付宝钱包、平台的资金账户等。

以上是整个分销逻辑的基本介绍。对于不同的公司及不同的业务背景，可能具体的分销业务需求各不相同，但是分销的底层逻辑是不变的。在实际设计产品分销功能时，要充分理解分销的底层逻辑，这样即使面对任何复杂的业务需求，也能设计出完整的产品解决方案。

6.4 分账逻辑

作为一种常见且通用的业务逻辑，分账指业务发生主体与业务关系方之间进行的相关利益和支出的分配过程。

在分销业务中，主营商户收到用户购买分销商品所支付的款项后，可以通过分账逻辑，与分销商进行佣金结算。在零售、餐饮等行业中，当销售人员完成销售后，达到可奖励的条件，可以通过分账，将销售奖励分给员工。在酒店行业中，利用分账功能中的“冻结 / 解冻”能力，当用户预订 / 入住酒店时，交易资金先冻结在酒店的账户中，当用户确认消费并离店后，再利用“分账”功能中的“分账完结”功能解冻资金到酒店的账户中，这样可以避免用户退款时商户账户资金不足的情况发生。

以微信支付的分账流程为例，图 6-2 展示了分账的基本逻辑。

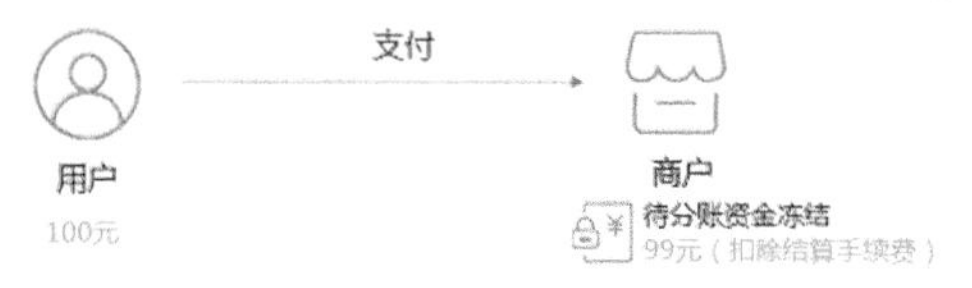

图 6-2 微信分账流程

在设计分账产品功能时，通常需要考虑 4 个部分——基础部分、分账部分、退款部分和结算部分。

6.4.1 基础部分

要了解分账逻辑，首先要知道分账业务所涉及的一些基础名词，这些名词分别有分账方、分账接收方、资金存管户、资金担保账户、分账比例等。

分账方指的是发起分账的主体，一般指商户。

分账接收方指的是接收分账资金的一方，一般指和分账主体存在业务关系的商户或个人。

资金存管户指的是交易完成后，用户支付的资金会先冻结在商户在第三方支付机构开设的资金账户中，再由资金账户按照既定比例分账给各个分账接收方。这个资金账户起到了存管的作用，故称作资金存管户。其作用是让资金受到监管，形成透明的资金流和信息流，并更好地适应现实业务中的履约场景。

有的分账流程还会涉及资金担保账户，平台不会直接从资金存管户结算到分账接收方的实体账户，而从资金存管户分账到分账接收方的资金担保账户，直到担保完成后，资金才会从资金担保账户结算到分账接收方的实体账户。资金担保账户的作用是确保资金在分账后的安全和透明，并更好地处理违约和退款等场景。

分账比例指的是分账方给分账接收方的分配比例，例如，如果有一笔100元的订单，分账比例为30%，那么分账接收方最终可以分到30元。

6.4.2 分账部分

常见的分账方式如下。

- 实时分账：在用户完成订单支付后，分账方立刻发起分账请求，支付机构接收到分账指令后，直接进行资金分账的行为。实时分账一般适用于分账方和分账比例都明确的业务场景。
- 延迟分账：对于某些业务场景，在支付完成时，当前业务情况下，无法明确资金分账对象及分账金额，只有等待一段时间后才能明确该订单的分账指令。
- 多次分账：一笔订单的支付资金会被分账多次。在一些行业（如酒店行业）中，经常会出现跨酒店的联合促销经营，因此会有多次核销，多次分账。还有一些业务场景，用户支付完成后，当前的业务情况下无法明确资金分账对象及分账金额，只能在支付成功之后的不同时间段每次明确部分对象或部分资金，这样的场景中都需要进行多次分账。

6.4.3 退款部分

分账退款主要分为以下两种类型。

- 分账前退款：订单分账之前发生退款，退款资金从分账冻结资金中出款，未退款的待分账资金可以继续分账。
- 分账后退款：订单分账之后发生退款，退款资金要从分账方的基本账户出款。为尽量避免分账之后发生退款，从而增加对账的烦琐性，一般在交易过了退款高峰期后再进行分账。

6.4.4 结算部分

结算指分账资金到达分账接收方账户的过程，一般分为以下 3 种方式。

- 手工结算：由分账方代替分账接收方，在商户平台人工发起结算到分账接收方资金账户的结算方式。
- 自动结算：由分账方代替分账接收方，在商户平台自动根据一定的周期发起结算到分账接收方资金账户的结算方式。这个周期一般为 D+0（实时结算）、D+1（自然日延期一日结算），T+1（工作日延期一日结算），T+N（工作日延期 N 日结算）等。
- 主动结算：分账接收方主动发起提现申请，分账方审核通过，分账资金自动结算到分账接收方资金账户的方式。

以上就是分账逻辑的详细介绍。在实际的产品设计过程中，分账服务属于支付服务的一种，通常借助产品接入第三方或第四方支付机构的分账能力满足分账业务的需求。例如，微信支付、支付宝等都具备分账能力，产品经理需要做的是，在了解分账的基本逻辑后，对比各种市面上的第三方或第四方支付机构的分账能力的优劣势，例如，微信有分账比例不能超过 30% 的缺点，支付宝有不能进行收款码分账的缺点等，然后选择最优的第三方或第四方支付机构。

6.5 拼团逻辑

在了解拼团的概念之前，要先了解团购的概念。团购的英文名称是 group purchase，是团体购物的意思，通常指认识或不认识的消费者联合起来，从而加大与商家的议价能力，以获得最优价格的一种购物方式。

起初的团购模式更多是平台和商家议价后，商家给团购平台一个比较优惠的价格，平台用户购买商品后，就等于参与了这个商品的团购活动。但随着增长红利的消退，平台流量固化，平台的议价能力不断减弱，拼团活动的发起者逐渐从平台转变为用户，依赖用户利用自身的流量，自发地进行拼团活动。用户完成拼团目标后，即可以优惠的价格购买商品。因此，拼团本质上是用户基于平台规则，自发进行团购活动的一种团购模式。

在产品设计层面，拼团产品设计采用活动设计的思路，为整个拼团活动提供产品功能上的支持。其产品设计逻辑主要包含 4 部分，它们分别是拼团活动配置与策略的产品设计逻辑，用户参与拼团活动的产品设计逻辑，拼团活动订单的产品设计逻辑，拼团活动库存的产品设计逻辑。本节将详细介绍这 4 部分内容。

6.5.1　拼团活动配置和策略的产品设计逻辑

设计拼团活动的第一步，是设计拼团活动的配置要素和规则策略。这套配置要素和策略规则要能支持以后所有拼团活动的创建。本节结合配置要素和策略规则这两个模块介绍拼团活动的设计。

1. 配置要素

一个完整的拼团活动的配置要素一般包含活动名称、活动时间、拼团商品、拼团有效期和参团人数等。拼团活动配置要素设计示例如图 6-3 所示。

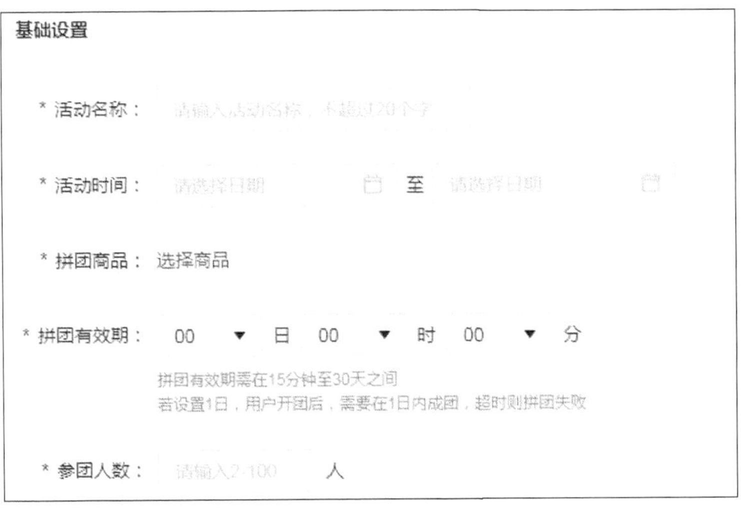

图 6-3　拼团活动配置要素设计示例

活动名称指的是创建的拼团活动的名称，显示在参与拼团商品的介绍页和商家管理后台的拼团活动管理模块。

活动时间指的是活动的开始时间和结束时间，只有当前时间大于活动的开始时间，小于活动的结束时间，用户才可以进行拼团。

拼团商品指的是，参与本次拼团活动的商品，一般从商品模块选择参与活动的商品并进行关联。

拼团有效期指的是开团后的有效时间，如果设置有效期为 1 小时，则需要在 1 小时内完成拼团，超时则拼团失败，拼团开始时间等于拼团发起人（团长）完成订单支付的时间。

值得注意的是，开团时间必须在活动时间内进行，但在活动结束后，没有完成的团如果还在有效期内，其他用户仍然可以继续参团。

参团人数指的是多少人参与可以完成拼团，如果参团人数为 2（又称作 2 人团），则只需要两名用户就可以完成拼团。

2. 策略规则

除基本的配置要素之外，设计一个拼团活动还需要考虑活动本身的策略规则。以下总结了拼团活动中几种常见的策略规则。

- 限购规则：用于配置本次活动是否限购。限购分为两种。一种是在活动维度的商品件数限制，例如，限购 50 件，只要超过了 50 件，就不能再参与本次团购活动；另一种是在订单维度的商品件数限制，一笔订单中每人只能限购特定数量商品，若超过限制，则无法完成拼团。
- 凑团：开启凑团后，活动商品详情页将展示未成团的团列表，买家可以任选一个团参团，以提升成团率。
- 模拟成团：开启模拟成团后，对于满足条件的团（配置模拟成团的条件），系统将会模拟“匿名买家”凑满该团，仅需对真实拼团买家发货。建议合理开启模拟成团，以提高成团率。
- 团长代收：开启团长代收后，代收的订单将发货给团长，适用于收货地址相同的买家拼团，如公司团购。团员可以免付邮费，商家也可以少发包裹以节省成本，虚拟商品不支持代收。开启团长代收后，还需要配置是否强制团长代收，还是团员可以选择是否由团长代收。
- 团长优惠：开启团长优惠后，团长将享受更优惠价格，这有助于提高开团率和成团率。值得注意的是，模拟成团的团长也能享受团长优惠。团长优惠要谨慎设置，以避免资金损失。

6.5.2 用户参与拼团活动的产品设计逻辑

拼团活动的配置要素和策略规则主要属于后端产品的设计范畴，拼团活动也由平台的商家配置。商家配置完活动并发布后，前端的用户就能看到拼团活动，从而参与活动，完成拼团订单。

因此，在产品设计层面，不仅要设计创建和配置拼团活动的功能，还要设计前端用户参与拼团活动的流程和功能。拼团活动前端产品的设计主要分为两部分，它们分别是拼团商品信息 / 功能结构的设计和拼团流程的设计。

1. 拼团商品信息 / 功能结构的设计

参与拼团活动的信息结构相比普通电商产品的信息结构，多了拼团活动信息 / 功能结构。图 6-4 展示了拼团商品信息 / 功能结构的常见设计思路。

自上而下的拼团商品信息 / 功能结构分别是商品 banner 图、名称信息、价格信息、优惠信息、运费规则 / 发货规则 / 退货规则、拼团信息 / 功能、商品 / 店铺评价信息及商品详情信息。结合信息 / 结构，再填充具体的信息元素和功能按钮，最终设计出来的效果如图 6-5 所示。

图 6-4　拼团商品信息 / 功能结构的常见设计思路

图 6-5　拼团商品页面的效果

以上的拼团商品信息 / 功能结构案例仅作为参考。在实际的产品设计过程中，具体拼团商品的信息元素和功能，需要根据实际的场景和需求填充，但要尽量地和大多数主流平台的设计保持一致。因为淘宝用户也可能是京东用户，也可能是拼多多用户，各大平台的商品信息结构的设计趋于一致，才能保证用户的学习成本最低，在竞品平台的用户转换为自己产品的用户时，实现用户体验的平滑过渡。

2. 拼团流程的设计

在设计拼团流程时，要理解以下方面。

拼团流程只是在正常的电商产品下单流程中加入了拼团的功能，要从电商产品下单的流程出发，融入拼团功能，而不是专门为拼团功能设计一套下单支付流程。若采用前一种设计思路，可以随时关闭拼团功能，而正常的电商产品下单流程不受影响；若采用后一种设计思路，则无法实现这样的业务独立。

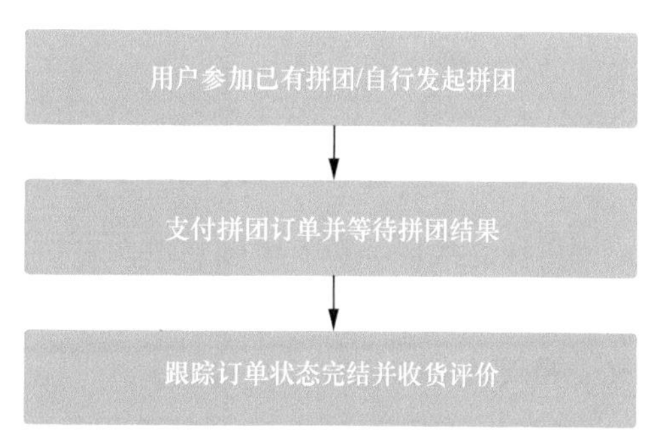

图 6-6 拼团流程

基于电商产品的下单流程思考拼团流程的设计很简单。因为无论是产品经理自身还是产品面向的用户，几乎都进行过网购，对下单这一套流程都很熟悉。如图 6-6 所示，拼团流程主要分为 3 步。

如图 6-7 所示，在拼团商品的下单页面，用户可以参加已有的拼团，或者作为团长自行发起拼团，也可以不参加拼团活动而单独购买（采用这种方式的价格会比团购价格贵，优势是无须等待拼团，订单状态会跳过后续拼团状态，直接进入后续的“待发货”状态）。

图 6-7 拼团商品的下单页面

用户发起拼单后，会进入支付页面。如果用户完成支付，这里存在 3 种情况。

- 用户主动发起拼单，支付完成后即开团成功，等待别的用户参团，达到目标人数后，即拼团成功，等待买家发货。

- 用户参与该商品已有的拼团，支付成功后，继续等待其他用户参与该团，直到满足成团人数。
- 用户参作为该商品其他团的最后一个成员参与拼团，支付成功后，订单直接进入发货流程。

对于前两种情况，会存在团购有效期内，没有成团的情况。此时，会拼团失败，系统进行退款操作。

用户完成拼团后，商品发货、物流追踪、收货评价、维权等流程与正常的电商产品一致，这里不再赘述。

6.5.3 拼团活动订单的产品设计逻辑

拼团完成后会产生拼团订单，我们需要设计完整的订单管理和流转机制。在拼团产品的设计过程中，我们需要考虑前端用户的订单管理模块设计和后端商户的订单管理管模块设计。

1. 前端用户的订单管理模块设计

图6-8 淘宝和拼多多的订单管理模块

事实上，团购订单的设计比较简单，以电商产品的设计思路来设计拼团活动即可，订单管理模块亦是如此。图6-8展示了淘宝的订单管理模块和拼多多的订单管理模块的对比。前者代表普通电商产品订单管理模块的设计，后者代表拼团产品订管理模块的设计。二者唯一不同的是拼团产品的订单管理模块多了“待分享”状态。“待分享”状态是用户在发起拼团后，或者参加了人数未满的团后，所触发的一个订单状态，表示“待成团”，待人满成团后，状态会自动流转到“待发货”。

前端用户的订单管理模块只需要在电商产品订单管理模块的基础上，再设计拼团的状态流转就可以了。关于电商体系中订单管理模块的设计，前面已有成熟的案例，这里不再赘述。

2. 后端商户的订单管理模块设计

后端商户订单管理模块的设计主要从两个维度进行思考，一是订单维度，二是团购活动维度。

其中，订单维度是指站在订单中心的视角来审视团购订单，团购订单只是平台订单中心的一种订单类型。这种订单和其他订单唯一的区别是流转状态中多了团购订单的状态。如图 6-9 所示，只需要在电商产品订单管理中心模块多加一种订单类型。

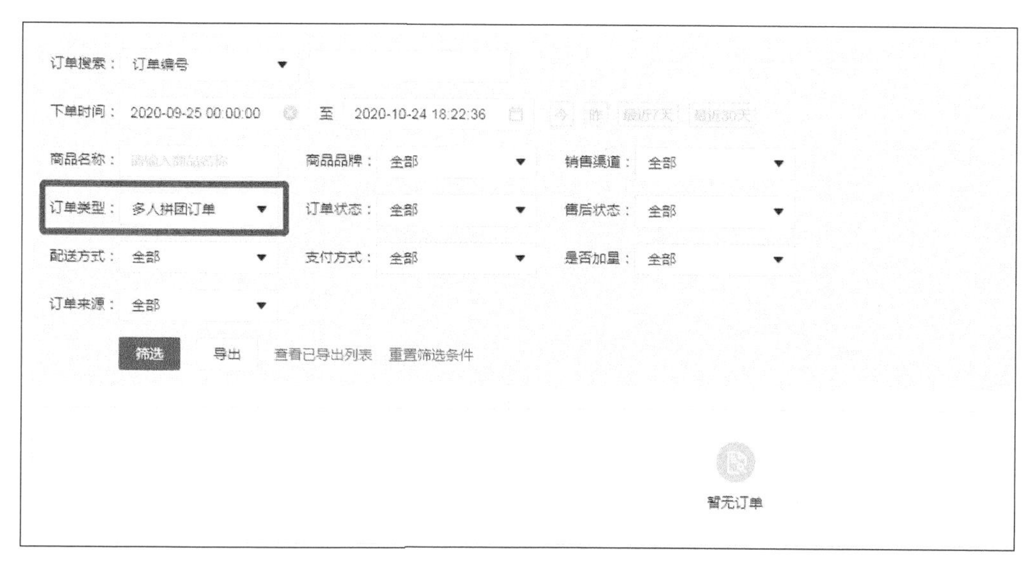

图 6-9 电商产品订单中心模块

团购活动维度的订单管理中，用户要能查看一个团购活动下的所有订单信息。这里的设计思路通常复用订单中心的订单信息，在订单中心中筛选出所有的团购订单，标记这些订单所归属的团购活动（通常有多个团购活动），形成一个新的团购订单中心，它与上面订单中心的设计方式相同。

在商户使用的过程中他们可以查看所有的团购订单。订单信息包括商品信息、金额信息、优惠信息、状态信息、用户信息、活动信息和团购信息等。其中，活动信息展示了订单属于哪个团购活动，团购信息展示了团购订单的成团情况，包括联查其他拼团订单、拼团成员、成团状态等基础字段。

6.5.4 拼团活动库存的产品设计逻辑

拼团活动的库存设计逻辑主要分为两部分，分别是库存策略和扣减策略。

1. 库存策略

参与拼团活动商品的库存策略一般有两种，它们分别是共享库存和独立库存。

共享库存是一种普通的库存模式；独立库存是一种特殊的库存模式，即商户会为秒杀、拼团等活动独立一部分库存出来，活动结束后再返还剩余的库存。

独立库存的好处是，如果一些高并发活动导致数据库和一些服务故障，只会影响独立库存所涉及的业务，不会影响其他业务。在系统架构设计层面，独立库存属于较优的设计，具体选择哪种方式，一般由技术人员来根据产品的具体情况做决策。

2．扣减策略

扣减策略指用户拼团下单过程中的库存扣减规则。

通常有以下两种扣减方式。

一种方式是参团支付后扣减库存。这种方式会占用实际库存，优点是不会出现超卖，任何时候，只要用户支付成功后，一定会有库存。然而，对于平台商家来说，库存用完后，会导致新团无法开启，未成团的部分中，如果发生退款，在返还库存时，可能活动已经结束，从而造成浪费。

另一种方式是拼团成功后再减少库存。这种方式无法管控成团数量，库存用完之后，后续拼团成功的就会超卖，发生商户退款，影响用户体验。为了避免超卖，商户可预留一小部分库存来应对超卖。

当然，随着平台拼团逻辑的完善，我们不仅可以自动撮合未拼成的团自动成团，还可以设计免拼规则。对于有些看似由用户发起的拼团单，如果在一定时间内没有其他用户进行拼团，系统会自动创建虚拟用户帮助其完成拼团。这些规则都在一定程度上缓解了传统拼团逻辑所产生的库存扣减问题。

以上就是普通拼团功能的产品设计逻辑介绍。在实际的业务场景中，会遇到各种拼团模式，例如，老带新团、阶梯拼团、抽奖团、试用团、超级团、秒杀团、海淘团、团免团等。无论什么样的拼团业务，拼团产品功能的底层设计逻辑是不变的。了解了拼团产品的本质逻辑，掌握了设计思路和设计方法之后，我们只需要满足现实的业务和产品需求，就能设计出任何类型的拼团产品。

6.6　优惠券逻辑

作为一种常见的营销工具，优惠券本质上是在商品买卖过程中，卖家发放给买家，买家能在购买过程中使用，并获得一定优惠的优惠凭证。

优惠券是一种通用的产品逻辑。只要与电商交易有关的业务，就可能会衍生出优惠券的功能需求，每名产品经理都应该了解优惠券的基础逻辑，并掌握优惠券功能的设计思路，从而培养自己通用的产品设计能力。本节将介绍优惠券的创建与发放，优惠券的领取与核销、商家侧优惠券的管理及用户侧优惠券的管理。

6.6.1 优惠券的创建与发放

优惠券一般由商家在运营管理后台创建。一张完整的优惠券主要包括三部分，它们分别是基础信息、使用限制和领取规则。

1. 基础信息

一般优惠券基础信息包括优惠券名称、优惠券类型、使用门槛、优惠内容、发放总量、用券时间，以及使用说明等字段。优惠券的原型设计方案如图 6-10 所示。

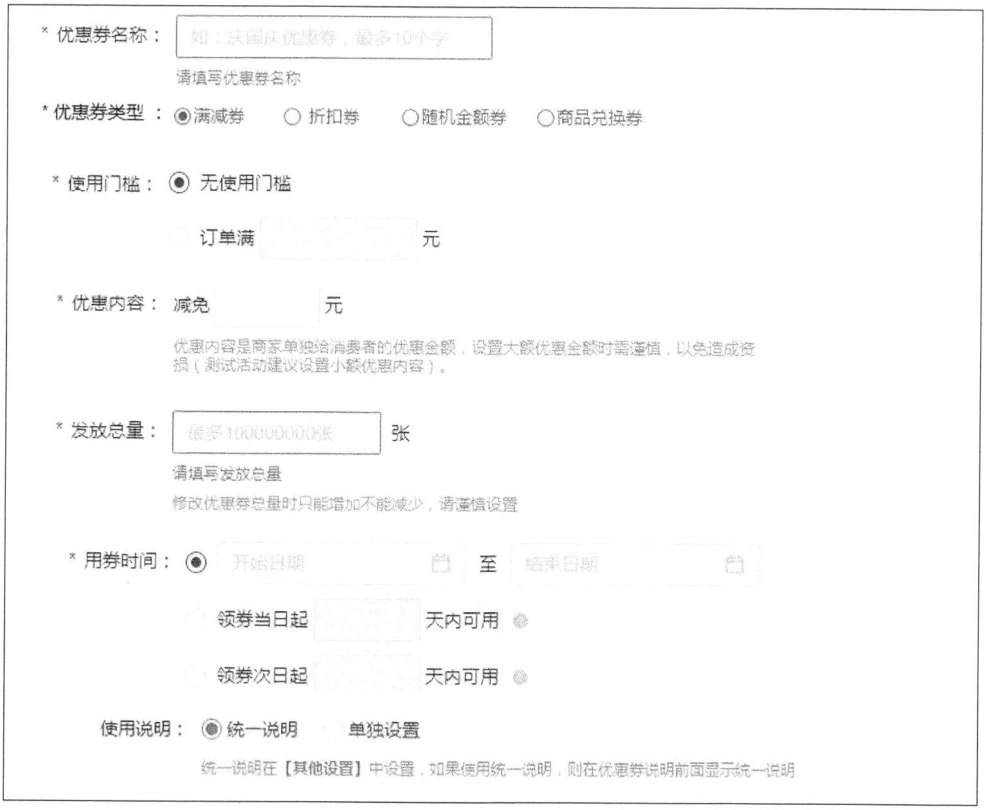

* 优惠券名称：如：庆国庆优惠券，最多10个字
请填写优惠券名称
* 优惠券类型：满减券 折扣券 随机金额券 商品兑换券
* 使用门槛：无使用门槛
订单满 元
* 优惠内容：减免 元
优惠内容是商家单独给消费者的优惠金额，设置大额优惠金额时需谨慎，以免造成资损（测试活动建议设置小额优惠内容）。
* 发放总量：最多100000000张 张
请填写发放总量
修改优惠券总量时只能增加不能减少，请谨慎设置
* 用券时间：开始日期 至 结束日期
领券当日起 天内可用
领券次日起 天内可用
使用说明：统一说明 单独设置
统一说明在【其他设置】中设置，如果使用统一说明，则在优惠券说明前面显示统一说明

图 6-10　优惠券的原型设计方案

其中，优惠券名称指的是用户实际看到的优惠券标题。这个标题介绍了优惠券的信息和用途，例如，“双十一全场满 100 元减 10 元券”，用户看到这个标题，基本上就知道这张优惠券的用途。

优惠券类型定义了优惠券的实际用途，例如，满减券，即满足一定金额后触发使用条件；折扣券，使用后可以享受整单的折扣优惠；随机金额券，又称作立减券，使

用后可以随机抵扣一定的金额；商品兑换券，指可以用来兑换指定商品的券。

不同类型的优惠券具备不同的功能。定义好优惠券类型后，后面的功能信息也会跟着变化。例如，图 6-10 中选择了满减券，“优惠内容”字段显示的是减免____元，如果减免的金额是 5 元，那么这就是一张订单满足一定金额（取“使用门槛”字段的值）后可以减免 5 元。

使用门槛指的是优惠券的使用条件，通常设置为“无使用门槛”或“指定满____元”。如果设置为 150 元，那么在实际购物的过程中，只有订单总金额不低于 150 元的订单才可以使用此优惠券。

发放总量指的是一共发出多少张优惠券，如果设置为 3000 张，则最多可以被用户领取 3000 张。

用券时间指的是优惠券的生效时间，只有在配置的时间段内，优惠券才能生效。

使用说明指的是用户单击优惠券详情，看到的一大段关于优惠券使用规则的说明文字，这段文字通常由创建优惠券的人设置。

2. 使用限制

使用限制模块主要用于定义优惠券的使用范围，通常包含两部分内容，分别是商品使用限制和优惠使用限制，如图 6-11 所示。

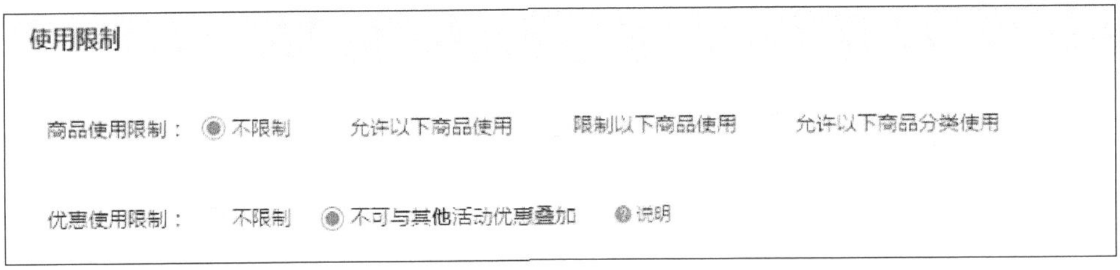

使用限制

商品使用限制：◉ 不限制　允许以下商品使用　限制以下商品使用　允许以下商品分类使用

优惠使用限制：不限制　◉ 不可与其他活动优惠叠加　说明

图 6-11　优惠券使用限制

其中，商品使用限制指的是这个优惠券适用于哪些商品。我们可以不限制商品，全场商品都可用，也可以选择只允许指定商品使用。当优惠券针对大部分商品时，选择“限制以下商品使用”，只需要选中不允许使用此优惠券的商品就可以。除限制商品之外，我们还可以限制商品的分类以及品牌等。

优惠使用限制用于控制优惠券是否可以和其他营销活动叠加。例如，如果一名用户既拥有一张优惠券，又参加了拼团活动，那么这里的优惠使用限制控制的是用户参与拼团活动时，是否能使用此优惠券。

3. 领取规则

领取规则模块主要用于控制允许什么用户，在哪里，以什么方式领取优惠券。领取规则主要包含三部分，如图 6-12 所示，分别为领取方式、领取人限制和每人领取张数。

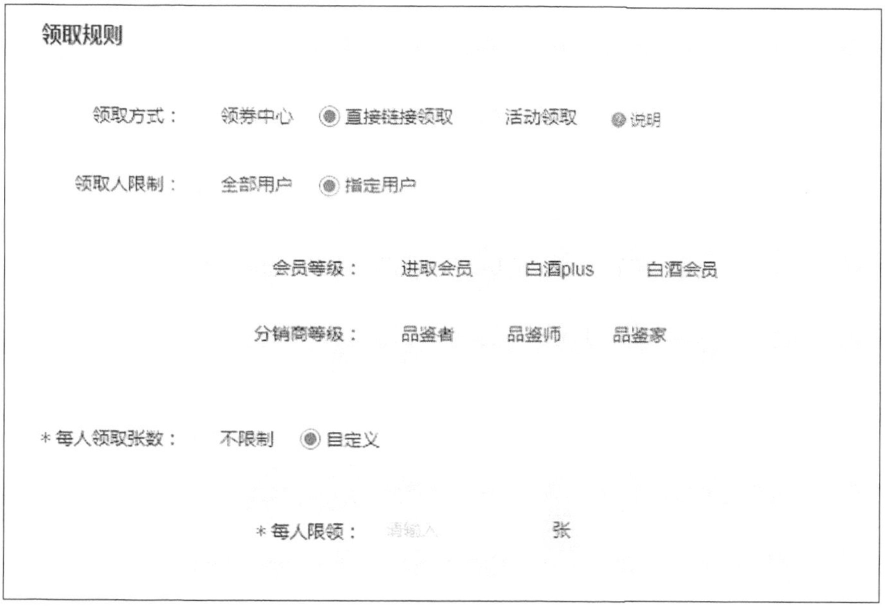

领取规则

领取方式： 领券中心 直接链接领取 活动领取 说明

领取人限制： 全部用户 指定用户

会员等级： 进取会员 白酒plus 白酒会员

分销商等级： 品鉴者 品鉴师 品鉴家

* 每人领取张数： 不限制 自定义

* 每人限领： 请输入 张

图 6-12 优惠券领取规则

领取方式可以设置为在前端产品的领券中心领取，通过优惠券链接领取，或者通过活动领取等。

领取人限制指什么样的用户可以领取优惠券，可以是全部用户，也可以是指定用户（会员用户、标签用户）。

每人领取张数指一个人最多可以领取几张优惠券，可以控制一名用户可以领取多张优惠券，也可以控制一名用户只能领取指定张数的优惠券。

6.6.2 优惠券的领取与核销

用户使用优惠券的过程也称作优惠券的“核销”过程。用户领取优惠券有多种方式，可以在领券中心领取，也可以通过链接或活动领取。

当然，在实际的产品设计过程中，根据业务需要可以设计更多的领取方式，例如，订单完成支付后，或者用户完成某项任务后，自动送优惠券至用户的优惠券卡包。

图 6-13 展示了饿了么外卖产品的“领券中心”页面和“红包卡券”页面。用户可以在领券中心领取优惠券（领取到的优惠券会自动存放至用户的优惠券卡包），然

后再从优惠券卡包使用已领取的优惠券。

图6-13　饿了么“领券中心”页面和“红包券卡”页面

一张优惠券包含了上文中创建优惠券部分的所有基础信息，例如，标题、金额、使用时间限制、商品 / 商家限制、详细规则介绍等。用户领取优惠券后，就可以在接下来的订单中使用有效的优惠券，并触发优惠券的使用规则。

6.6.3　商家侧优惠券的管理

通常一个商家会创建多张优惠券，用于平台的营销活动，所以优惠券的创建和发放功能设计完毕后，还需要设计优惠券的管理功能。管理优惠券主要使用“列表页”控件，实现对优惠券的增、删、改、查操作。

列表页中的字段主要包含优惠券类型、优惠券名称、优惠券内容、发放总量、已领取张数、剩余张数、使用率、领取方式、创建时间和操作等。优惠券管理列表页原型设计方案如图 6-14 所示。

优惠券类型	优惠券名称	优惠内容	发放总量	已领取张数	剩余张数	使用率	领取方式	创建时间	操作

图6-14　优惠券管理列表页原型设计方案

这里值得注意的是，优惠券的使用率指已核销的优惠券张数与已领取的优惠券张数比值，“操作”字段一般为优惠券规则的查看、编辑、新增，以及删除等功能。

6.6.4 用户侧优惠券的管理

用户侧优惠券管理和商家侧优惠券管理的思路一致，都是基于列表页控件的增、删、改、查思路来管理的。不同的是，用户侧的优惠券更多在移动端（如 APP）展示，一般称作优惠券卡包，或优惠券中心。

优惠券中心记录用户获得的所有历史优惠券，包括当前可用的和已经过期的。在设计用户的优惠券中心时，我们可以设计优惠券分类，以方便用户根据分类快速找到自己需要使用的优惠券。正常使用的优惠券一般设计成正常的色彩状态，已过期的优惠券则设计成禁用状态（通常为灰色，不可单击和使用，并有已过期标记）。

同时，考虑到用户可能会忘记使用优惠券，而优惠券一旦过期就不能使用，我们可以设计智能提醒功能，以一定的规则和方式来提醒用户使用即将过期的优惠券。同时，考虑到历史优惠券过多，我们可以设计过期优惠券手动删除或自动删除的功能。

以上就是优惠券逻辑的详细介绍。在经济学中，优惠券是一种价格歧视工具。对于同样的一种商品，店家卖出两个不同的价格，高价卖给富人（对价格不敏感的人），低价卖给穷人（对价格敏感的人），从而实现商品利润最大化。而优惠券能精准地识别这样的人群，是所有与交易有关的业务中不可缺少的一种营销能力。

在实际的业务场景中，会出现各种各样的优惠券，但整体的设计思路是不变的，掌握优惠券的底层逻辑和产品设计方法，以不变的方法应对万变的需求，面对任何复杂的业务场景和需求，我们都能游刃有余地设计出完整的产品方案。

6.7 支付逻辑

整个支付行业是由银联 / 网联、银行、第三方支付公司、第四方支付公司、商户、终端消费者等角色构建起来的，建立在现代银行业电子货币体系之上，以“服务费”分佣为主要商业模式的基础 IT 技术服务行业。截至 2022 年上半年，这个支付行业的规模已经达到 350 万亿元，后期增速趋于稳定，整体市场趋于成熟。

任何产品要想实现商业变现，最后一步都离不开支付。支付功能作为一种通用的产品功能，是每名产品经理都应该学习并掌握的。而要熟练地设计与产品支付相关的功能，首先要理解基本的支付逻辑。

本节主要介绍基本的支付逻辑，主要包含 4 部分内容，分别是从银行到银联，银联模式与第三方支付模式，网购的支付逻辑，从支付逻辑到支付体系。

6.7.1 从银行到银联

先看一个案例。

小明现在急需取一笔钱，他办理的是工商银行的储蓄卡，但是附近恰好没有工商银行的ATM，只有具备银联标识的交通银行ATM，这时小明把自己工商银行的卡插进了交通银行的ATM，然后取出了现金，并被扣除了一部分跨行取款手续费。

整个过程中，工商银行和交通银行的资金业务都通过银联来进行清结算。假设没有银联，那么工商银行和交通银行会怎么处理小明的跨行取款业务？

我们按照正常的信息和资金流转逻辑，来推理一下小明取款时，银行之间的通信过程。

（1）小明用工商银行的储蓄卡在带有银联标识的交通银行ATM上取款。

（2）交通银行ATM请求交通银行主机。

（3）交通银行主机请求工商银行主机。

（4）工商银行主机通知交通银行主机成功。

（5）交通银行主机通知交通银行ATM出现金。

（6）交通银行ATM出现金。

（7）工商银行向交通银行结算小明的取款金额并支付手续费（手续费也由小明承担）。

整个过程形象一点的描述如下。

小明要用工商银行的储蓄卡在交通银行的ATM上取了一笔钱，工商银行告诉交通银行先垫付给小明，后面再连本带利还给交通银行，交通银行觉得合适就先替工商银行垫付给小明，后面收到了工商银行返还的本金和服务费。

以上推理链路中有两个过程需要思考。

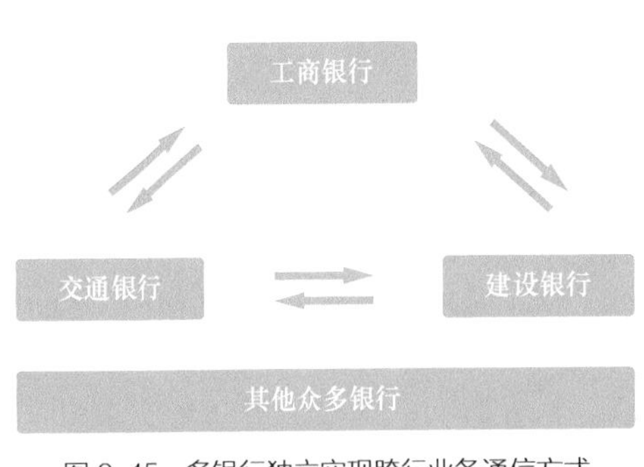

图6-15 多银行独立实现跨行业务通信方式

首先是通信过程。如果真实的跨行业务的通信和清结算都依赖银行和银行主机的互通，那么银行一旦多起来就会出现一种不可避免的情况，那就是工商银行要和交通银行互通，工商银行要和建设银行互通，建设银行要和交通银行互通。如图6-15所示，所有银行都需要互通才能进行跨行清结算业务。这个过程中，一旦任何一家银行的接口规则改变，其他与之有业务合作的银行都要配合改变，这会造成巨大的技术成本和服务成本。

其次是资金清结算过程。以上案例中工商银行需要向交通银行结算与小明取款金额等额的资金和一定比例的手续费，最好的方式是工商银行在交通银行开设备付金账户，收到清算指令后，交通银行直接在工商银行的备付金账户中扣除相应的资金，完成两个银行之间跨行取款业务的清结算任务。

这种在合作银行开设备付金账户的方式和上面银行主机的互通一样面临相同的问题，随着银行越来越多，各个银行互相之间都需要在对方的银行中开设备付金账户，这是一件成本很高且风险很大的事情，如果与某些银行的交易频次较低，那么备付金账户中的资金无法为其所属行创造时间价值。

综上所述，随着以上推理链路中各种弊端的集中体现，跨行业务新的通信和清结算方式就在“银联模式”这样的背景下诞生了。

6.7.2　银联模式和第三方支付模式

图 6-16 展示了银联对接银行模式。其中银联扮演了通信中心和清算中心的角色。在通信方面，要求所有银行都按照公共接口标准接入银联。在清算方面，要求所有银行在银联（注意，商业银行的备付金商户都开设在中国人民银行，这里为了方便理解，把银联和人行抽象为一个主体）开备付金账户。

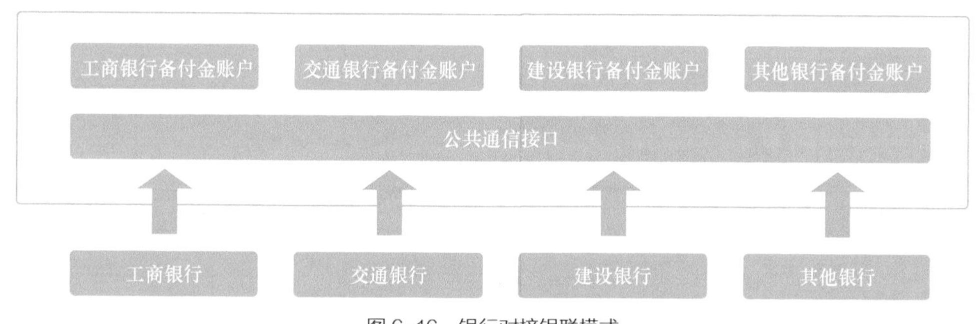

图 6-16　银行对接银联模式

以上案例中，小明使用工商银行的储蓄卡在带有银联标识的交通银行 ATM 上取款，这时工商银行、交通银行及银联之间的通信和清结算过程如下。

（1）小明用工商银行的储蓄卡在带有银联标识的交通银行 ATM 上取款。

（2）交通银行 ATM 请求交通银行主机，交通银行主机请求银联。

（3）银联开始分别在工商银行和交通银行的备付金账户中记账。

（4）银联分别通知工商银行主机和交通银行主机。

（5）交通银行主机通知交通银行 ATM 出现金。

（6）交通银行 ATM 出现金给小明。

（7）银联（中国人民银行）在工商银行和交通银行的备付金账户之间进行结算。

注意，以上是对银联模式的简单介绍，用于帮助我们对银联模式有一个结构性的认识。其具体通信规则及清结算规则较复杂，感兴趣的读者可以自行查阅相关资料。

银联模式的出现给跨行业务提供了很大的便利。除银联之外，市场上还有很多和银联同样具备清算能力的第三方支付机构，如支付宝、微信支付、拉卡拉支付、快钱支付、联动支付等。这些第三方支付机构和银联共同支撑起了庞大的支付市场。

事实上，第三方支付机构出现的历史要比银联早。第三方支付机构虽然具备和银联一样的清结算能力，但是与银行的接入模式和银联略有不同。

图 6-17 展示了第三方支付机构对接银行模式。和银联接入银行模式不同，第三方支付机构接入银行，需要主动适配银行的通信接口，并在每个接入的银行开设备付金账户。

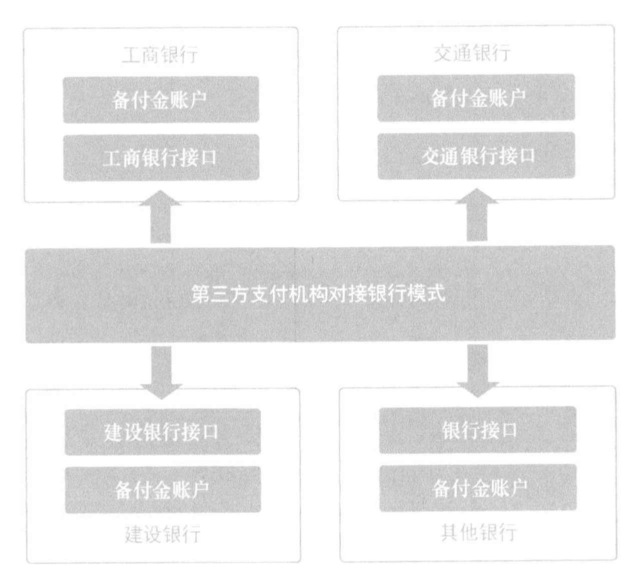

图 6-17　第三方支付机构对接银行模式

只有像银联这种国家级别的清算机构，才能要求各个银行主动接入，第三方支付机构只能被动接入银行。

6.7.3 网购的支付逻辑

一款产品要想进行在线支付，必须接入一家支付机构。我们通常使用的微信支付、支付宝和银联云闪付等支付方式都基于产品接入了这些支付机构的支付能力。支付机构可以直接接入，也可以通过其他第三方或者第四方机构间接接入。我们把银行、银联、微信支付、支付宝这样的支付机构称为支付产品链的上游。产品侧属于支付产品链的下游。对账逻辑指下游产品侧和上游支付机构侧之间采用什么方式对账。

在介绍了上游支付机构的基础模式之后，下面以常见的网购支付场景为例，讲解产品侧的支付逻辑。

小明在淘宝网购了一件 100 元的衣服，用绑定了工商银行储蓄卡的支付宝账户进行支付，而卖给小明衣服的淘宝店主的结算卡是交通银行的储蓄卡，支付宝是整个交易链路中的清结算机构。在小明支付完成后，小明的工商银行储蓄卡中的 100 元钱先会进入支付宝在工商银行开设的备付金账户，等到订单完成并确认收货后，支付宝在交通银行开设的备付金账户会向商户交通银行的储蓄卡结算 100 元，完成了这笔网购订单资金的清结算流程。

注意，以上仅是产品侧支付与第三方支付机构清结算逻辑的简要介绍，以方便读者理解支付的底层逻辑。在实际的支付链路中，与第三方支付机构合作的备付金银行又分为备付金存管银行和备付金合作银行，而备付金银行账户又分为备付金存管账户、备付金收付账户及备付金汇缴账户，第三方支付机构根据账户功能完成对用户付款和商户收款的支付逻辑。

其次，中国人民银行规定自 2018 年 7 月 9 日起，按月逐步提高支付机构客户备付金集中交存比例，到 2019 年 1 月 14 日实现 100% 集中交存。这意味着第三方支付机构直连银行的模式不复存在，未来，所有的第三方支付机构和商业银行一样，都将在中国人民银行开立备付金集中存管户。而支付机构和商业银行必须通过中国银联股份有限公司和网联清算有限公司，以中国人民银行中国现代化支付系统（China National Advanced Payment System，CNAPS）的特许参与者的身份对备付金进行跨行调拨和清算。

6.7.4 从支付逻辑到支付体系

前面基于银联和第三方支付机构的基础模式，以及 ATM 跨行取款和网购支付的场景，介绍了支付业务的底层逻辑。了解底层逻辑能帮助我们更快速而深刻地理解表层的支付业务，但是要想设计好支付产品功能，还需要基于支付逻辑学习整个支付行业的各种规则和知识。例如，要了解第三方支付机构支付产品的能力，要知道如何为自己的产品接入合适的第三方支付机构，了解网银支付、快捷支付、认证支付、协议支付、代付、代扣等业务的接入方法和适用场景，了解B扫C、C扫B、对账、分账等支付场景背后的产品和技术方案。深入理解底层逻辑和表层规则，并不断加深自己对支付需求场景的了解，逐渐建立起自己的支付知识体系。

6.8 黑名单和白名单逻辑

在日常生活中，当我们接到来自同一个号码的多次骚扰电话时，可以通过手机通信录中的“来电黑名单”功能把这个号码加入黑名单，这样这个号码就再也打不进来了。这个“来电黑名单”功能就是黑名单逻辑在实际用户场景中的应用。

事实上，作为一种通用的产品设计逻辑，黑名单经常应用在各种类型的产品中。例如，金融产品通常会基于一系列复杂的风控规则对用户进行评估，一些用户命中了规则后，就被列入了黑名单，这些黑名单用户使用产品时会受到一定的业务限制，例如，黑名单用户无法申请贷款。在一些社交产品中，若一些用户的言论或者行为违反了用户准则，也会被列入黑名单，无法继续聊天、发帖等。与黑名单功能相对应的还有白名单功能，本节将分别介绍这两种功能的基础逻辑，以及基于基础逻辑的产品功能设计方法。

6.8.1 黑名单逻辑

在一个开放的规则体系下（对所有用户都开放），要限制少数违反规则的用户使用产品的某些功能和服务，一般使用黑名单功能。例如，设置“来电黑名单”以后，其他电话号码可以打进来，但是列入黑名单的电话号码无法打通。

在产品设计方面，黑名单功能设计主要分为以下4部分。

- **黑名单准入规则：**规定用户违反了哪些规则，就会被列入黑名单。这里分为3种设计思路。第1种是人为判断违反规则的用户，手动把这些用户列入黑名单，这种设计方式无须在系统层面设计黑名单准入规则，只需要在用户列表中人为标记黑名单用户即可。第2种是在系统层面设计黑名单准入规则，一旦有用户命中了黑名单准入规则就直接被标记为黑名单用户。第3种综合了前面两种的设计，既可以根据黑名单准入规则自动标记黑名单用户，也可以人工主动标记黑名单用户。在设计黑名单准入规则的过程中，根据产品的实际情况，选择合适的一种。

- **黑名单规则：**用户被列入黑名单后所执行的规则，只对黑名单用户生效。例如，在社区产品中，禁止黑名单用户发帖；在金融产品中，禁止黑名单用户登录等。一旦有用户被列入黑名单，这些规则就会对这些黑名单用户生效。
- **黑名单准出规则：**黑名单用户在命中黑名单准出规则后，即可成为普通用户，从而恢复普通用户的产品使用权限。黑名单准出规则和黑名单准入规则的设计思路一致，即设计人工拉出黑名单的规则或者黑名单准出规则，当黑名单用户命中这些规则时，即可变成普通用户，不再受到黑名单规则的处罚限制，这里不再介绍。
- **黑名单列表：**所有黑名单用户的汇总列表。通常命中黑名单准入规则的普通用户会被标记成黑名单用户，从而被列入黑名单列表；命中黑名单准出规则的黑名单用户会被去掉黑名单标签，从黑名单列表移除，成为普通用户。在产品原型设计过程中使用的是页表页控件，需要记录黑名单用户的基本信息，以及被列入黑名单的原因，同时要有手动新增和移除黑名单的功能。

6.8.2 白名单逻辑

通常在一个封闭（对所有用户都关闭）的规则体系下，要允许少数用户使用产品的某些功能和服务，一般使用白名单功能。例如，微信订阅号文章默认禁止所有其他公众号转载，但是如果一个公众号给个别的公众号开通白名单功能，那么这些公众号就可以转载此公众号的文章。

在产品设计层面，白名单和黑名单虽然适用的场景是对立的，但是产品设计思路完全一样，这里不再讲述。

在实际的产品设计过程中，要理解什么场景下用黑名单，什么场景下用白名单，再按照以上的设计思路，结合实际的产品及业务需求，从而设计出闭环的产品方案。

6.9 公私海逻辑

公私海逻辑作为一种通用的业务逻辑经常出现在各种客户管理系统中，主要分为客户公海和客户私海两部分。客户公海用来收集和管理公共的客户资源，客户私海用来跟踪和维护私有的客户资源。公私海产品设计模式如图 6-18 所示。具体的产品设计逻辑将分为客户公海和客户私海两部分在后面详细介绍。

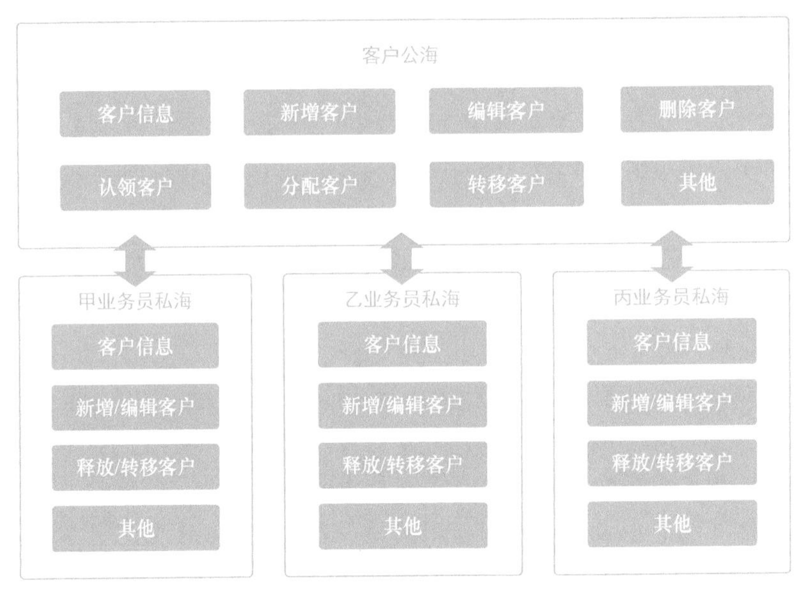

图 6-18　公私海产品设计模式

6.9.1　公海逻辑

客户公海一般用来存放公司所有渠道获得的客户信息。原型设计通常采用列表页控件，主要信息包括客户名称、手机号码、性别、地址以及跟进状态等。同时，客户公海具备查看客户、新增客户、编辑客户、删除客户、认领客户、分配客户以及转移客户等基本功能。客户公海原型设计方案如图 6-19 所示。

批量认领　转移客户　分配客户　批量编辑　公海规则说明　排序　列表

☐	客户名称 ⇕	手机号码	性别	地址	跟进状态	获客时间	操作
☐	赵丹阳	186****9861	男	深圳市南山区	待认领	2020-11-11	查看　编辑　认领　分配　置顶　删除

图 6-19　客户公海原型设计方案

对于客户信息的增、删、改、查等通用功能，这里就不再赘述。以下主要介绍和公私海产品逻辑相关的几个功能的作用和设计方法。

认领客户功能指的是客户公海中的客户可以由业务人员根据实际情况认领，例如，若客户公海中的 A 客户所在的区域属于甲业务员负责的业务片区，甲业务员就可以认领 A 客户到自己的客户私海并进行跟进维护。客户公海中的客户一旦被认领，就会在客户公海中消失，直至被从客户私海释放后重新回到客户公海。

分配客户功能指的是具备客户公海分配权限的操作人员（一般是业务团队负责人）可以分配客户公海中的客户给指定的业务人员，被分配的客户会直接进入指定业务人员的客户私海中。

转移客户功能指的是具备客户公海分配权限的操作人员可以自由地转移各个客户私海中的客户。例如，如果甲业务员离职了，他的客户需要交给乙业务员维护，那么就可以把甲业务员客户私海中的 A 客户转移到乙业务员的客户私海中，由乙业务员继续维护。

客户公海部分的产品设计需要考虑角色的权限问题，普通业务人员一般只拥有客户信息的查看和领取权限，客户的分配、转移以及删除等权限只有更高级的管理人员才能拥有。

6.9.2 私海逻辑

每一名业务员都拥有一个自己的客户私海，业务员用客户私海来维护自己的客户资源，可以在自己的客户私海中查看自己的客户信息，新增客户信息，编辑客户信息；同时业务员可以把自己客户私海中的客户释放到客户公海。一旦客户被释放到客户公海，就会从该业务员的客户私海中消失，其他业务员就可以继续认领、维护。另外，业务员也可以把自己客户私海的客户转交给其他业务员。

在原型设计方面，客户私海和客户公海一样，采用列表页控件，而基础客户信息和客户公海保持一致。

以上介绍了公私海功能的基础逻辑，在产品功能设计层面，不同的业务需求产品有不同的产品功能要求。例如，有些客户管理系统中会要求业务员认领客户时需要向上级申请，申请通过后才可以从客户公海认领客户，因此就需要在基础的产品方案上再新增认领审批功能。

但无论业务场景有多么复杂的功能需求，公私海功能的设计思路是不变的。基于公私海底层逻辑，设计好产品方案的框架，就像搭建了大楼的地基和框架一样，满足后面的功能需求就是添砖加瓦的事情。

第7章 基础系统产品的设计思路

7.1 CRM系统产品设计思路

客户关系管理（Customer Relationship Management，CRM）最早由著名的IT管理咨询公司Gartner在20世纪90年代末期提出，经过几十年的发展，虽然有一些技术层面的演变，但其核心理念并没有改变。CRM以客户数据的管理为核心，利用信息科学技术，实现市场营销、销售、服务等活动的自动化，并建立了一款客户信息收集、管理、分析、利用系统，帮助企业实现以客户为中心的管理模式。客户关系管理既是一种管理理念，又是一种软件技术。

CRM系统按照功能类型划分，主要分为如下三类。

- **操作型CRM**：所谓的前端办公室应用，包括销售自动化、营销自动化和服务自动化等能力，通常承载着获取客户、维护客户及管理客户等功能。
- **分析型CRM**：主要分析CRM系统和其他业务系统中获得的各种客户数据，为企业确定客户的经营决策提供可靠的量化依据。这种分析需要用到多种数据管理方案和数据分析工具。
- **协作型CRM**：主要由呼叫中心、客户多渠道联系中心、帮助台以及自主服务帮助导航等组成，为企业与客户提供多种沟通渠道，用于提高企业与客户的沟通效率。我们常见的客服系统就是协作型CRM的典型代表。

以上3种不同类型的CRM所承载的核心功能经常会出现在一个管理后台，也就是我们经常看到的自己公司的管理后台系统。在实际的产品设计过程中，我们可能会遇到医疗行业、金融行业、教育行业等不同行业的CRM产品设计需求，难道每进入一个行业都需要重新学习这个行业的CRM产品如何设计吗？事实上，这是不需要的。既然CRM是一种管理理念，那么就意味着它有一套完整的框架体系，且不随着具体行业或公司的业务逻辑而改变。在设计 CRM 产品的过程中，只要掌握了基本的框架体系，就掌握了 CRM 产品设计的基本思路，面对任何行业，我们都可以快速地根据基本框架，抽象出业务体系，然后再具象出产品功能。图 7-1 展示了 CRM 体系的框架。

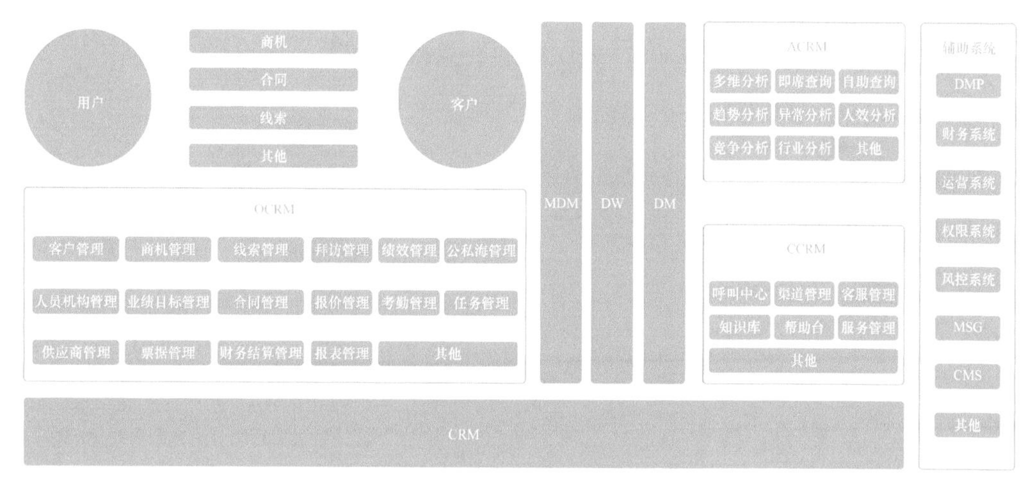

图 7-1 CRM 体系的框架

CRM 系统是 CRM 体系具象化的表现形式，我们把系统的使用者称为用户，用系统来管理和维护的对象称为客户。用户和客户之间产生的业务交互和联系称为业务关系，这些业务关系在有的行业称为“商机”，在有的行业称为“合同”，在有的行业称为“线索”。

具体业务关系形式由行业自身的业务逻辑而定。要设计一个 CRM 系统，核心思路是理解 CRM 系统的用户需求、客户需求，以及用户和客户之间的业务关系。

下面列举一个简单的 CRM 系统需求和产品设计的案例：某经营连锁便利店品牌的公司中，市场部门有一批业务员，业务员的日常工作有两种——开发新门店、促进店主在公司旗下的订货商城订货。无论是自己开发了新的门店，还是促进了店主订货，业务员都可以获得业绩提成。目前公司使用 Excel 表格来管理这些业务员的绩效，效率相对较低，公司希望产品经理能设计一个 CRM 系统来有效管理这些业务员，以及他们的绩效。

了解公司的需求后，下面利用 CRM 体系框架来设计产品方案。首先，确定系统的用户（业务员）以及服务的客户（门店 / 店主）。

这两个对象之间的业务关系如下。

门店开发 & 激励订货，再辅助一些 CRM 系统的核心功能模块，例如，业务员管理模块、门店管理模块、订货管理模块、业务结算管理模块等，以及后台管理系统的基础功能模块，例如，Dashboard 模块、权限管理模块、账户管理模块、系统设置模块等。

这样，一个业务逻辑相对简单的 CRM 系统就设计出来了，如图 7-2 所示。无论多复杂的 CRM 系统都可以基于这样的产品设计思路设计。

图 7-2 便利 CRM 系统架构

最后，基于预先设计好的系统架构完成具体功能细节设计，产品方案评审通过后紧接着进行产品研发，完成整个 CRM 系统产品的上线。

这里强调的是一种产品设计思路。尤其是大型的系统级别的产品设计，一定要从底层的框架结构开始，而不是一开始就针对具体的业务功能区进行设计。产品设计就像“盖大楼”，系统框架的设计过程就是大楼的地基和结构的设计过程，如果地基和结构没有问题，那么再设计具体的功能就不会有太大问题。如果地基和大楼框架结构设计之初没有经过仔细评审，就开始着手于具体的功能设计，那么一旦底层产品的功能框架出现问题，后续无论是进行产品重构还是技术重构，都会造成巨大的成本浪费。

7.2 OA系统产品设计思路

办公自动化（Office Automation，OA）系统为日常企业运行过程中各种事务的管理提供了系统化、在线化的解决方案，实现了办公管理规范化和信息规范化，降低了企业运营成本。

事实上，在常见的管理系统中，相比 CRM 系统、WMS 等，OA 系统的产品设计不涉及复杂的架构设计和模块抽象，也不涉及复杂的计算和交互逻辑，是众多系统级产品中设计起来比较简单的一种。

本节主要介绍OA系统的功能结构，以及每个功能模块的产品设计思路。图7-3展示了一个通用型OA系统的功能框架。OA系统主要分为用户终端（前端）和管理后台（后端）两个独立而又在功能层面相互耦合的模块。本节将分别介绍两者各功能模块的设计思路。

图7-3 通用型OA系统的功能框架

7.2.1 OA系统用户终端设计

早期的OA系统只有一个管理后台，一般会配置一个“打卡机”作为用户终端，用来记录员工的考勤信息并同步至管理后台，方便进行考勤统计。而如今，较成熟的OA系统中，用户终端通常是企业内的办公协作工具，主要由企业用户（通常指公司的员工）来使用。用户终端产品主要包括三大功能模块，分别是即时通信功能、通信录功能以及工作台功能。

1. 即时通信功能

即时通信功能是OA系统终端产品的基础功能之一，企业用户在线化的沟通和协作主要是通过即时通信功能来完成的。著名的OA系统终端产品有阿里巴巴的钉钉、腾讯的企业微信以及字节跳动的飞书等。

即时通信功能是所有社交产品的必备功能之一。在产品设计方面，它的设计方法和思路已经足够成熟。要想快速学会设计即时通信功能，最好的方式是参考钉钉、企业微信以及飞书这类产品的设计，学习这些产品的设计思路，并运用到实际产品设计过程中。

2. 通信录功能

通信录功能帮助用户快速找到需要联系的人。一般在C端的社交产品中，在通信录中，通过相互加好友实现联系人信息的存储与维护。例如，微信底部菜单栏第二个菜单即是“通信录”，在这里存储了联系人。

而在B端的协作场景中，通信录通常以组织架构的形式展示，且早已内置好公司内部的员工信息，方便用户在协作场景中快速找到其他需要联系的同事。

在设计通信录功能时，首先需要在OA系统的管理后台中设计组织架构管理功能，然后新增员工时，让员工与组织架构中的部门相关联，从而实现组织架构式的通信录管理。

3. 工作台功能

除即时通信功能之外，工作台是OA系统中终端用户使用得最多的一个功能。日常的考勤打卡、请假、加班、补卡、出差、汇报、会议等子功能都集成在工作台功能中，用户可以通过工作台进行高效的协作。图7-4展示了用户终端工作台设计示例。

图7-4 用户终端工作台设计示例

工作台中的功能项由OA系统的管理后台配置，所以在设计工作台功能时，要综合考虑用户端工作台功能和管理后台的工作台管理功能。

7.2.2 OA系统管理后台设计

OA 系统的用户终端的使用对象是公司普通员工，OA 系统的管理后台的使用对象则是公司的行政管理人员。新员工的信息维护、入职离职办理、工作台功能项管理、审批流程的设计，以及公告发布等功能通常在管理后台实现。

1. 员工管理

员工管理功能是 OA 系统管理后台的核心功能之一。员工指的是 OA 系统管理后台和用户终端的用户。员工管理功能的设计思路如下。

不仅要能实现对员工信息的增、删、改、查等操作，还要能对员工从入职到离职整个工作周期的档案和员工关系进行维护。基于这个设计思路，将用户管理功能分为两大模块，它们分别是员工档案管理模块和员工关系管理模块。

其中员工档案管理模块维护公司所有员工的基本档案。员工档案模块不仅包含员工的在职信息、个人信息、联系信息、工资社保、合同信息、材料附件，以及成长记录，还包含调岗、离职、删除员工等操作。设计产品时采用详情页控件。图 7-5 展示了一个员工档案管理模块设计案例。

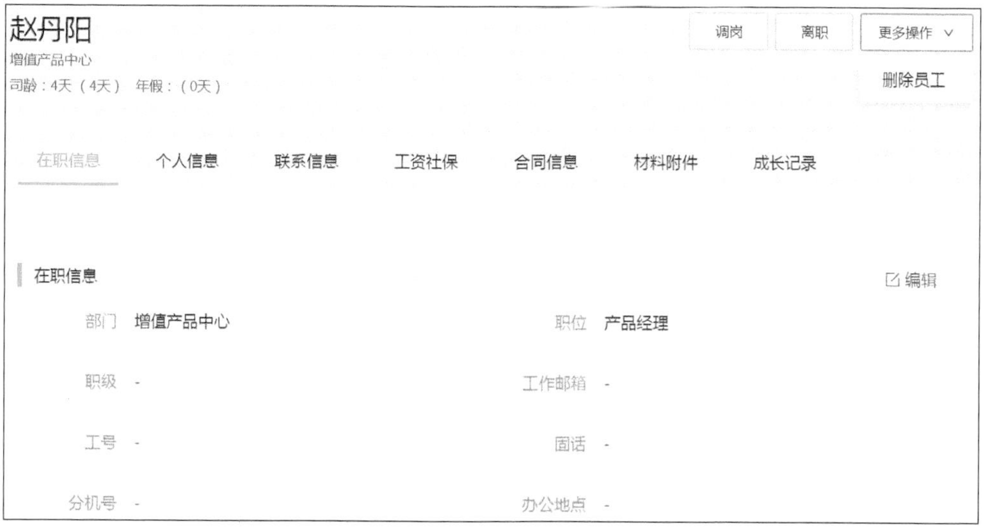

图 7-5 一个员工档案管理模块设计案例

员工关系管理模块主要针对员工在公司整个工作周期中的员工关系进行管理，主要的子功能包括入职管理、合同管理、转正管理、异动管理、培训记录、荣誉记录以及离职管理等。

这些功能模块的设计思路和档案管理模块的设计思路一样。以入职管理功能为例，如图 7-6 所示，使用表单页控件新增入职员工，填写完员工信息后，生成一条入职记录，同时在档案管理模块生成该员工的基本档案。后续关于该员工的合同、转正、异动、培训、荣誉以及离职等子模块的功能，都可以按照这样的设计思路设计，这里不再介绍。

入职邀请将会以系统消息的形式发送给待入职员工

* 姓名：请输入　　性别：女　男

* 手机号：请输入　　* 员工类型：

没有需要的员工类型？点击这里

* 员工状态：　　* 试用期：

* 部门：请选择　　职位：请输入

个人邮箱：请输入　　* 入职日期：请选择日期

出生日期：请输入　　职级：

没有需要的职级？点击这里

邀请填写登记表：入职登记表 最近使用

发送入职登记表　保存，暂不邀请

图 7-6 员工关系管理模块设计示例

2. 考勤管理

OA 系统的考勤管理主要用来配置员工的考勤打卡规则。设计思路为选择考勤类型→关联部门→设置时间和地点，如图 7-7 所示。

考勤类型通常分为两种，分别是固定时间制度和排班制。

其中，固定时间适用于固定时间上下班的公司或企业；排班制则适用于酒店、公安、医院等每天有不同上班时间的公司或企业。

选择好考勤类型后，关联适用于该考勤规则的部门，部门来自组织架构，可以选择整个公司，也可以指定仅公司的某个部门使用该考勤规则。

关联好部门后，明确规则细节，即配置考勤规则的时间和地点。设置考勤时间时建议使用时间组件，对于地点则使用地区组件，也可以设计为在地图上直接选择或输入地点信息的交互方式。

图 7-7 考勤管理功能模块设计思路

3. 审批管理

OA 系统用户终端工作台模块的加班申请、补卡申请以及费用报销等功能都属于审批管理的功能范畴，通常公司的行政管理人员在 OA 管理后台配置好这些流程的审批规则后，用户终端的员工就可以在工作台使用这些功能。

审批管理功能的设计主要分为 3 个步骤。

（1）确定发起人。

（2）确定审批人员。

（3）设计流程模板。

第（1）步明确了审批流程适用于哪些员工或部门；第（2）步明确了需要由哪些人审批；第（3）步明确了发起人需要填写的内容。

以员工请假申请的场景为例，看看在产品功能层面，如何设计请假的审批流程。因为公司中大多数人的请假审批流程是固定的，所以初始需要设计一个默认的审批流程，默认审批流程适用于审批流程中涉及所有的员工。

图 7-8 展示了默认节点的审批流程设计示例。图 7-8 中展示了 3 个审批节点，表示所有员工请假的默认审批流程是先经过自己的一级主管审批，再经过二级主管审

批，最后经过三级主管审批。

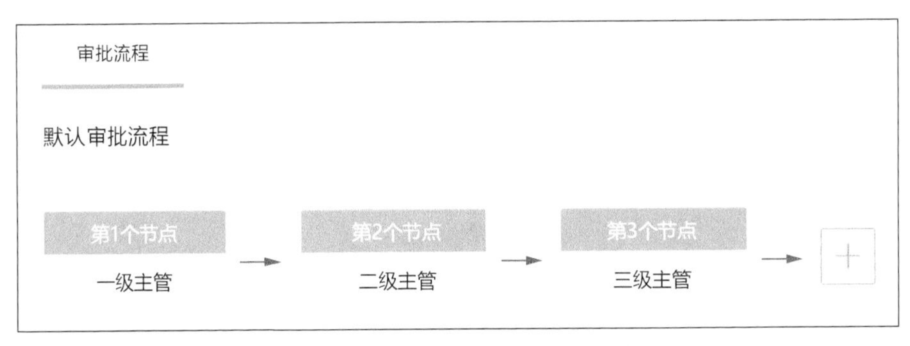

图 7-8　默认节点的审批流程设计示例

这里的审批人不仅可以按照案例中的职位层级来划分，还可以按照职能岗位来划分。例如，第 1 个节点的审批人可以是副总经理，第 2 个节点的审批人可以是总经理，第 3 个节点的审批人可以是 HR 专员。当一个职能岗位有多人时（如有多名 HR 专员），则可以根据职能岗位人员的负责对象范围，自动匹配发起人对应的职能审批人。例如，HR 专员这个职能岗位有两名员工甲和乙，甲负责产品中心，乙负责技术中心，则产品中心员工的请假申请由甲来审批，技术中心员工的请假申请由乙来审批。若匹配不到发起人对应的职能审批人员，将跳过该审批节点自动流转到下一节点。

当然，这里还有一种特殊情况，那就是假设有甲、乙、丙三名 HR 专员，甲和乙负责产品中心，丙负责技术中心，虽然技术中心员工的请假申请定由丙来审批，但是甲和乙都会收到产品中心员工的加班申请，那么该由谁来审批呢？

要解决这个问题，在设计审批流的开始阶段就要确定审批流程的节点类型。节点类型通常分为 3 种，分别是单签节点、会签节点和或签节点。

上面的案例中，HR 专员丙就是单签节点，单签节点适用于只有一个人审批的场景。当有多人审批时，就需要用到会签节点和或签节点。会签节点的规则是所有审批人将同时收到待办流程，只有所有成员都同意时才能继续。或签节点的规则是所有审批人将同时收到待办流程，只要任意一个成员同意或拒绝即可继续。

因此，上面的案例中，如果选择会签节点类型，则需要甲和乙同时同意，才能进行继续进行，任何一个人拒绝，审批就不通过；如果选择或签节点，则只需要甲和乙中一人同意或拒绝，谁先给出审批意见，则以此意见作为有效意见。

以上是默认的审批流程的设计思路，考虑到不同的部门、岗位、员工类型，以及具体员工请假的流程各不相同，在实际的产品设计过程中也要考虑设计多套适用于不同部门、不同岗位、不同员工类型以及具体员工的请假审批流程。

例如，产品中心和技术中心的请假流程可能会不相同，事假和产假的审批流程也可能不相同，请假 1 ～ 3 天和请假 3 ～ 5 天的审批流程也可能不相同。

因此，在默认审批流程的基础上，还要根据发起人的类型、请假类型、请假时长等变量来定制化审批流程。定制化审批流程设计示例如图 7-9 所示。

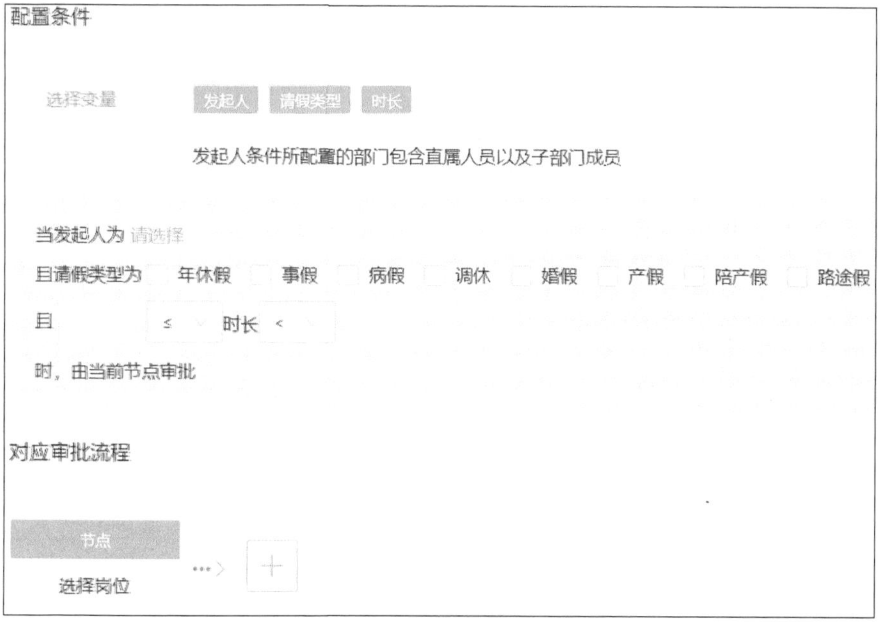

图 7-9 定制化审批流程设计示例

在确定发起人和审批人员的审批规则后，要设计审批流程的模板。下面同样以员工请假审批为例进行介绍。OA 系统的管理人员，通常需要在审批管理的功能模块中配置请假审批流程。

设计审批流程的模板需要用到表单设计器控件。这个设计思路很像电商系统中的店铺装修功能，通过可视化控件组合出可视化模板。如图 7-10 所示，OA 系统的管理人员可以通过表单设计器来进行请假审批流程模板的设计，例如，请假明细中需要员工填写的字段——请假事由、请假类型、开始时间、结束时间、时长以及附件等，都可以用表设计器来进行拖曳式的添加和排序。

编辑好请假审批流程模板，并在 OA 系统的管理后台发布后，OA 系统用户终端的员工在工作台就可以直接使用请假审批功能。其具体流程可以根据公司制度灵活变更。

图 7-10　审批流模板表单编辑器设计示例

4. 工作报告

提交工作报告是常见的一种工作场景。工作报告功能的产品设计思路较简单，整个功能由 OA 系统管理人员在 OA 系统的管理后台编辑好公司日常运作过程中需要用到的报告模板并发布即可。发布后，OA 系统用户终端的员工就可以在工作台看到日常工作中需要用到的报告模板，根据实际工作需要进行报告的提交。

如图 7-11 所示，常见的工作报告包括日报、周报、月报、项目进展表、会议纪要等。

工作报告的设计分为两步。

第一步是设计报告的模板。和审批模板类似，通过表单设计器设计报告模板。如图 7-12 所示，表单设计器集成了各种常用的控件，如单行输入框、多行输入框、数字输入框、单选按钮、复选框、下拉列表、日期时间选择器、地区选择器等。通过拖曳式的新增和排序操作进行工作报告模板的设计。

第二步是配置报告规则，如图 7-13 所示。

新建报告模板

模板类型	可见范围	默认接收人	操作
日报(系统)	全员可见	无	设置规则 停用
周报(系统)	全员可见	无	设置规则 停用
月报(系统)	全员可见	无	设置规则 停用
项目进展表(系统)	全员可见	无	设置规则 停用
会议纪要(系统)	全员可见	无	设置规则 停用

图 7-11 报告模板设计示例

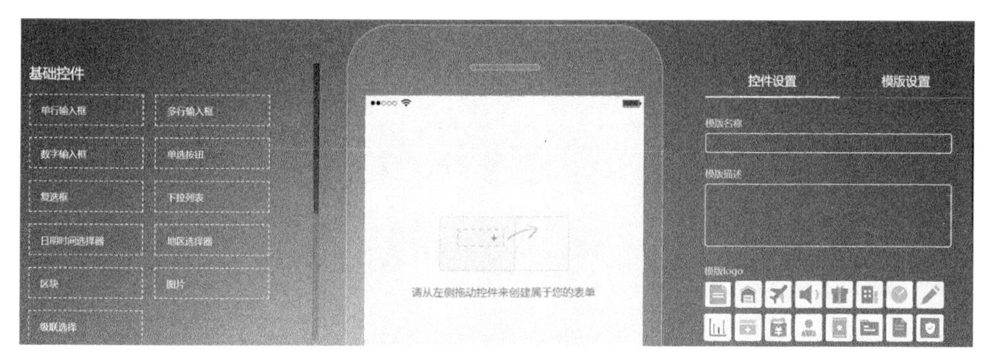

图 7-12 报告模板表单设计器设计示例

规则设置

可见范围：全员可见

默认接收方：

接收人：无

发起人的部门成员

发起人的上级主管

一级主管 × 二级主管 ×

图 7-13 配置报告规则

报告规则主要有以下两种。

一种是可见范围。可见范围指的是管理员在管理后台配置工作报告后，哪些人可以使用这个报告。类似于周报这样的工作报告一般是全员可见的，但是对于只针对某个特定岗位或者部门的特殊报告，要在设计工作报告时，配置报告可见范围。

另一种是报告的提交对象，也就是报告接收人。对于不同类型的工作报告，提交的对象也不同。在编辑工作报告模板时，要明确这个报告需要提交给谁，可以是一个部门，也可以是具体的岗位和角色，还可以是特定的员工。

5. 假期管理

假期管理功能主要用来配置公司的假期规则。如图 7-14 所示，常见的假期类型有年休假、事假、病假、调休、婚假、产假以及陪产假等。

无论哪种假期，假期规则的设计思路是不变的。首先，配置假期的基本信息，包括假期的名称、请假单位以及计算方式。以常见的事假为例，我们看一看如何配置一套完整的假期规则。

假期的名称为“事假”。请假单位指的是请假的最小粒度，一般分为半小时、小时、半天、天等。计算方式主要分为两种——按工作日算和按自然日算。如果选择按工作日算，则事假只能在工作日起作用，非工作日不可申请事假；如果按自然日算，则随时可以申请。具体选择什么样的规则，由 OA 系统的管理员根据公司的具体制度决定，而产品经理需要做的是，尽可能设计出满足 OA 系统用户需求的功能。

添加假期类型

假期类型	请假单位	计算方法	高级设置规则	
年休假	按半天请假	按工作日计算		编辑　停用
事假	按半天请假	按工作日计算		编辑　停用
病假	按半天请假	按工作日计算		编辑　停用
调休	按半天请假	按工作日计算		编辑　停用
婚假	按天请假	按自然日计算		编辑　停用
产假	按天请假	按自然日计算		编辑　停用
陪产假	按半天请假	按自然日计算		编辑　停用

图 7-14　假期管理功能设计案例

基础信息完善后，要配置事假的高级规则。高级规则主要有两条，分别是余额发放规则和余额限制规则。如图 7-15 所示，余额发放规则主要用来控制某类型的假期的获得方式。正常员工的假期余额初始化为 0，一般可以通过加班和公司发放年假等方式来增加假期余额。如果员工假期账户有余额，下次请假时就可以直接抵扣假期余额。

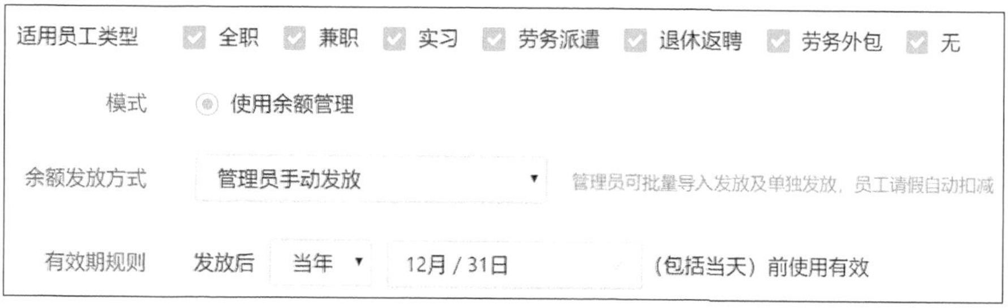

适用员工类型 全职 兼职 实习 劳务派遣 退休返聘 劳务外包 无
模式 使用余额管理
余额发放方式 管理员手动发放 管理员可批量导入发放及单独发放，员工请假自动扣减
有效期规则 发放后 当年 12月 / 31日 （包括当天）前使用有效

图 7-15 设置余额发放规则

余额的发放方式通常有 4 种，分别是管理员手动发放、每年固定日期自动发放、按入职时间自动发放及按转正时间自动发放。发放天数可以按照固定的天数发放，也可以按照员工工龄或者司龄发放。

限制规则主要用来控制假期的使用限制。如图 7-16 所示，限制规则主要有 3 种类型，分别是固定上限、按工龄设置上限，以及按司龄设置上限。

适用员工类型 全职 兼职 实习 劳务派遣 退休返聘 劳务外包 无
模式 限制规则
限制规则 固定上限
每自然月 该类假期累计请假超过 5 天，不允许再请

图 7-16 设置限制规则

固定上限指的是每自然月或年，该类型的假期累计超过多少天，则不允许再申请假期。按工龄设置上限和按司龄设置上限同理。

配置完假期规则后，结合审批管理模块的请假模板，OA 系统用户终端的员工就可以在工作台中完成假期的申请和审批流程。

6. 会议管理

日常办公过程中，会议是常见的工作事项之一。一般会议需要在会议室进行，OA 系统的会议管理功能很好地满足了公司员工日常会议室的预约和使用需求。

会议管理功能的设计思路主要分为3部分。首先，OA系统管理员需要在管理后台维护一套会议室列表，包括对会议室的增、删、改、查，以及启用/禁用等。会议管理功能设计示例如图7-17所示。

☰ 会议室列表

序号	会议室名称	会议室地点	可容纳人数	状态	操作
1	人才公园	20楼A区	60	启用	编辑 删除
2	凤凰山	20楼D区	10	启用	编辑 删除
3	七娘山	20楼F区	10	禁用	编辑 删除

图7-17 会议管理功能设计示例

其次，在OA系统用户终端的工作台模块需要具备会议室预定功能。会议室预定功能设计示例如图7-18所示。员工申请会议室时需要填写会议主题以及会议的开始和结束时间等信息。

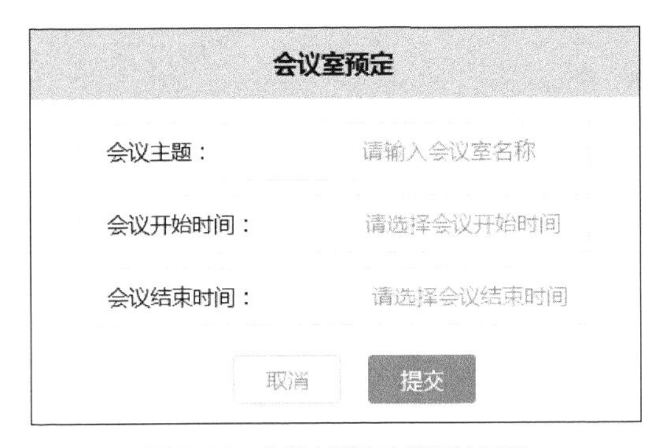

图7-18 会议室预定功能设计示例

最后，OA系统管理后台还需要具备会议室审批功能，需要设计一个会议室申请列表，用来展示申请信息。会议室审批功能设计示例如图7-19所示。管理员根据各个会议室资源的使用情况给出审批结论（通过或拒绝），只有审批通过的会议室，申请员工才能拥有申请时间段的会议室使用权。

☰ 会议室审批

序号	会议主题	申请人	开始时间	结束时间	操作
1	产品评审	赵丹阳	2021-12-16 10:30	2021-12-16 12:00	同意 拒绝
2	设计走查	吴*伦	2021-12-16 10:30	2021-12-16 12:00	同意 拒绝
3	产品周例会	孟*林	2021-12-16 10:30	2021-12-16 12:00	同意 拒绝

图7-19 会议室审批功能设计示例

以上就是会议管理功能的设计思路。当然，我们还可以设计更详细的逻辑，例如，当员工申请某个会议室时，如果当前会议室在申请时间段已经预订，并且已审批通过，则可以提示该申请人更换会议室或者会议时间并重新申请。

7. 薪资管理

薪资管理功能相对比较简单，一般公司中工资的发放操作不会在OA系统中进行，而在财务系统中进行，OA 系统只需要承载工资条的查看功能即可。工资条的设计示例如图 7-20 所示。

OA 系统用户终端的员工可以在工作台模块，通过工资条功能查看自己的工资条。工资是员工的个人隐私，在公司范围内属于敏感信息，因此对于这样的功能需要设计独立的密码。第一次查看工资条需要设计独立的工资条查看密码，后续每次利用工资条功能查看个人工资条时，都需要输入密码。

☰ 工资条

序号	姓名	月份	工资额	奖金	补贴	应付金额	公积金	社保	个人所得税	其他	实发工资
1											
2											
3											

图 7-20　工资条的设计示例

8. 公告管理

通常公司需要在企业范围内发布公告，例如，节假日的放假通知、人事调动等。在 OA 系统管理后台，管理员创建并发布公告后，用户终端的员工在聊天窗口就可以即时看到公告内容。公告管理功能的设计思路较简单。公告管理功能设计示例如图 7-21 所示，在 OA 系统管理后台维护一套具备增、删、改、查功能的公告管理列表即可。

☰ 公告管理　　新增

序号	公告标题	公告内容	发布人	发布时间	操作
1					详情　删除
2					详情　删除
3					详情　删除

图 7-21　公告管理功能设计示例

9. 资料管理

公司日常的经营过程中产生的一些公共资料（例如，培训资料、业务资料、产品资料，以及技术资料等），都可以通过 OA 系统的资料管理功能管理。通常 OA 系统的管理人员会在管理后台上传资料，发布后客户端的员工即可查阅和下载。

资料管理功能的设计思路可以参考网盘类产品，如图 7-22 所示，在一个公共空间中，支持文档、图片、视频、音频等文件的上传和下载。通常上传功能权限只开放给 OA 系统的管理人员，而用户终端的员工仅具有文档的阅读和下载等权限。

以上就是整个 OA 系统核心功能的产品设计思路介绍。在实际 OA 产品的设计过程中，要按照基本的产品设计思路，再结合具体的需求和场景，设计出完整的功能。

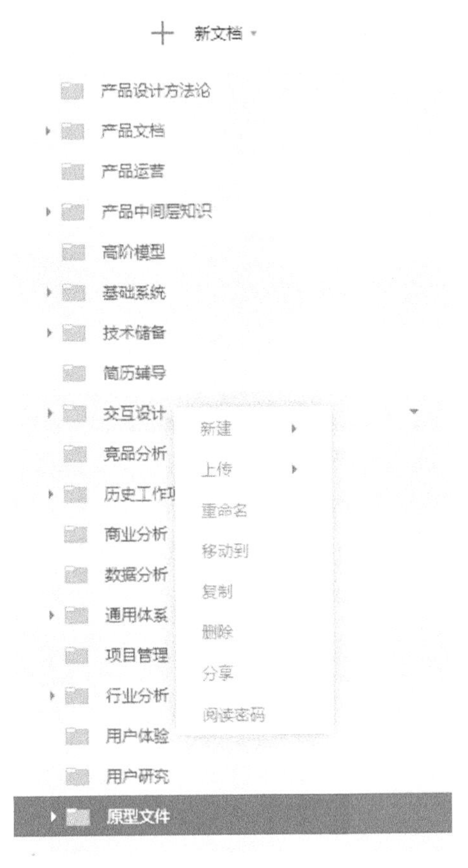

图 7-22 资料管理功能设计示例

7.3 PMS产品设计思路

项目管理系统（Project Management System，PMS）是项目和工作任务管理的协同软件系统，运用工作流的动态控制原理和方法，将项目管理的投资、进度和质量方面的实际值与计划值相比较，找出偏差，分析原因，采取措施，从而达到控制效果。

在了解 PMS 产品的设计思路之前，先要对项目管理过程中的概念和角色有一个清晰的认识。图 7-23 展示了项目管理过程中涉及的基础概念和项目角色。

图 7-23 项目管理过程中的基础概念和项目角色

相关的基础概念如下。

- **产品**：通常从产品维度创建项目，项目一般围绕着产品而开展。
- **需求**：基于产品，产品需求会以项目的形式进行设计和研发，一个项目会融合一个（或多个）产品和多个需求来设计和研发。
- **计划**：项目管理过程中执行具体事项所需要的预估时间，包括项目的整体计划，以及项目内具体的任务计划和迭代计划等。
- **任务**：项目中具体项目人员的工作事项。
- **迭代**：一种研发节奏，指围绕产品研发目标所做出的版本更新。
- **Bug**：项目研发过程中产生的缺陷和问题。

项目角色如下。

- **项目经理**：整个项目的管理者，负责跟进项目的进度，保证项目的上线质量。
- **产品经理**：负责产品设计和需求提出，需求评审完成后，由项目经理跟进，研发完成后进行上线前的验收工作。
- **UI 设计师**：负责项目中产品用户界面的设计工作。
- **研发工程师**：负责项目中的产品研发工作。
- **测试工程师**：负责项目中的产品测试工作。
- **需求方**：原始需求的提出者，也是项目最终交付给的一方，可以是产品经理、用户，或者公司业务部门。

古人云："工欲善其事，必先利其器。"工具向来都是个人能力的放大器，在进行项目管理时，优秀的项目管理工具通常会有效地提高工作效率。在了解了项目管理过程中的基础概念和项目角色后，我们基于腾讯的项目管理软件——TAPD（Tencent Agile Product Development，腾讯敏捷产品研发），介绍主流 PMS 产品的设计思路。

TAPD 为大中型研发团队提供了全过程和全方位的项目管理解决方案。通过制订有效的产品规划和长期的发布计划，并使用敏捷迭代、小步快跑的方式进行产品开发及质量跟踪，帮助大中型团队快速迭代产品功能，有计划地完成产品研发。

本节将介绍 TAPD 的核心功能。

1. 需求管理功能

在项目管理过程中，产品经理使用 TAPD 的需求规划功能录入需求清单。如图 7-24 所示，需求清单包含原始需求的来源、背景、产品方案、重要程度、价值参数、指派对象以及需求原型图和流程图等附件。需求清单录入完成后会随着设计好的项目流进行流传，在 TAPD 中，产品经理可以直接通过需求管理功能，对需求进行增、删、改、查、导等操作。

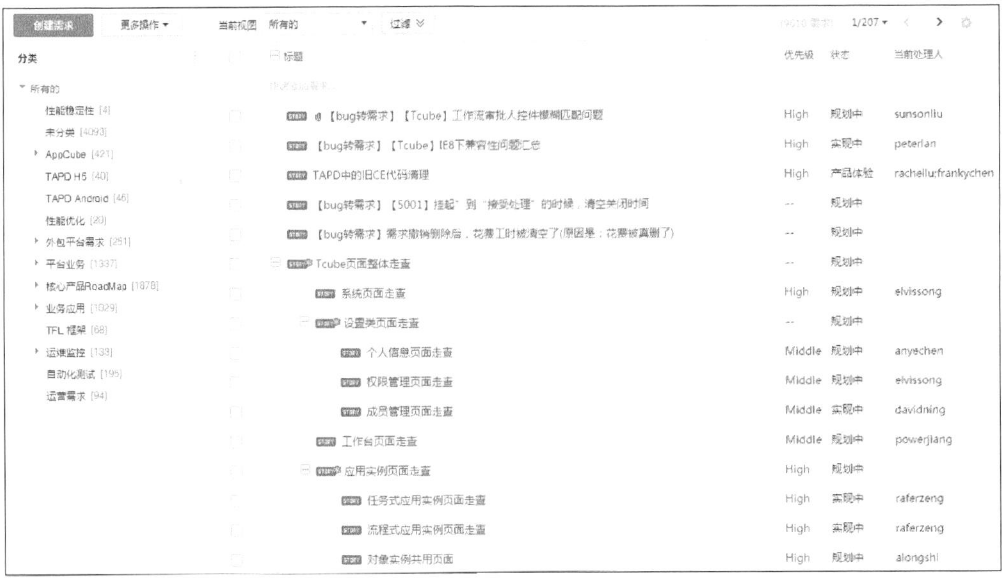

图 7-24 TPAD 需求清单

2. 计划发布功能

对于大中型研发团队，在项目管理过程中通常需要制订一个长期的发布计划来控制产品的发布节奏。发布计划可以制订一个或多个。对于一个发布计划，要设定好发布计划的目标、开始时间和结束时间，以及发布计划中关联的需求或缺陷，如图 7-25

所示。发布计划可以理解为，对多个为了同一个目标的不同需求的一种“打包”发布。

图 7-25 TAPD 发布计划功能

例如，一个典型的需求研发场景中，一个完整的业务流需求 X 需要系统 A 的功能 A1、系统 B 的功能 B1、系统 C 的功能 C1 共同协作才可以满足。功能 A1、功能 B1 和功能 C1 分别由不同的产品经理负责，从而产生了需求 A、需求 B 和需求 C。这时项目经理就可以把针对这个业务的 3 个功能需求打包成一个发布计划，保证在发布周期内 3 个功能按时上线。3 个功能需求统一发布上线表示需求 X 已满足，标志着这个发布计划的结束，也标志着这个发布计划产出了一个可交付版本。

3. 迭代计划功能

迭代计划和发布计划的本质相同，都是在同一个周期共同管理具有相关性的需求规划的过程，如图 7-26 所示。

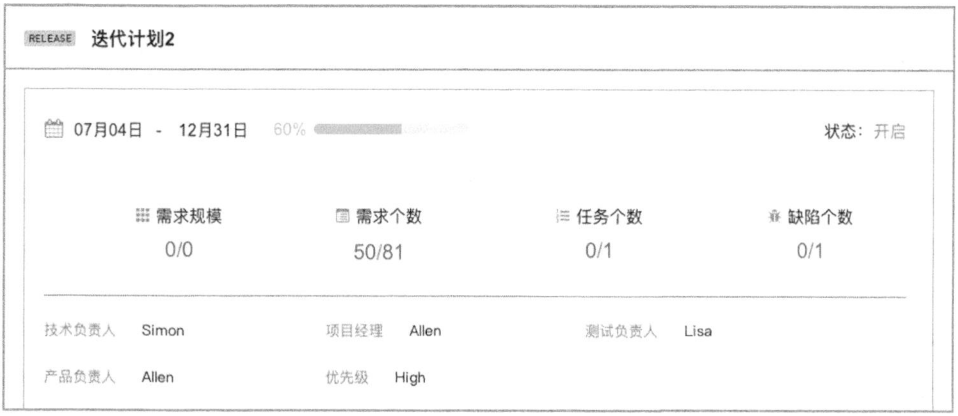

图 7-26 TAPD 迭代计划功能

创建一个完整的迭代计划需要确定迭代计划的开始时间、结束时间、技术负责人、测试负责人、项目经理、产品负责人、优先级以及与本次迭代计划相关的需求和缺陷。

迭代计划和发布计划的不同之处在于，迭代计划更多是针对同一款产品的多个需求共同管理的过程。例如，一款产品同时要增加多个功能，每个功能会产生一个独立的需求，这些需求拥有同样的产品负责人和项目经理等角色，可以被“打包”成一个迭代计划。

迭代计划典型的应用场景是APP的版本发布。每一个APP版本都会满足很多功能模块的需求，这些需求被“打包”成一个迭代计划，直到计划内的最后一个需求到达项目流终态，标志着这个迭代计划的结束。整个迭代周期的进度可以通过进度表和燃尽图等工具清楚地跟踪和监控。

4. 任务分配功能

使用TPAD的任务分配功能可以有效地把需求指派给对应的开发人员、设计人员及测试人员等，如图7-27所示。接收任务的人会在自己的工作台中看到分配给自己的任务，然后开始处理任务，任务完成后更新项目流状态并进行流转。

图7-27　TPAD的任务分配功能

一般的协作模式为，产品经理创建需求后，将需求指派给具体的“处理人”。这个处理人一般是技术总监或者项目经理，处理人会对需求进行评估和拆解，再次分配需求给具体的开发人员和测试人员。整个任务分配过程中的字段信息和流转方式可以根据实际项目需求自定义。

5. 进度跟踪功能

在利用 TAPD 进行项目管理的过程中，使用故事墙、迭代燃尽图、甘特图等工具进行需求跟踪。

如图 7-28 所示，故事墙以卡片的形式详细地展示了项目的进度。卡片包含任务内容、任务优先级、任务负责人、当前状态等信息。在进行每日晨会时，员工可以通过故事墙清晰地了解每个需求和任务的状态，项目负责人也能够通过故事墙及时了解当前项目的整体情况，并及时调整。

图 7-28 故事墙

燃尽图（burn down chart）是用于表示剩余工作量的工作图表，如图 7-29 所示，燃尽图有 Y（工作）轴和 X（时间）轴。理想情况下，该图是一条向下的曲线，随着剩余工作的完成，“烧尽”至零。燃尽图是向项目组成员和企业主提供工作进展的一种公共视图，在 TAPD 中利用燃尽图观察项目的整体进度与健康程度。

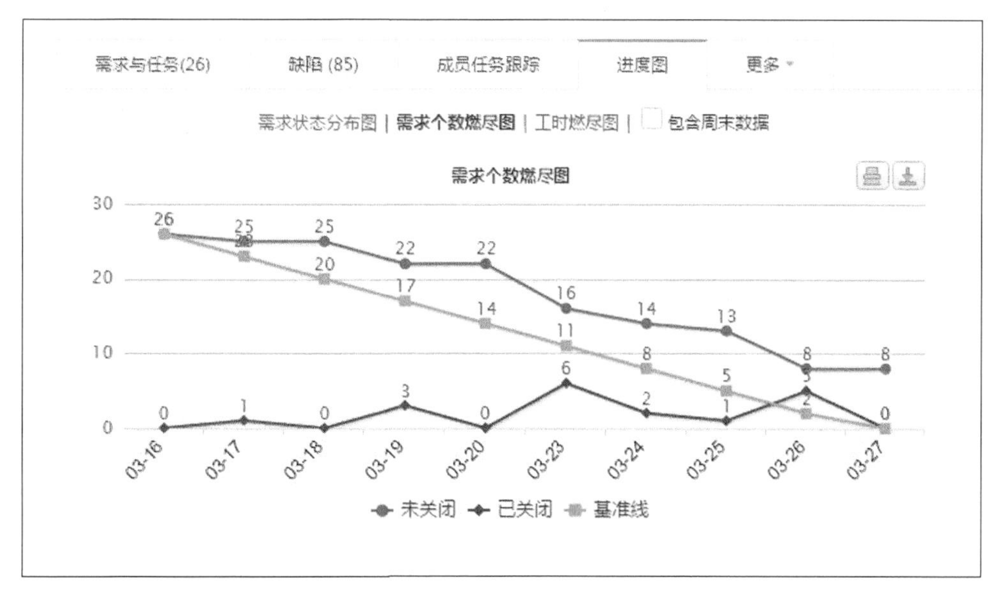

图 7-29 燃尽图

在需求进度跟踪过程中，我们还可以通过甘特图来了解开发进度。如图 7-30 所示，甘特图通过活动列表和时间刻度形象地展示了项目的活动顺序与持续时间。通过计划进度与实际进度的对比，我们能更快速地评估出项目的整体情况。

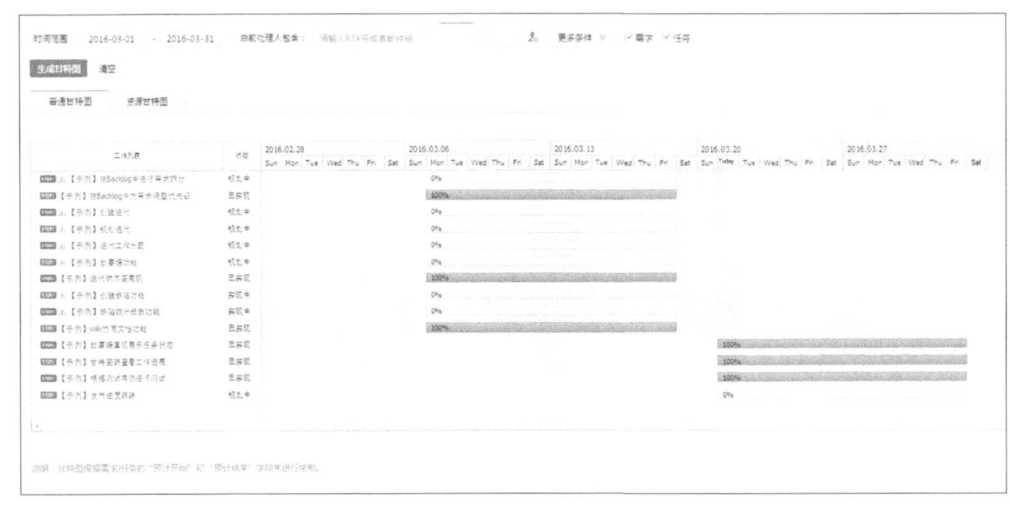

图 7-30 甘特图

甘特图还可以从任务和人员两个维度直观展示在预估的时间范围内每日的工作进展，同时通过成员、时间点、优先级等过滤条件，更精准地展示具体的工作进度，当出现进度异常时，项目经理可及时地进行调整。

6. 测试管理功能

需求开发完成后，测试工程师会根据测试用例对其进行测试。测试过程中如果发现缺陷，则通过测试管理功能创建缺陷（见图 7-31），并指派给对应的开发人员。缺陷清单包含缺陷的复现方式、关联需求、优先级，以及紧急程度等信息。注意，在实际的项目协作语境中，缺陷通常称为 Bug。

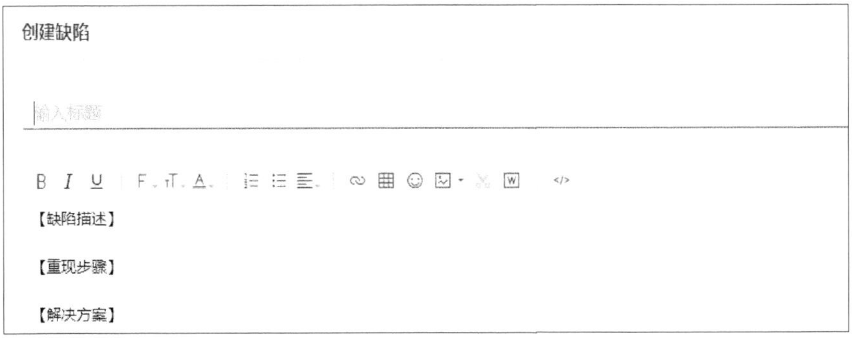

创建缺陷

输入标题

【缺陷描述】

【重现步骤】

【解决方案】

图 7-31 创建缺陷

开发工程师修复缺陷后，将缺陷的状态设置为已解决。此时，缺陷清单流转回测试工程师手中。测试工程师验证缺陷已正确修复后，将缺陷清单关闭，否则退给开发工程师继续修复，重复整个过程，直至缺陷完全修复。

7. 发布追踪功能

如图 7-32 所示，TAPD 提供了项目的发布追踪功能，主要通过发布燃尽图进行跟踪。燃尽图可以展现发布计划中剩余需求的总数量逐日递减的燃尽过程，实际燃烧线与基准线越贴合，发布进度越健康。

燃尽图形象地展示一个发布计划中的剩余工作量和剩余工作时间的变化趋势，是反映项目进展的一个指示器。燃尽图的走向代表了发布进度的健康程度，当出现异常时，需要对团队开发节奏进行调整。

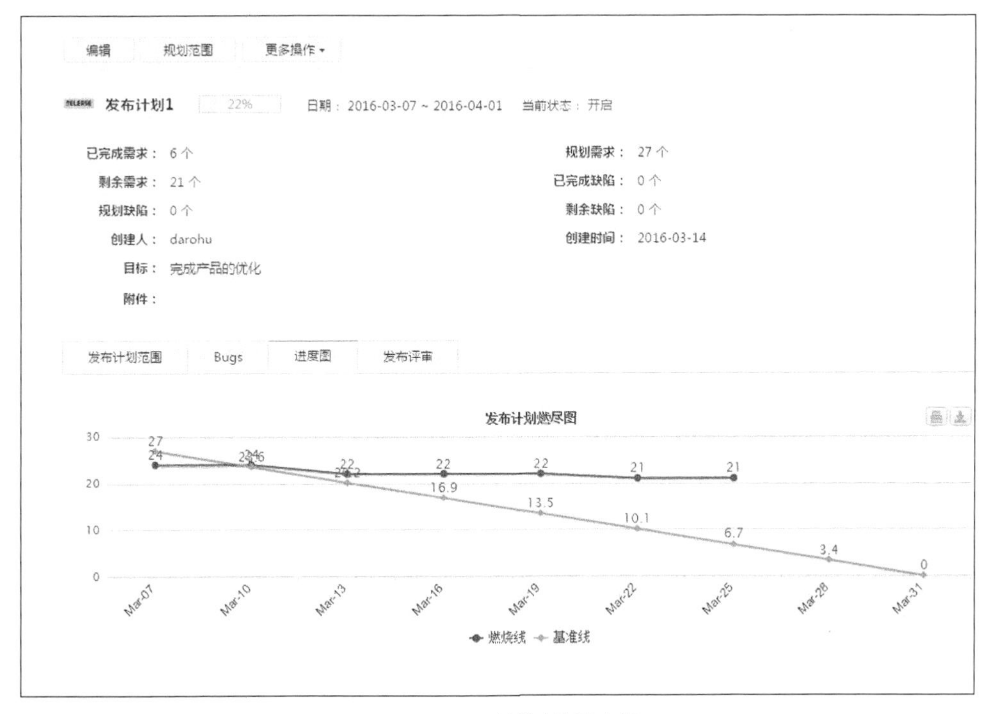

图 7-32 项目的发布追踪功能

8. 回顾与沉淀

一个功能需求满足并产品上线后，项目经理会组织项目成员对整个研发过程进行回顾，总结得失，发现改进点并提出解决方案。研发经验和协作经验的积累，会促进整个团队提升工作效率。团队在研发过程中积累的经验可以通过 TAPD 提供的 Wiki 文档功能进行总结，无论是项目过程的记录，还是产品里程碑规划，或者是项目成员的资料分享，都可以在 Wiki 文档中呈现。

9. 收集用户反馈

产品上线后并不代表着项目的交付和完结，产品经理还需要关注产品上线后的表现情况，并收集用户的使用反馈，为下一轮的产品迭代计划规划做好准备，促进产品的持续改进。

以上是 TAPD 项目管理工具的基本功能介绍，类似于 TAPD 的项目管理工具还有禅道、Teambition、Worktile，以及 Tower 等。在学习 PMS 产品的设计时，我们可以参考市面上这些成熟的项目管理系统软件的设计思路。每一款项目管理软件都有自己的优缺点，或者侧重点，例如，TAPD 中虽然有需求和项目的概念，但是弱化了产品的概念，往往一个具体的项目或需求并不能清晰地关联出某个实体的产品；禅道具备完备的项目管理流程，但是在功能和流程上的完备与操作体验的复杂度之间并没有取得很好的平衡，不适用于小型的项目团队。

产品经理在设计 PMS 时，应调研对比这些主流产品的优缺点，并结合产品定位和目标用户的实际需求，从而设计出满足需求的产品，适合的才是做好的。

7.4 OMS产品设计思路

订单管理系统（Order Management System，OMS）并不是一套独立的业务系统，而是作为子系统或功能模块，内嵌于各大业务系统中，通过订单流转的形式，把具体的业务流程串联起来。从产品设计角度来看，对于 CRM 系统、OA 系统、电商系统、支付系统、WMS 等，订单功能模块都属于订单系统的设计范畴，其设计思路也是一样的。

以电商系统为例，订单功能模块是电商系统中的核心功能模块之一，是连接用户和商家的重要交易信息模块。从用户下单、支付到生成交易订单，以及订单的发货、收货、售后等环节，整个过程中的信息流传和状态标记，都是通过订单功能模块来完成的。

订单系统产品设计的知识框架，主要分为两部分，分别是基础概念和原型设计。

7.4.1 基础概念

订单系统的基础概念主要有 4 个，分别是订单 ID、订单信息、订单状态以及订单操作。

1. 订单 ID

订单 ID 又称为订单号，是订单系统中独立订单的唯一标识。

每一笔订单都有唯一的订单号，一般由具有一定规则的数字编码组成，例如，9716088770852202097475 99就是一个独立订单号，通过该订单号查看完整的订单信息。

2. 订单信息

订单信息指的是整个订单中所包含的信息。

以电商系统中的订单为例，一笔完整的订单通常包含订单号、商品信息、价格信息、优惠信息、商户信息、用户信息以及状态信息等。

3. 订单状态

在设计订单模块时，要明确一点，每一个订单都有完整的生命周期。整个生命周期包含订单信息的变更和订单状态的变化。

例如，电商产品的在线购物流程中，当用户单击“购买商品”按钮时，会生成一笔购物订单，状态是“待支付”；用户对这笔订单进行支付后，订单状态变成“待发货”；当商户发货后，订单状态变成“运输中”或“待收货”；等用户收到商品后并确认收货后，订单状态变成“已完成”。

订单状态一般会有初态、中间态与终态，订单状态会随着特定的规则和操作指令等而发生改变。在产品设计过程中，要梳理清楚订单生命周期内完整的状态流转，从而形成状态闭环。

4. 订单操作

订单信息的变更和状态的变化都是通过对订单的操作实现的。

在前面的电商订单的案例中，用户付款后，商户需要单击“发货”按钮，针对已付款的订单执行发货操作，这个“发货”就是对订单的一种操作，常见还有增、删、改、查、导（导出）等操作。

在产品设计过程中，要明确订单生命周期中每一种操作的前置条件、功能逻辑、交互动作和后置状态。

7.4.2 原型设计

订单系统的原型设计较简单，主要由导航控件、表单页控件以及详情控件组成。

1. 订单列表页

如图7-33所示，以电商系统订单为例，订单列表页主要由导航控件和列表页控件组成。其中，导航控件负责搜索条件的筛选和查询，例如，通过订单编号、商品货号、订单时间等进行查询；列表页控件负责呈现订单信息，例如，订单编号、订单金额、订单状态等信息，并承载订单的功能操作，例如，订单查看、合并、关闭、发货与打印等基础操作。

订单列表　刷新

全部订单(1000)　待付款(1000)　待发货(1000)　已发货(1000)　已完成(1000)　已关闭(1000)

筛选查询　收起筛选　查询结果　高级检索

输入搜索：　收货人：　提交时间：

数据列表　合并订单　下载配货单　打印发货单　打印快递单　批量发货　导出订单

	订单编号	提交时间	用户账号	订单金额	支付方式	订单来源	订单状态	操作
☐	201707196398345	2017-07-19 14:48:38	18000000000	¥200.00	未支付	APP订单	待付款	查看订单　关闭订单
☐	201707196398345	2017-07-19 14:48:38	18000000000	¥200.00	支付宝	APP订单	待发货	查看订单　订单发货

图 7-33　订单列表设计示例

2. 订单详情页

考虑页面信息结构以及大小的限制，订单列表页往往只展示订单的部分信息。要查看订单的完整信息，我们需要进入订单的详情页。如图 7-34 所示，订单详情页的设计一般使用详情页控件实现，目标是清晰有效地展示出所有的订单信息。以电商系统订单为例，订单详情页需要包含订单的基本信息、商品信息、收货人信息、费用信息以及发票信息等。

图 7-34　订单详情页设计示例

以上就是订单系统的产品设计思路介绍。订单系统是一种通用系统，在实际的产品设计过程中，通常作为子系统或者订单功能模块出现在诸多的业务系统中。熟练掌握订单系统的产品设计思路，能帮助我们快速、有效地设计其他复杂业务系统。

7.5 WMS产品设计思路

仓库管理系统（Warehouse Management System，WMS）是一款用于管理仓库或者物流配送中心的计算机软件系统。它对仓库内的各类资源进行计划、组织、引导和控制，对货物的存储与移动（入库、出库、盘点、调拨等）进行管理，并实现作业人员的绩效管理。

很多大型业务系统中的商品库存管理模块是基于 WMS 的设计思路设计的。本节将结合 WMS 的核心功能，介绍 WMS 产品的设计思路。

WMS 的核心功能主要分为两部分——采购管理和库存管理。其中，采购管理模块包含供应商管理和商品采购两个功能；库存管理模块主要包含仓库管理、入库管理、出库管理、库存盘点、库存调拨以及库存预警等功能。

7.5.1 采购管理模块设计

采购指的是商户将商品从供应商那里采购到自己仓库的过程，这个过程在 WMS 中主要由采购管理功能模块实现。

1. 供应商管理功能

商品通常在供货商处采购，所以要让一个完整的采购流程形成闭环，首先要有供应商管理功能，用于对整个 WMS 的供应商信息进行维护。在 WMS 中，一个完整的供应商信息主要由 6 部分组成，它们分别是基础信息、结算信息、银行账户信息、联系人信息、商品信息以及附件信息。

1）基础信息

基础信息包含供应商名称、供应商编码、供应商分类、物流模式以及供应商地址等字段。

其中，物流模式指的是这个供应商支持的配送方式，一般有不限制、统配、直配、自采以及越库 5 种方式。

2）结算信息

结算信息指的是该供货商的经营结算方式，主要包含“经营方式”“结算方式”以及“账期”3 个字段。

其中，经营方式又分为经销、代销及联营这 3 种模式。每种模式的货权归属和结算规则是不同的。其中，经销模式的货权属于进货方，根据采购订单的采购进价进行结算；代销模式的货权属于供货方，根据结算周期内销售商品的进货成本进行结算；联营模式的货权属于供货方，根据结算周期内销售商品的提成比例进行结算。

结算方式主要分为两种，分别是先货后款和先款后货。顾名思义，前者指的是先收货再付款，后者指的是先付款后收货。

账期指的是指供应商向零售商供货后，直至零售商付款的这段时间。

3）银行账户信息

银行账户信息指的是该供应商用来结算的银行账户信息，主要包含“付款方式”“账户名称”“银行账号”“开户银行”“开户地区”“支行名称”“企业名称”“公司税号”等字段。

其中，“付款方式”字段一般包含无限制、现金、银行转账、承兑汇票、支付宝、微信 6 种类型的信息。

4）联系人信息

联系人信息包含“联系人姓名”“联系人手机号码”“固定电话”“传真”“邮箱”“微信”“QQ”等字段。

5）商品信息

商品信息指用于维护供应商所能供货的商品范围的信息。这里会引用 WMS 商品管理模块中的商品信息，只需要选择指定的商品，关联到该供应商的商品信息模块即可。

供货商的商品信息主要包含“价格来源”“商品名称”“采购单位”“最小订货量”“允许超收比例”“采购价”“零售价”“零售折扣比例”以及“进项税”等字段。

6）附件信息

附件信息指的是该供应商的一些附件资料，如资质图片或者文档等，它们可以上传到系统，可以对它们收集和维护。

2. 商品采购功能

商品采购功能主要包含 3 个子功能，分别是采购订单功能、采购入库功能以及采购退货功能。

1）采购订单功能

在 WMS 中，商品采购作业是从创建采购订单开始的。一个完整的采购订单主要包含 3 部分信息——基础信息、物流信息以及商品信息。

其中，基础信息包括“仓库 / 门店”“供应商”“送达日期”“结算方式”“经营方式”“备注”等字段的信息。其中，“结算方式”和“经营方式”这两个字段信息可以根据选择的供应商自动关联。

物流信息主要包含“发货方式”“物流公司”和“物流单号”3个字段的信息。其中，发货方式一般分为有物流发货和无物流发货；物流公司可以选择目前市场上主流的物流公司；物流单号指的是物流公司所产生的订单流水号。

2）采购入库功能

采购订单创建完成后，要针对采购的订单进行入库操作。入库操作分为两部分——编辑入库信息和编辑入库商品。其中，入库信息也叫作新建入库单。入库单主要包含“供应商”“经营方式”“结算方式”“门店 / 仓库”“入库日期”“操作人”以及“备注”等字段。同样，经营方式和结算方式可以通过选择的供应商关联出来，门店 / 仓库指的是此次商品入库作业的目标仓库或门店。

完成入库信息的编辑后，要选择入库商品，这里除引用 WMS 商品管理模块的商品基础信息之外，还要编辑“入库数量”“含税采购价”“税率”“不含税价”“含税小计”“不含税小计”等字段信息。完成入库信息的编辑后，即可生成入库单。检查入库信息正确无误后，即可针对这笔入库订单进行确认入库操作。

3）采购退货功能

当已采购的商品出于某些原因需要退货时，要用到采购退货功能。当使用采购退货功能时，先要找到这些商品的入库订单，在该笔入库订单中选择需要退货的商品。退货信息除基本的商品信息之外，还包含“可用库存”“可退库存”“退货数量”“退货价”“退货原因”“小计”等字段信息，确保退货信息编辑无误后，确定出库操作，生成采购退货单。采购退货单主要包含“采购退货单号”“关联采购入库单号”“单据状态”“供应商”“经营方式”“退货仓库 / 门店”“购退货总量”“采购退货总额”“制单人”以及“商品详情”等字段信息。

7.5.2 库存管理模块设计

库存管理是 WMS 的核心功能之一。顾名思义，它管理的是商品库存，有关商品库存的一系列作业都需要用到库存管理模块下的各种子功能。

要理解库存管理模块的产品设计思路，首先要了解通用的库存管理模块下都有哪些功能。

1. 仓库管理功能

实体商品需要实体空间来进行存储。这个实体空间称为仓库，商品存放于仓库从而产生库存的概念。库存是仓库中实际储存的货物数量的总称，一般以商品的标准单位计数，是商品交易过程中的重要指标。

在 WMS 中，要进行库存管理，首先要对仓库进行管理。新建一个仓库需要用到“仓库名称”“仓库编码”“所属区域”“详细地址”“联系人姓名”“联系人电话”以及“备注”等字段信息。

2. 入库管理功能

完成仓库的创建后，仓库和商品首先产生的交互方式是商品入库，即商品会以某种作业形式进入仓库。而入库管理功能就是记录这种入库操作的单据，形成完整的信息记录，并对商品的实时库存进行更新。

一般入库的方式有 4 种——采购入库、调拨入库、退货入库和手动入库。前 3 种入库方式是基于前置业务的单据而进行的，例如，采购入库操作是基于先有采购订单的生成而进行的；而手动入库则是基于管理人员手动新建的商品入库订单进行的。无论采用哪种入库方式，最终的结果都是生成入库单。不同之处在于，若选择采购入库、调拨入库及退货入库方式，自动生成入库单，然后自动或由人工审核入库；若选择手动入库方式，则手动生成入库单，然后由人工审核入库。

不同的入库方式产生的“入库单”字段信息是不同的。

对于采购入库方式，入库单主要包括“入库单编号”“供应商”“入库仓库 / 门店”“单据状态”“实际入库量”“制单人”“制单时间”及“入库商品详情信息”等字段信息。

对于调拨入库方式，入库单主要包括“入库单编号”“出库仓库 / 门店”“入库仓库 / 门店”“单据状态”“实际入库量”“制单人”“制单时间”及“入库商品详情信息”等字段信息。

对于退货入库方式，入库单主要包括“入库单编号”“单据状态”“实际入库量”“制单人”“制单时间”及“入库商品详情信息”等字段信息。

对于手动入库方式，入库单主要包括“入库单编号”“单据状态”“实际入库量”“制单人”“制单时间”及“入库商品详情信息”等字段信息。

3. 出库管理功能

有入库必然有出库，所以商品和仓库的另一大交互方式就是商品出库。商品出库功能的表现形式和商品入库一样，只不过计算逻辑的结果不同，前者导致库存商品的减少，后者导致商品库存的增加。商品出库的方式有 4 种——销售出库、调拨出库、采购退货出库和手动出库。

对于销售出库方式，出库单主要包括“出库单编号”“仓库 / 门店”“单据状态”“实际出库量”“制单人”“制单时间”及“出库商品详情信息”等字段信息。

对于调拨出库方式，出库单主要包括“出库单编号”“出库仓库 / 门店”“入库仓

库 / 门店”“单据状态”“实际出库量”“制单人”“制单时间”及“出库商品详情信息”等字段信息。

对于采购退货出库方式，出库单主要包括“出库单编号”“出库仓库 / 门店”“单据状态”“实际出库量”“制单人”“制单时间”及“出库商品详情信息”等字段信息。

对于手动出库方式，出库单主要包括“出库单编号”“单据状态”“实际出库量”“制单人”“制单时间”及“出库商品详情信息”等字段信息。

4. 库存盘点功能

库存盘点指的是对商品实有库存数量及其金额进行全部或部分清点，以确实掌握该期间内的货品状况，并基于实际情况对货品状况加以改善，达到加强库存管理的目的。库存盘点本质上是针对线下仓库的精确库存和 WMS 中账面库存做人工校对。例如，若系统中法式盼盼小面包这款商品的账面库存为 1000 箱，但在实际盘点过程中，发现其中 20 箱被老鼠损坏了，实际可售的库存为 980 箱，就需要人为地把系统中 1000 箱的库存修正为 980 箱。

在使用库存盘点功能时，首先需要创建盘点单。盘点单信息由两部分组成，它们分别是基础信息和商品信息。其中，基础信息包括“盘点开始时间”“盘点仓库 / 门店”“盘点区域”以及“备注”等字段信息。盘点区域指的是仓库 / 门店中的货架区，例如，酒水区、副食区、冷餐区等。

完成盘点单的基本信息设置后，还需要关联具体的商品信息，对商品信息进行修正。商品信息主要包括“商品名称”“账面库存”“盈亏数量”“商品分类”“品牌”“库存单位”“实盘库存”以及“备注”等字段信息。其中，“实盘库存”字段需要盘点人员根据线下的实际库存进行填写。对实盘库存与账面库存求差值，计算出盈亏数量的值。如果盈亏数量是正数，则说明商品实际库存多；如果是负数，则说明商品的实际库存少。完成盘点后会生成盘点记录，同时更新商品的账面库存，使其与线下实际库存保持一致。

5. 调拨管理功能

当需要在不同的仓库 / 门店之间调拨商品库存时，要用到调拨管理功能。当使用调拨管理功能时，先要新建调拨单。调拨单由两部分信息组成，它们分别是基本信息和商品信息。其中，基本信息主要包含“调拨类型”“调拨发起仓库 / 门店”“调拨接受仓库 / 门店”“期望送达时间”以及“备注”等字段信息。

调拨类型分为两种——店间调拨和店内调拨。店间调拨需要物流，会产生在途库存，需要双方确认调拨出入库。店内调拨不需要物流，不产生在途库存，系统自动完成调拨出入库。

完成基本信息编辑后，要确定调拨的商品。除基本的商品信息之外，还需要包含该商品的“调出方可用库存”“调入方可用库存”“调入方日均销量”“调拨数量”等字段信息，最后形成一个完整的调拨单。调拨单最终的状态流转完成后，调出方和调入方的商品库存就会根据调拨单产生相应的变化。

6. 库存预警功能

库存预警指的是，当正在销售的商品库存接近特定的阈值时，系统会发出警告，提示管理人员及时补充库存，防止断货情况的发生。当使用库存预警功能时，首先选择具体的商品（也可以默认全局商品），然后配置预警规则。预警规则一般分为两种——固定值预警和动态预警。

固定值预警指的是，直接输入库存下限值和库存上限值，当商品实时库存小于库存下限时，系统会将其标记为低库存；当商品实时库存大于库存上限时，系统会将其标记为高库存；当商品实时库存处于上限值和下限值之间时，则系统将其标记为正常。

动态预警的示例如下。

如果商品要从省外运输过来，进货周期很长，需要 7 天时间，那么就需要留 10 天以上的存货来确保正常销售。如果部分加工商品保质期较短，就不适合囤货；否则，导致库存滞压，带来损失，因此就需要针对该商品设计最少可销售天数预警，具体如下。

库存下限 = 下限天数 × 近 15 天日均销量

库存上限 = 上限天数 × 近 15 天日均销量

当商品实时库存小于库存下限值时，系统会将其标记为低库存；当商品实时库存大于库存上限值时，系统会将其标记为高库存；当商品实时库存处于上限值和下限值之间时，系统会将其标记为正常。

以上就是 WMS 核心功能及其设计思路的介绍。整个 WMS 的设计思路始终围绕仓库和商品这两个基础维度展开。当然，市面上不同的 WMS 可能在功能细节上不尽相同，但是它们整体的功能体系和产品设计思路是不变的。读者可以尝试体验市面上主流的 WMS 功能，把抽象的底层功能框架和设计思路具象到页面和交互层面，从而完善对整个 WMS 设计思路和方法的学习。

7.6 CMS产品设计思路

内容管理系统（Content Management System，CMS）是一种由后端内容管理系统和前端内容展示平台两部分组成的软件系统。内容的创作人员、编辑人员、发布人员通常使用后端内容管理系统来提交、修改、审核和发布内容，最终在前端内容展示平台展示给用户，供用户消费（指用户接受内容的方式和行为）。这里的“内容”可以是文字、图片、视频、音频以及文件等形式的信息。

在设计内容管理系统时，要站在内容和管理两个角度，基于从内容的生产到用户的消费的整个生命周期来考虑 CMS 产品设计闭环。

整个 CMS 前后端产品体系总共包含 6 部分，它们分别是内容生成、内容过滤、内容呈现、内容推荐、内容互动和内容风控。

7.6.1 内容生成

为了设计内容管理系统产品，首先要理解内容是如何生成的。内容的生产模式大体分为 3 种，它们分别是用户生成内容（User Generated Content，UGC）模式、专业生成内容（Professionally Generated Content，PGC）模式和职业生成内容（Occupationally Generated Content，OGC）模式。

其中，UGC 模式的产品有抖音、微博，豆瓣等；PGC 模式的产品有得到、混沌大学等；OGC 模式的典型产品有新闻资讯类产品和小说类产品，主要通过具有一定知识和专业背景的从业人士生成内容，并获得相应的报酬。

以上是站在内容生产者角度划分出的 3 种内容生产模式。结合以上 3 种模式，站在产品设计角度，内容的生成模式主要分为用户生成内容模式和平台生成内容模式。不同的模式决定了不同的产品定位和形态。

对于基于用户生成内容的模式设计出来的产品，前后端产品体系相当于社区体系（后面的章节会详细介绍），产品形态类似于微博、知乎、豆瓣这样的产品，用户在前端平台独立输出内容，由统一的管理后台来管理这些内容。对于基于平台生产内容的模式设计出来的产品，前后端产品体系类似于网站管理系统，管理后台统一输出内容，用户在前端平台对内容进行消费。无论是哪种类型的 CMS，整个产品内容管理系统的设计思路是一样的。

7.6.2 内容过滤

在明确内容生成模式之后，还要对内容进行过滤。过滤的意义在于，剔除错误的、虚假的、歧义的、政治敏感的内容，以维护健康良好的内容环境。在平台生成内容的模式下，例如，人民日报、36 氪这样的资讯媒体产品中，每一篇文章都会经过平台的严格审核，内容由产品平台统一发布，在审核阶段会对内容进行有效过滤；而在用户生成内容的模式下，因为用户可以在前端内容平台自由发布内容，所以内容过滤的难度相对较大。

无论哪种模式下的内容管理系统，内容过滤模块的设计思路是一样的，都是基于程序自动过滤和人工过滤两种方式来共同过滤内容的。例如，使用违禁词屏蔽功能，当用户发布的内容触发违禁词规则时，则无法发布成功；又例如，对用户发布的内容进行语义分析，当内容触发特定的语义规则时，则不允许发布。当遇到程序难以判定的内容时，则流转到人工审核。除产品团队自己设计这些内容过滤规则外，还可以引入市面上提供内容风控服务的第三方产品（如网易易盾），让产品的过滤规则更加精准和灵活。

7.6.3 内容呈现

完成内容过滤后，就要呈现内容。在平台生成内容的模式下，内容呈现方式通常为，平台内容运营人员在管理后台进行内容的生成和过滤，过滤完成后对内容进行发布，内容发布后实时同步到前端内容展示平台。具体的功能设计可以参考网站管理系统。

而在用户生成内容的模式下，内容呈现方式通常为，用户在前端内容展示平台发布内容，内容自动过滤通过后，即可以正常发布。具体的功能和形态设计可以参考微博、知乎和豆瓣等类社区产品。

7.6.4 内容推荐

任何一个内容平台中，内容都不是简单按照时间顺序均匀占据内容版块的，而受控于特定的规则和算法。例如，受用户欢迎的优质内容一般会占据流量最高的内容版块，广告内容也会出现在流量最高的区域。决定什么内容出现在什么时间和位置的逻辑称为“推荐”逻辑。关于“推荐”逻辑的表现形式，比较典型的有微博类产品的“热搜”功能和社区产品的“置顶”功能。“推荐”逻辑更多地体现在用户生成内容的模式中，表现形式为“推荐算法”。

这里结合 Twitter 的内容推荐算法，讨论用户发布的内容是如果被算法评估的。

Twitter 用户发布一条推文后，推荐算法首先对这条推文进行质量评分。影响评分高低的因素大致如下：

- 是否来自可信的账号？
- 是否是站内的图片或视频？
- 推文的字数有多少？

- 是否有外部链接？

然后决定把这条推文推荐给谁。决策的依据如下：

- 用户的粉丝数量；
- 和用户经常发生互动的人；
- 用户参与粉丝推文的互动性；
- 互动过程中双方的点赞次数、回复次数及转发次数。

除决定这条推文推荐给谁之外，推荐算法还会决定该推文是否要推荐给更多的人，以及推荐更长的时间，这些是深度排名因素。影响决策的因素如下：

- 该推文的讨论是否会有很多人参与？
- 人们是否会花很多时间来阅读此推文并回复？
- 用户是否会单击链接？
- 推文作者平时的参与度。

在产品设计层面，无论使用简单的“置顶”功能，还是使用复杂的“推荐算法”，最终目的都是筛选出有价值的内容，实现价值最大化。

7.6.5 内容互动

内容互动指用户在消费内容时与内容发生的交互行为。无论是平台生成内容模式的产品，还是用户生成内容模式的产品，内容互动模块的设计思路都是一样的，通常表现为点赞、分享、收藏、评论等形式。

7.6.6 内容风控

CMS 设计的最后一部分是内容风控。事实上，在内容过滤环节，已经在一定程度上完成了内容风控的第一阶段。在 CMS 中，还需要有一套完整的内容风控规则和处理流程，无论是平台生成内容模式的产品，还是用户生成内容模式的产品，只要生成的内容触发了风控规则，就由闭环的风控处理流程处理结果。

例如，若用户发布的微博后来被证实为谣言，则需要根据一定的风控规则处理这条内容，可以自动或手动删除内容，也可以在原有内容上打上“谣言”的水印标签。又例如，某用户发布的一篇文章被他人举报是抄袭的，证实后，内容平台可以自动删除文章，也可以转为仅作者自己可见。这里的举报机制、证实机制、处理机制都是内容风控环节需要设计的。

以上就是整个 WMS 的设计思路介绍。在实际产品的设计过程中，根据内容平台的模式和定位，选择合适的产品体系，再根据产品框架填充功能，从而形成完整的产品方案闭环。

7.7 客服系统产品设计思路

客服系统是一套供企业客服人员使用，为客户提供在线服务的即时通信服务系统，是企业服务客户最常用的软件系统之一。从产品设计的视角来看，客服系统的框架主要由三大核心功能模块组成，它们分别是前端渠道模块、客服中心模块和工单系统模块。从客户服务链路的视角来看，这三大功能模块分别承载了服务前、服务中与服务后的功能，共同实现了完整的客服系统功能闭环。下面将会对这三大核心功能模块的设计思路进行详细介绍。

7.7.1 前端渠道模块设计

前端渠道指的是客服系统前端接入层支持的接入场景，这些场景一般包括 APP（Android & iOS），官网（Web、WAP、H5），微信（公众号 / 企业微信 / 小程序），以及微博、电话等。客户通过这些渠道向客服中心询问，获取帮助，客服中心也可以通过这些渠道向客户主动营销，获得潜在的机会。

对于 APP 和官网这两种接入场景，产品形态通常设计成消息会话窗口，客服人员通过会话窗口与客户对话，解决客户遇到的问题。对于微信和微博这两种接入场景，因为本身产品就具备会话场景，所以产品形态一般不用设计，使用微信和微博自身的开放接口与客服中心进行交互，从而实现客服会话功能。对于电话场景，要设计客服电话在哪个页面展示给客户，以方便客户快速发现，并拨通客服电话。

7.7.2 客服中心模块设计

客服中心是整个客服系统的核心模块，主要由 4 个子中心组成，它们分别是会话中心、呼叫中心、监控中心和质检中心。每个子中心都包括一个完整的功能集。下面将分别介绍每个子中心的设计思路。

1. 会话中心

会话中心的主要功能是接收所有渠道场景接入的客户问题，客服人员受理并处理这些问题。会话中心的产品设计主要包括 3 个模块，分别是当前会话模块、留言记录模块和统计报表模块。

1）当前会话模块

当前会话模块类似于社交产品的聊天窗口，客服可以在聊天列表中看到当前不同场景中接入的会话。在当前会话模块中，我们不仅可以看到当前在线的会话，还可以看到一段时间内的历史离线会话。

当前会话模块还包含有助于本次会话服务的详细客户信息，例如，客户来源、地区、IP 地址、页面、姓名、性别、手机号码、电子邮箱等。如果客户姓名、性别、手机号码与电子邮箱无法直接从业务系统获取，客服也可以在与客户的沟通中获取这些信息，并做好客户信息维护。

另外，当前会话模还具备转接功能。如果客户的问题超越当前客服的服务范围，该客服可以转接当前会话给其他客服。例如，若售前客服遇到售后问题，就可以直接转接给售后客服。

2）留言记录模块

留言记录功能指的是，如果在一定时间范围内客户在客服渠道的会话没有客服应答，则该会话会流转到留言列表，作为留言会话处理。一般产生的留言场景有 3 种，它们分别是访客在非服务时间来访，填写表单 / 回复消息的记录；访客在服务时间来访，因当时无客服在线而填写表单 / 回复消息的记录；访客在服务时间来访但最终排队失败，在排队过程中访客发送的消息自动生成留言。

留言记录列表主要包括“用户名”“留言内容”“留言时间”“当前状态”“分配人”“跟进人”“处理时间”“处理人”“渠道来源”等字段信息。其中，对于“用户名”字段，如果渠道侧会话是在用户登录状态下进行的，则直接可以从业务系统中获取真实值；如果是在用户未登录状态下进行的，则为空值。

3）统计报表模块

统计报表模块主要统计客服人员日常的工作数据，用于对客服人员工作效率、质量与绩效等进行考核。常见的统计指标有接入会话量、总消息量、平均会话时长、主动会话量、满意度等。在产品设计过程中，除数据的指标统计和可视化的图表展现之外，还需要考虑数据权限的分配。

2. 呼叫中心

呼叫中心模块主要分为两部分，分别是呼入模块和呼出模块。呼入模块主要用于接听外部客户通过客服号码打进的客服电话，一般需要人工或机器人在线接入解决客户问题；呼出模块主要由客服人员通过目标用户的电话号码，主动外呼客户，客户接听后，即开展业务服务。

会话中心与呼叫中心的产品模式类似，区别在于通信载体从即时会话的模式变成即时通话的模式，因此呼叫中心的设计思路与会话中心的设计思路相同，会话中心中留言记录模块和统计报表模块的设计思路都可以在呼叫中心模块进行复用，这里不再赘述。

3. 监控中心

监控中心的作用是对当前客服的工作进行检查和管控，主要包括两部分功能，分别是客服监控功能和会话监控功能。其中，客服监控功能主要负责监控当前客服的整体在线情况，以及每个客服人员的当前接待量、今日累计会话量、今日平均会话时长、今日平均响应时长、今日小休时长、今日满意度等数据，如果某名客服在工作过程中表现出的数据偏离了正常的阈值，就会被标记为异常。

会话监控功能主要用于对客服工作中的会话进行监控，主要监控所有客服接入会话的报警次数、平均响应超时、平均会话超时、满意度报警、座席零回复报警等指标，还支持客服主管查看所有客服人员的当前的会话记录，以及随时在对话中进行会话插入和转接具体会话给指定的其他客服人员。

在监控中心的设计过程中，除客服监控功能和会话监控功能的设计之外，还要明确两者的角色和权限管理。使用监控功能的角色拥有使用监控权限，而普通客服角色则没有。

4. 质检中心

质检中心主要对客服人员的工作质量进行检查和评估，主要包括两部分功能——会话质检功能和呼叫质检功能。其中，会话质检对所有的历史客服会话进行特定维度的检查和评估，这些维度可以是时间维度、客服维度、满意度维度等。例如，质检人员会挑选一定时间段内，某名客服的所有会话中，满意度较低的会话进行质量检查。检查结果一方面可以帮助客服人员找出会话中可能存在的客户不满意的因素，从而修正客服话术，另一方面可以作为客服人员工作质量考核的依据。

呼叫中心的质检功能同会话中心的质检功能的设计思路相同，只不过从检查在线对话变成检查在线录音，这里不再赘述。

7.7.3 工单系统模块设计

客服系统中，接入渠道和客服中心提供的都是即时性服务，一般客户问题都会在即时会话中得到解决。但还有一些问题并不能在第一时间解决或者当前客服人员无法解决，需要其他人员进行协助解决。这些问题会被录入工单系统，先通过工单的形式记录，后续再跟进。

工单系统可以作为一个业务支持系统独立存在，也可以作为所属的业务系统的子系统。在客服系统中，工单系统作为一个子系统，跟踪并处理呼叫中心留下来的待处理问题。工单系统的设计思路会在下一节详细介绍。

7.8 工单系统产品设计思路

工单系统又称为工单管理系统，是一种可以针对不同组织、部门和外部客户的问题，进行针对性的管理、维护和追踪的软件系统。一个工单系统就像一个问题追踪器，能很清晰地追踪、处理和归档内外的问题请求，提供标准化的工单服务。

工单系统一般广泛用于客户帮助与支持，客户售前和售后，以及企业 IT 支持等服务中。其核心功能是解决客户和合作伙伴或企业内部职员提交的事务请求，并给出规范化、统一化和清晰化的处理流程和解决方案。

如图 7-35 所示，由于工单系统不承载具体的业务功能（只记录和维护业务系统中产生的问题），因此相比其他类型的系统，无论是在产品设计方面还是产品管理方面都要简单很多。工单系统主要有工单创建和工单管理两大核心功能。一个完整的工单系统通常与业务系统相互关联。例如，客服系统中的工单需要关联具体的客户信息，电商系统中的工单需要关联具体的订单信息。

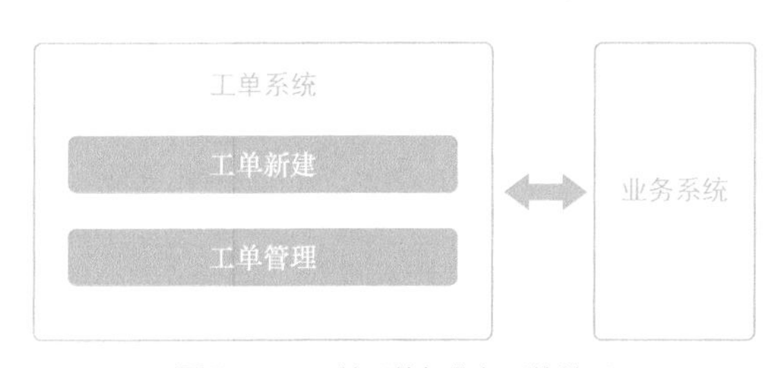

图 7-35 工单系统与业务系统关系

7.8.1 工单新建模块设计

在工单系统中，针对某个具体的业务问题进行维护和跟踪时，通常需要使用新建工单的功能创建一个完整的工单。在进行工单新建功能的设计时，要有一个清晰的思路，新建一个工单，要明确三个方面的内容：工单是关于谁的，工单具体内容是什么，工单由谁负责。基于这个设计思路，填充基本的字段信息，就形成图 7-36 所示的信息结构。一个完整的工单主要由“工单标题”“工单内容”“工单关注人”“工单优先级”“工单受理组”“工单受理人”“工单分类”“关联客户”等基础字段组成。

下面介绍每个字段所表达的意思和承载的功能。

- 工单标题：主要用于设置工单的标题名称。
- 工单内容：主要用于进行工单的详情描述。

工单信息

工单标题 * 请输入工单标题

工单内容 * 请输入工单内容

上传附件

工单关注人 * 请选择关注人

工单优先级 * 低 一般 紧急 非常紧急

工单受理组 * 请选择受理组

工单受理人 * 请选择受理人

工单分类 * 未分类

关联客户 * 姓名 关联客户 创建客户

图 7-36 工单创建功能原型设计示例

- 工单关注人：创建新工单时，邀请相关人员进行关注，被添加为工单关注人的系统用户会在自己的关注列表中看到被邀请关注的工单。
- 工单优先级：标记工单的紧急程度，根据实际的业务场景，填充具体的等级值，例如，非常紧急、紧急、一般等。
- 工单受理组：用于设置处理这个工单的工作组。以客服系统为例，当客服系统产生工单需求时，会在工单系统中创建一个工单，这个工单会被分配给指定的客服组，如客服一组。
- 工单受理人：工单受理组下面具体的受理人员。例如，若这个工单被分配到客服一组，则工单受理人就是客服一组中的具体客服人员。“工单受理组”和“工单受理人”两个字段之间是级联关系，工单受理人属于工单受理组。如果“工单受理组”字段设置为客服一组，那么工单受理人只能选择客服一组中的客服人员。一旦为工单选择了工单受理人之后，工单受理人就会在自己的工单受理列表中看到指派受理的工单，然后对此工单进行维护。

- 工单分类：用于对工单进行归类，一般类型是工单系统预设好的。填充值可以是等级，如一级、二级、三级；也可以是具体的分类，如日常问题类、产品缺陷类、客户投诉类等。
- 关联客户：用于设置工单系统与业务系统的关联。客户来自业务系统的客户列表，关联客户后，工单系统就可以看到这个客户的所有信息，工单就会围绕着这个客户展开。

7.8.2 工单管理模块设计

工单管理模块对工单系统中的工单进行管理。工单系统的用户（一般是企业内服的技服 / 客服人员）一般需要对与自己相关的工单进行管理。其主要功能模块包括我创建的工单、我受理中的工单、我已经完结的工单、我回复过的工单与我关注的工单。

这里的“我”指工单系统的用户，下文以“我”为视角，介绍每个功能模块的设计思路。

- 我创建的工单：我自己创建的工单，我可以在历史记录中看到我自己创建的工单列表，列表中每条工单的字段信息包括“工单号”“优先级”“标题”“状态”“工单分类”“创建人”“受理组”“受理人”“关注人”“工单内容”“最新回复”“创建时间”以及“更新时间”等，我可以对自己创建的工单进行维护和跟进。
- 我受理中的工单：别人指派给我的工单，形成了待我处理的工单列表。列表中的字段和“我创建的工单”模块中的字段一致，这些工单需要我进行处理。图 7-37 展示了一个工单受理原型设计案例，我需要对指派给我的工单进行处理，并根据实际情况进行回复、催单（对该工单进行催办，工单历史记录中会出现催单记录）、转交（指派给其他人员处理）、完结（将工单关闭）等操作。
- 我已经完结的工单：历史上指派给我并且已经处理完的工单形成的工单列表。列表中字段信息和“我创建的工单”功能模块中的字段信息一样。不同之处在于，已完结工单列表中的工单状态全部为终态（如已完结）。值得注意的是，对于终态的工单，选择重新开启。实际的业务场景中，一些已经完结的工单可能会因为后续问题的变化，要重新开启维护。这时该订单会流转回“我受理中的工单”功能模块，继续进行处理。

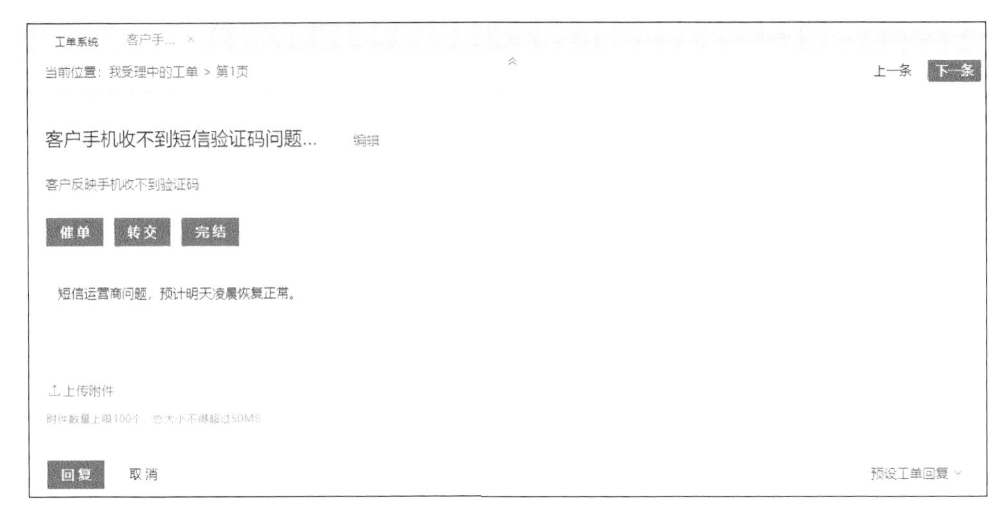

图 7-37 工单受理原型设计案例

- 我回复过的工单：历史上我参与回复的工单形成的工单列表，其中的字段信息和“我创建的工单”功能模块中的字段信息一样。
- 我关注的工单：我关注的所有订单形成的订单工单列表，其中的字段信息和“我创建的工单”功能模块中的字段信息一样。

可以看到“工单管理”这个工单系统核心功能的所有子功能都是围绕工单这个基础单元进行分类和操作的，例如，“我创建的工单”子功能是基于“创建人”维度对工单进行分类的；“我受理中的工单”子功能是基于“我受理中的状态”维度对工单进行分类的；“我已经完结的工单”子功能是基于“我处理完结”这个状态来进行分类的；“我回复过的工单”与“我关注的工单”分别基于“我回复”和“我关注”这两个动作进行分类。要理解并掌握这样的设计思路，因为它可以在很多系统产品的功能模块中复用。

以上就是整个工单系统的设计思路介绍。值得注意的是，工单系统往往不会独立存在，而属于具体的业务系统，所以在具体的产品设计过程中，工单系统往往带有很强的业务系统属性，从字段的命名到功能的设计，都要从满足业务系统实际业务需求的角度出发，把通用的产品设计思路运用到实际的业务场景中，从而设计出满足需求的好产品。

7.9 聚合支付系统产品设计思路

聚合支付系统又称为“四方聚合支付系统”。要了解四方聚合支付系统，首先要了解整个支付产业链条。以支付宝为例，图 7-38 展示了支付宝间连模式下的整个四方聚合支付产业的层级结构。

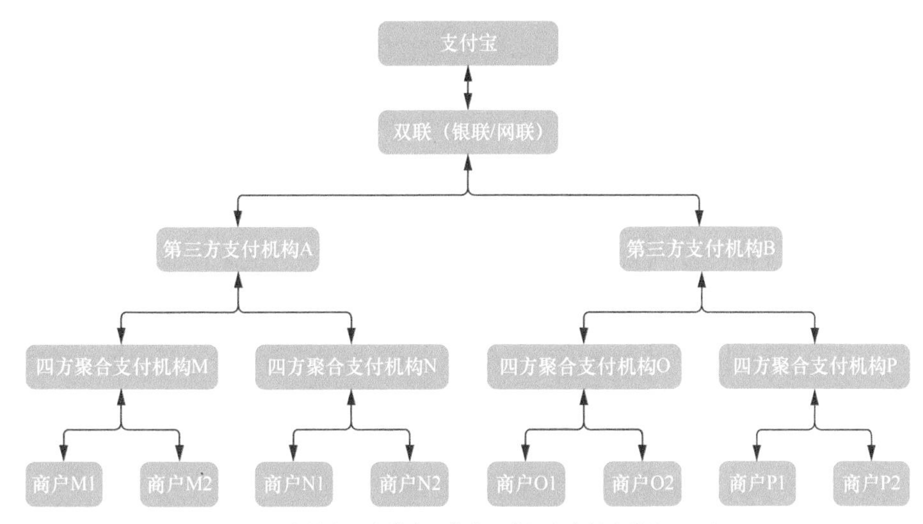

图 7-38 支付宝间连模式下整个四方聚合支付产业的层级结构

商户要获得支付能力，先要接入四方支付机构，由四方聚合支付机构间接和第三方支付机构，以及银联 / 网联等上游支付机构进行交互，从而形成整个支付产业的完整服务链。

四方聚合支付系统在整个结构中起着承上启下的作用，向上对接上游的第三方支付机构，向下接入商户的业务系统，如图 7-39 所示。

图 7-39 四方聚合支付系统的作用

四方聚合支付系统主要包含 4 个核心功能模块，分别是进件功能模块、支付功能模块、对账功能模块和返佣功能模块。下面将介绍整个四方聚合支付系统的设计思路。

7.9.1 进件功能模块设计

“进件”是支付行业的专业术语，指的是商户在接入外部支付服务的过程中，向支付机构提交认证资料的过程。在存在四方聚合支付机构的服务链路中，通常商户会通过四方聚合支付机构支付系统的进件流程，提交相关资料，再由四方聚合支付机构的上游支付机构审核，资料审核通过后，上游支付机构会为该商户生成唯一的商户号，并通过四方聚合支付机构的支付系统同步给商户的业务系统，业务系统基于商户号配置好相关的支付参数后，就可以获得支付能力。

在四方聚合支付机构的支付系统中，进件模块的设计和 OA 系统中审批模块的设计思路是一致的，主要包含两个设计要素——信息字段和审批状态流。

其中，信息字段指的是进件表单中需要填写的字段。对于图 7-40 所示的进件表单原型设计案例，通常根据上游支付机构的资料要求，把所有的资料放在一个或多个表单页面供操作人员填写。

* 公司名称：颍上县古城　　超市

* 经营类型：实体

* 详细地址：古城镇江李村

* 营业执照号：MA2PH8E

* 法人姓名：金 *

* 证件有效期：2016-08-19 至 2036-08-19

* 负责人联系方式：13275

* 客服电话：1327

图 7-40 进件表单原型设计案例

设计表单字段的过程中，要注意各种字段的类型、格式、默认值、长度、容错规则、非法输入提示等规则。

审批状态流指的是进件资料完整的审批流程和状态流转。例如，在四方聚合机构的支付系统中填写完进件资料表单后，把这些进件资料传给上游支付系统并由上游支付系统审核，审核结果会回传给四方聚合机构的支付系统，这个简化的审核过程会产生已提交、待审核、审核成功和审核失败等一系列状态。在实际的产品设计过程中，除设计完整的进件资料表单页之外，还要明确进件功能模块整体的审批状态流。

7.9.2 支付功能模块设计

要了解支付功能模块的产品设计，首先要了解四方聚合支付系统是如何接入上游支付系统的。四方聚合支付系统接入上游支付系统，通常需要调用 4 个应用程序接口（Application Program Interface，API），如图 7-41 所示，分别是进件接口、交易接口、对账接口和清分接口。

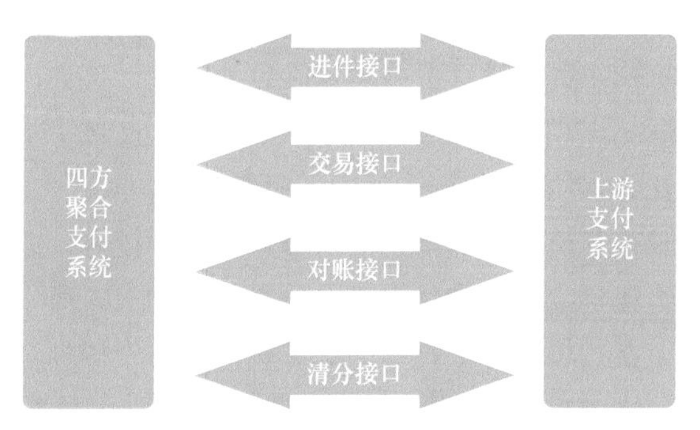

图 7-41 四方聚合支付系统接入上游支付系统调用接口

四方聚合支付系统可以通过调用上游支付系统的进件接口，实现进件资料的提交、修改、状态同步等功能，上文中进件功能模块的技术实现就依赖进件接口。

四方聚合支付系统可以通过调用上游支付系统的交易接口，实现下单和支付的能力。交易接口主要包含正向交易、反向交易以及通知 3 种接口类型。其中，正向交易接口又包含下单接口和交易查询接口，反向交易接口又包括退款和退款查询接口。不同的上游支付机构的接口设计略有不同，但是整体满足的支付场景是一样的。

四方聚合支付系统可以通过调用上游支付系统的对账接口，实现自有支付系统支付订单和上游支付系统支付流水之间的对账。

四方聚合支付系统可以通过调用上游支付系统的清分接口，获取商户交易款项的清结算信息，从而在自身的支付系统中实现涵盖交易信息、对账信息、结算信息的完整的信息结构。

支付功能模块的许多产品功能依赖产品经理对支付能力的了解，例如，在商户交易流水表的设计中，对于表头的信息字段，要了解哪些字段可以通过接口获取；哪些字段无法通过接口直接获取，但可以通过支付系统结合上游接口进行间接拼接等。

7.9.3 对账功能模块设计

四方聚合支付系统的对账本质是自有支付系统支付订单和上游支付系统支付流水之间的对账。对账逻辑是一种通用的产品逻辑，其底层逻辑和方案设计已在第6章中详细介绍，这里不再赘述。

7.9.4 返佣功能模块设计

服务费模式是许多持牌上游支付机构的核心商业模式之一，本质上是商户的业务经营需要接入支付服务，接入支付服务后，上游支付机构会收取一定的服务费，这些服务费会在上游支付机构对账户进行资金结算时自动扣除。例如，如果某商户当日的营业额是1000元，那么在次日结算时，商户银行账户会收到994元的结算金额，其中上游支付机构按照0.6%的费率收取6元的手续费。

而返佣模式是在服务费模式的基础上衍生出来的一种模式，即在原本商户和上游支付机构直连且商户直接付给上游支付机构服务费的基础上，商户以间连模式接入四方聚合支付机构。上游支付机构再把收到的服务费按照一定的佣金比例，分佣给四方聚合支付机构。这个分佣的过程在四方聚合支付机构的业务体系中也叫作“返佣业务”，而支撑返佣业务正常进行的模块叫作返佣功能模块。

在进行返佣功能模块的设计时，产品经理要理解并掌握基本的返佣计算公式。例如，上游支付机构给四方聚合支付机构的成本费率为0.22%；四方聚合支付机构给商户的费率为0.38%；假设商户的交易额为1 000 000元，那么实际需要支付给上游支付机构的服务费为1 000 000元×0.38%=3800元。而上游支付机构拿到商户支付的3800元服务费后，需要分佣给四方聚合支付机构1 000 000元×（0.38%-0.22%）=1600元。

整个返佣模块的规则设计都建立在这样的基础公式之上。也许不同的四方聚合支付机构返佣的计算规则不同，但是整体的设计思路是一致的，都通过符合业务要求的返佣公式，形成返佣规则，进而实现与上游支付机构之间的账款结算，最后设计出可用的功能和报表供运营与财务等角色的用户使用。

以上就是整个四方聚合支付机构核心功能模块的产品设计思路介绍。由于实际四方聚合支付机构的业务不同，因此系统的功能架构和产品设计也不尽相同，但都建立在这样的功能框架之上。掌握了上述产品设计思路，我们就能游刃有余地基于具体业务规则设计出可行的产品方案。

第8章 通用的产品体系

8.1 账户体系

在现实生活中，身份证是我们进行许多活动都需要的一种凭证，如坐飞机、乘火车、住酒店等都需要出示身份证。它是独立个体在社会实践活动中的重要身份识别物。同样，账号在产品与用户之间也承载了身份识别的作用。

用户、产品和账号的关系如图 8-1 所示。账号作为产品对用户进行唯一性识别的依据，几乎被所有的产品采用，账号让每个用户有了身份标识。站在用户的角度，账号体系能记录用户自身的各类数据，并且是和产品交互的身份标识。站在企业的角度，账号体系可以帮助企业有效地识别用户，收集用户信息并建立用户体系及用户画像，实现用户精细化营销与运营，为企业带来更多的价值。

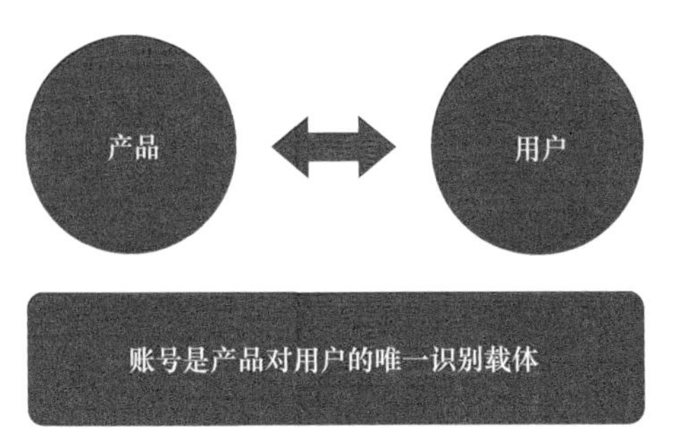

图 8-1 用户、产品和账号的关系

本节主要从账号体系基础框架、账号体系基本组成要素、注册 / 登录要素组合优劣势分析、注册 / 登录流程设计、找回密码流程设计、账号体系的风控设计，以及多账号体系的业务整合方案方面介绍如何为产品设计完整的账号体系。

8.1.1 账号体系基础框架

如图 8-2 所示，整个账号体系的基本框架由要素和活动组成。其中，要素指的是形成账号体系的基本组件，活动指的是账号体系的具体应用场景。其中，要素部分要明确用户身份、用户名（user name）、密码（password）、昵称（nickname）等基本概念；活动部分要明确注册、登录、密码找回等基本逻辑。

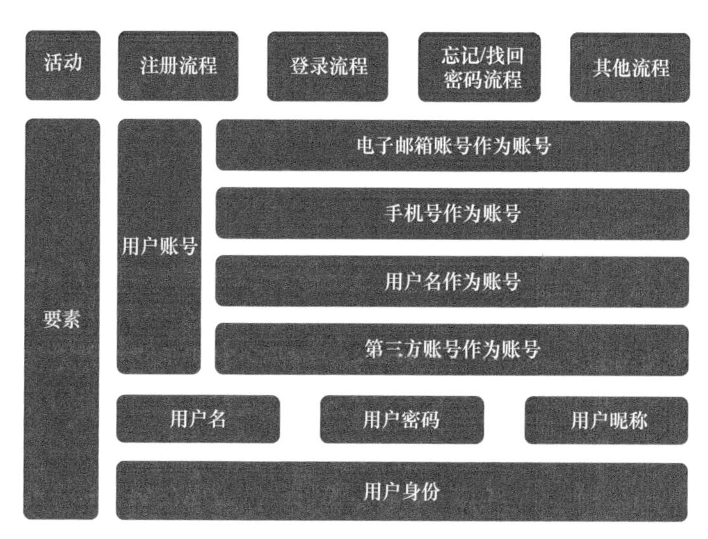

图 8-2 账号体系的基础框架

8.1.2 账号体系基本组成要素

账号体系的基本组成要素如下。

- 用户身份。用户注册后，系统会建立一个内部标识，自动按顺序为用户分配一个数字编号，即 UID。该标识在该系统中具有唯一性，不可更改，对外不可见，是用户的身份标识，用户所有的数据资产都会绑定到这个内部标识上，类似于现实生活中的身份证号码。
- 用户名。用户名由用户自定义或系统随机分配。系统随机分配的用户名一般由英文字母和数字组成。用户名在系统中具有唯一性，一般设置后不可更改。
- 用户密码。用户密码是一串理论上只有身份标识所有者记得的字符串，是目前最常用的身份识别方式之一。
- 用户昵称。用户昵称是用户自定义的个性化名称，可由用户自由设置和修改，一般为公开信息，对他人可见。常见的各类个人信息的名称就是用户昵称。

- 用户账号（user account）。用户账号是一个集合概念，是用户的外部标识，包括用户名、手机号、电子邮箱账号、第三方账号等，并与 UID 形成唯一性映射。例如，在注册时，用户可以采用手机号或者电子邮箱账号等作为用户账号。其中，第三方账号通常称为 OpenId，又称为开放 ID，一般由一些具备大规模用户群的产品开放自己的账号能力供其他产品接入，从而实现快速登录功能。常见的第三方账号有微信账号、微博账号、QQ 账号等。

8.1.3 登录/注册要素组合优劣势分析

1. 用户名 + 密码

“用户名 + 密码”这种注册 / 登录方式常出现在早期的互联网产品中，如今已经比较少见。该要素组合存在很多弊端，例如，同一用户可以用不同的名称注册多个账号，用户名的重复性较高造成产品频繁校验，企业在注册时若无法获取用户真实手机号码，就不利于后续营销，用户名相对而言比较难记忆等。

2. 电子邮箱 + 密码

“电子邮箱 + 密码”这种注册 / 登录方式也经常出现在早期的互联网产品中，常见于 PC 端产品的注册 / 登录。相对于用户名而言，电子邮箱具备更强的独立性和唯一性。其弊端也和“用户名 + 密码”注册 / 登录方式一致，同一用户可通过多个邮箱注册，且邮箱注册需使用验证码验证邮箱的有效性和真实性，操作较麻烦。

3. 手机号 + 验证码

“手机号 + 验证码”这种注册 / 登录方式目前在市场上非常常见，常见于各类型的产品，尤其是移动端产品。这种方式的优点是注册流程简单快捷，无须设置密码，登录时也无须记住密码，通过手机号码及收到的短信验证码即可验证，降低了用户的记忆成本。手机短信验证码的实时性较强，有助于提高账号整体的安全性，使账号不易被不法分子窃取。一般每个用户拥有一个或两个手机号码，使得恶意注册的概率大大降低。

但是这种方式也有其弊端，例如，手机号码可能存在换号、回收、再次投放等场景，每种场景下的应对方案都要预先设计。此外，手机有时候会由于各种状况而收不到短信，这会中断注册 / 登录流程。为了应对用户收不到短信的情况，在初次注册时，很多产品会强制要求用户设置密码，这样用户即使在收不到短信的情况下，也可以使用手机号码作为账号，用密码进行登录。

4. 第三方账号登录

“第三方账号登录”这种注册 / 登录方式目前已经非常普及，如微信、QQ、微博等大型平台拥有很庞大的用户群，当用户在手机中注册 / 登录 APP 时，可以快速使用第三方平台授权登录。我们只需要在初次登录 APP 时授权使用第三方账号登录，后续无须再输入账号、密码等校验信息，这提高了登录效率。要强调的是，第三方账号登录只提供了一种快捷登录方式，初次通过第三方账号进行注册后，通常还需要绑定手机号码及创建密码等，以确保用户在无法使用第三方账号登录的情况下还可以登录。

5. 其他注册 / 登录方式

无论是“账号 + 密码”方式还是“手机号 + 验证码”方式，其实它们都间接地对用户身份进行安全校验。其校验逻辑实质上都是对一个账号和拥有这个账号的用户的“安全码”（密码或手机短信验证码）进行匹配校验。若校验成功，则允许登录；若校验失败，则不允许登录。

“安全码”的形式和载体也在发生改变，安全码可以是指纹、声纹、面孔、虹膜等人体生物特征。当然，还有运营商的 SIM 卡。对于大部分移动端产品，在登录 APP 时，用户不用输入密码，也不用接收短信验证码，可以直接单击“本机手机号码一键登录”按钮一键登录。这其实通过运营商特有的网关认证能力，直接验证登录 APP 的手机号码和本手机的 SIM 卡号是否一致。和“手机号 + 验证码”登录方式一样，这种方式也通过验证手机号码核实用户的身份。这些新兴的校验方式已经越来越普及，也越来越便捷和安全。

产品经理作为产品注册 / 登录方式的设计者，要了解不同注册 / 登录组合的优劣势，结合具体的产品形态和登录场景，选择合适的要素组合出最优方案。

8.1.4 注册/登录流程设计

注册 / 登录流程需要遵循的原则如下。

首先，注册方式具有普遍的适应性，保证所有用户都可以使用。

其次，注册流程尽量简单快捷，以减少用户的损耗。

最后，保证注册方式的安全性。

本节将介绍注册 / 登录流程的设计思路。

本节按照步骤介绍注册 / 登录流程的设计。

1. 确定是否需要注册 / 登录流程

账号体系设计是整个产品设计中重要的一环，但是并不是所有的产品都需要账号体系，有极少数产品是不需要账号体系的。但大多数产品需要账号体系，依赖程度由产品类型和性质而决定，例如，社交类产品（如微信）会高度依赖账号体系，而工具类产品（如 Photoshop）不那么依赖账号体系。

2. 选择注册 / 登录要素

根据前面的分析，再结合具体的产品形态和用户使用场景，选择合适的注册 / 登录要素。注册方式的确定还要考虑以下 3 个方面的内容。

- 用户来源：主要针对第三方账号登录。例如，若产品的用户与微博的用户高度相关，在选用第三方账号登录时，应选择微博账号；如果产品的用户和微信的用户高度相关，则可以选择微信账号。
- 业务模式：主要考虑风险控制与流量的平衡，对于风险控制要求较低的产品，注册流程简短。
- 平台渠道：在不同的渠道中，用户对注册 / 登录流程的接受程度存在区别，如对于小程序，流程力争简单；对于 APP 和网站，根据业务需要把握平衡点。

3. 设计注册 / 登录流程

输出注册 / 登录流程逻辑的流程图和原型图要确保流程图实现流程闭环，原型图要实现信息结构完整与交互闭环。值得强调的是，不同类型的产品有不同的注册 / 登录前后置策略，设计产品账号体系时，要综合考虑使用哪种策略。

注册 / 登录前置（必须先注册 / 登录才可以使用）的优点包括注册入口统一，逻辑处理简单，用户信息收集完整；缺点包括用户体验差，容易造成用户流失。

注册 / 登录后置（先使用，触发特定功能时才需要注册 / 登录）的优点包括用户可以以“游客”的身份体验产品，对用户友好，用户体验较好；缺点包括注册验证入口多，系统维护成本较高，前期需进行整体规划，用户信息需要分多环节收集。

8.1.5　找回密码流程设计

在使用产品的过程中，用户会存在忘记密码的情况。针对忘记密码的场景，产品经理在设计初期就要考虑相应的解决方案，并设计找回密码的流程。常见的 3 种找回密码的方式如下。

- 手机验证：该方式很快捷，但是存在手机号码更换、二次放号等问题，所以不能只有这一种密码找回方式。
- 邮箱验证：以前是找回密码的主要方式，现在逐渐被手机验证代替，但是它仍有重要价值，与手机验证方式配合，可以提供多种找回密码的方式。

- 人工审核：针对用户会出现的极其特殊的情况而增设的人工渠道，用户量大的平台一般会专门设计通过人工审核找回密码的方式。

8.1.6 账号体系的风控设计

对于任何一款产品而言，风控设计都是产品设计过程中的一个重要环节。账号风控的根本目标是确保用户身份的合法性、真实性，杜绝不法分子的盗取，防止恶意攻击。账号体系的风控策略主要归结为以下 6 种。

- 禁止非正常的、大量的“验证账号是否存在”的操作请求，防止不法分子通过不停地输入大量账号，获取该账号是否存在的信息。
- 确保用户访问的真实性，进行手机号验证或使用手机扫码登录。
- 注册时增加电子邮箱验证功能或者通过电子邮件进行激活确认。
- 限制短信条数，防止短信通道会因恶意用户大量发送短信而堵塞。
- 通过 IP 地址指定请求上限，防止恶意用户发起大量注册请求，攻击服务器。
- 在出现异常操作、非本人 IP 地址 / 手机号登录时有短信提醒。

8.1.7 多个账号体系的业务整合方案

很多公司拥有多条产品线，每款产品都有自己独立的账号体系，而且各个账号体系之间互不相通，这对内对外都会造成不良影响。

对内，这容易造成信息孤岛和业务孤岛，不利于业务整合，造成资源浪费。

对外，一个用户为了使用同一个公司的不同产品需要记住多套账户信息，给用户带来使用上的不便，且不易让用户形成品牌意识。

为了解决以上问题，要将账号体系打通。使用的技术解决方案通常称为单点登录，使用的产品概念通常称为账号通行证（passport）。

账号通行证是指产品账号信息统一处理，所有应用系统都直接依赖同一套身份认证系统，一个账号可以登录同一公司的多个产品。例如，用户可以通过网易电子邮箱账号登录网易旗下的其他产品。

如图 8-3 所示，用户可以通过注册网易电子邮箱账号登录网易旗下的其他产品。

当为产品从 0 到 1 搭建账号体系时，应预估公司后期的发展方向，决定是否有必要采用账号通行证的技术预留方案。如果等很多产品已经成型再考虑打通账号体系，则可能需要付出更大的技术成本。

图 8-3 网易电子邮箱账号通行证

8.2 权限体系

起初，软件工程师把现实世界的业务逻辑编码成可视化的管理系统，以进行高效的分工协作和信息流转，这完成了现实世界的业务逻辑到虚拟世界的映射。由现实世界的组织关系和分工协作产生的权限控制逐渐映射到系统中，于是有了产品的权限体系。

几乎所有的后台管理系统都需要进行权限管理，最初工程师想到的最简单的权限体系是用户和权限直连，即系统新建一个用户，就给这个用户分配相应的权限，其典型的应用是访问控制列表（Access Control List，ACL）。ACL 模型如图 8-4 所示。

图 8-4 ACL 模型

早期的后台管理系统功能单一，且用户比较少。随着业务的发展及新功能的不断增加，系统用户逐渐增多，权限项开始变得复杂多样，导致每次新增一个用户都要重新分配权限。随着系统越来越复杂，给新用户分配权限变成一件操作起来越来越费时费力的事。此时 ACL 模型已经不能满足实际的操作需求。

接着，出现了基于角色的访问控制（Role-Based Access Control，RBAC）模型。

RBAC 模型在用户和权限之间增加了角色的概念，如图 8-5 所示。RBAC 模型的核心设计思路是授予用户的访问权限通常由用户在一个组织中担当的角色确定。把 RBAC 模型中的权限分配给角色，把角色分配给用户，用户不直接与权限关联，而通过角色间接关联。

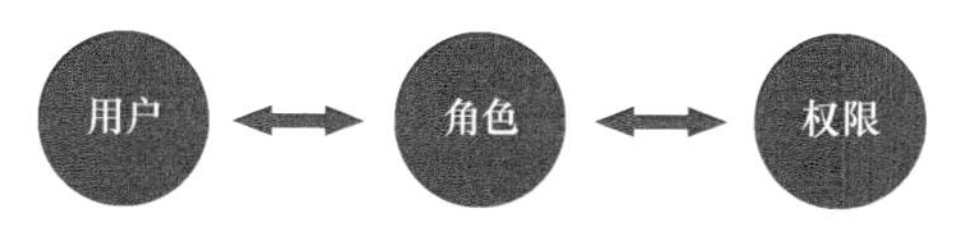

图 8-5 RBAC 模型

在 RBAC 模型中，用户标识对于身份认证及审计记录十分有用，但真正决定访问权限的是用户对应的角色标识。用户能够对一个客体执行访问操作的必要条件是该用户被授予了一定的角色，其中有一个角色在当前时刻处于活跃状态，而且这个角色对客体拥有相应的访问权限。即 RBAC 模型以角色作为访问控制的主体，用户以何种角色对资源进行访问，决定了用户可执行何种操作。

ACL 模型直接将主体和受控客体相关联，而 RBAC 模型在二者中间加入了角色，通过角色沟通主体与客体。RBAC 模型的优点是当主体发生变化时，只需要修改主体与角色之间的关联而不必修改角色与客体之间的关联。

现在 RBAC 模型已经被大多数管理系统使用。随着实际业务逻辑趋于复杂化，在 RBAC 模型的基础上又衍生了许多满足实际业务需求的变种模型。下面将结合具体的需求案例介绍基于 RABC 模型的产品权限体系设计方案。

1. 用户 – 角色 – 权限

某公司是一家小型的创业公司，公司准备自主研发一套 CRM 系统作为公司整体业务的管理后台。因为有多个部门的人员使用这个管理后台，不同的角色拥有不同的权限，初期人员相对较少，组织架构简单，所以采用了基本的 RABC 模型。整个产品方案的实现过程分为 3 步。

（1）设计权限列表。通过对具体业务权限需求的了解，设计权限列表，把需要添加权限控制的操作模块全部展示出来。一般权限模块主要控制为菜单权限及数据权限。菜单权限主要控制这个菜单是否显示，这意味着当前用户是否有使用这个功能的权限。数据权限就是菜单内部的数据的访问权限，以及对数据的增、删、改、查、导的操作权限。

（2）新建角色，赋予角色权限。

（3）新建账号，账号关联角色。账号通过关联的角色间接继承角色拥有的权限。

2. 用户 - 组织 - 角色 - 权限

A 公司度过了创业初期，拿到了融资，并且稳定运营，又招聘了很多新的员工，面对新的组织架构调整，权限体系要有所迭代以适应新的组织权限。这个时候，市场部有一批业务员，根据业务保护机制，需求是业务主管可以查看下级业务员的客户信息，而平级成员之间只可以查看自己的客户信息，不可以查看他人的客户信息。为了满足这一需求，我们引入了“组织”的概念，即在 RABC 模型的基础上引入了用户 - 组织 - 角色 - 权限。角色和组织的直接关联对象都是用户，二者之间没有直接关系。

此时，只需要给账户关联一个组织，就可以在新建账户时实现对同组织内部，以及上下级组织之间的数据权限控制。为什么不将角色直接和组织进行关联，而将用户和组织直接关联？这个问题留给读者。

3. 用户 - 组织 - 角色 - 角色组 - 权限

随着公司的发展，组织架构变得复杂，一个人可能承担多个角色的职责并且需要拥有相应角色的权限。虽然用户和角色是多对多的关系，但是与其每次新建一个用户都需要选择多个角色，不如把特定的角色打包成一组，也就是所谓的“角色组”。

角色组是角色的集合。一个用户关联了一个角色组后，就获得了这个角色组中所有角色的权限。如果角色组中有角色权限互斥，则取互斥角色权限的并集。例如，风控师角色和档案管理员角色是两个独立的角色，如果一个新的用户同时需要这两个角色的权限，有两种实现方式。

- 新建一个角色，命名为“风控师 + 档案管理员”，这个角色同时拥有风控师和档案管理员的权限。
- 直接把风控师和档案管理员两个角色打包形成一个角色组，角色组拥有成员角色的所有权限。显然，第二种方式要优于第一种。

以上介绍了权限体系的整体设计思路。权限体系和 CRM 系统都是通用体系，不随着行业和具体业务逻辑的变更而改变，产品经理只要掌握核心的设计思路就可以针对所有产品的权限需求进行设计。

8.3 会员体系

会员体系本质上是一套基于用户运营目的的营销规则，所以通常又称为会员营销体系。从运营的角度看，会员体系本质上通过一系列成长规则和专属权益提升用户对平台的忠诚度，并通过基本的等级规则及等级所附带的权益逐步培养用户成为核心用户，引导用户在平台持续活跃，使用户深入参与平台的各项业务，增强用户的黏性，提高用户的活跃度和存留率，甚至让用户自发地向身边的人推荐产品。

从产品的角度看，会员体系本质上是以特定的“成长值”为核心建立起来的运营辅助体系。这些“成长值”常常被各种产品赋予不同的名称，例如，淘宝称之为“淘气值”，京东称之为“京享值”，苏宁称之为“生态值”。这些成长值单向或者双向的增加或减少往往控制着用户等级及附带的权益的增加或减少。

图 8-6 展示了整个会员体系的产品设计框架。整个会员体系框架主要分为准入规则、成长值规则、会员等级、权益规则及风控规则等模块。

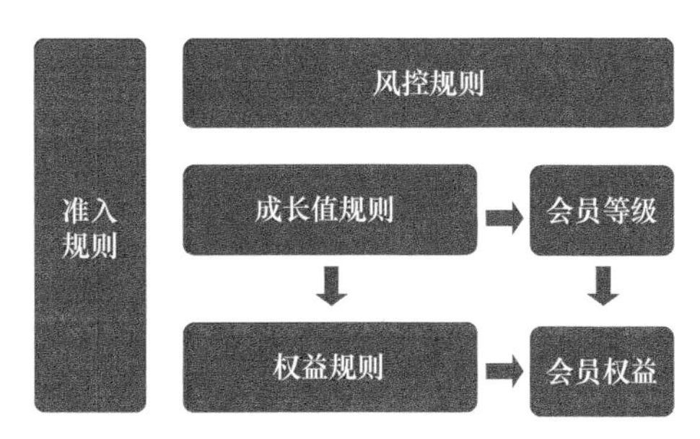

图 8-6 会员体系的产品设计框架

1. 准入规则设计

准入规则决定了用户可以通过哪种方式成为会员。例如，对于一些产品，用户只要注册就会成为普通会员，普通会员没有相关权益，需要累积一定的“成长值”才可以获得相对应的会员等级，从而享受该等级的会员权益。而对于另一些产品，用户需要充一定金额才可以成为会员并享受会员权益，充的金额实际上也让用户获得了一种可以消耗的“成长值”，例如，对于一些视频网站的会员，充值一次相当于购买了一段时间的会员，到期后会员权益自动取消。

因此，在设计会员体系准入规则时，要根据不同的产品形态和用户使用场景选择合适的会员准入规则。

2. 成长值规则设计

成长值是会员等级的判断指标，用户通常需要达到一定的触发条件才可以获得成长值。图 8-7 展示了淘气值与会员等级。淘宝会根据用户每次交易的金额赠送一定的成长值，用户也可以通过完成具体的任务来提高成长值。成长值达到相关会员等级的要求，用户就拥有了这个会员等级，从而获得与该等级相关的会员权益。

一些产品中，成长值会不断增加，并且会员等级也会不断提升，例如，在一些电商平台的会员体系下，用户购买商品的金额越高，成长值越多，会员等级就越高。而在另外一些产品中，成长值则是双向变化的，对应的会员等级也会随着成长值的变化而变化，例如，在某电商平台中，若用户获得成长值的行为失效，则需要扣减对应成长值，如退货、删除评价等行为会导致成长值减少，对应的会员等级也会降低。

还有一些平台会在一个特定的时间周期评估用户的各种数据，根据规则重新计算成长值，然后得出会员等级。例如，支付宝会员的大致规则是计算用户近一年的行为数据，会员身份的有效期为一年。若在有效期内升级，则立即生效并且新等级有效期自动延长一年；若在有效期结束时成长值不足以达到当前等级，则用户将会被降级。

图 8-7　淘气值与会员等级

3. 会员等级设计

不同的会员等级往往会有不同的会员权益，一般等级越高，会员权益越多。以电商产品为例，依照 RFM 模型设计等级体系：R（Recency）表示用户最近一次的购买时间，F（Frequency）表示用户在最近一段时间内购买的次数，M（Monetary）表示用户在这段时间内购买所花费的金额。

根据 RFM 模型与产品运营数据，产品经理可以提取主要的用户数据字段，如用户 ID、用户（最近）购买时间、用户购买次数、用户消费金额，再根据每个字段的值进行权重计算。若得到的分数落在预先设定好的等级区间中，则用户就属于这个等级的会员。

当然，有些产品的会员等级体系比较简单，充的金额越多等级就越高。在一些游戏产品中，玩家越厉害，等级越高。

4. 权益规则设计

会员权益的设置方式多样，例如，一定等级的会员可以享受折扣、包邮以及其他会员权益等。虽然玩法多种多样，但是最终目的都是营造稀缺感和尊贵感，让会员用户感受到自己与普通用户待遇的不同。而直接营造这种感觉的方式就是限制等级，只有达到某个等级才能享受权益，激励用户一步一步地追求更高的等级、更多的权益，最终提升用户的忠诚度。

5. 风控规则设计

用通俗的语言解释哥德尔第二不完全性定理就是，过于自洽的体系必有 Bug。也就是说，没有体系是完美的，所有封闭体系的设计都需要考虑潜在的矛盾和风险。会员体系作为一个闭环体系也是一样的，需要根据相关的风控规则预防潜在的风险。会员体系中的风控规则设计一般要考虑以下 4 种规则以及场景预案。

- 成长值上限：在设置成长值来源时，或者针对每个来源设置每日获取上限，或者针对每个账号设置每日获取上限，超过上限后，即便完成任务，也不再增加成长值。
- 异常数据预警：通过系统监控所有会员的成长值增减情况，例如，若某个会员的成长值突然在短时间内剧增，增幅已经达到系统预警，则需要对该会员的具体数据和行为进行分析。
- 黑白名单：针对数据或操作异常的用户账号进行拉黑处理，拉黑后用户将无法获取成长值，也无法享受对应的会员权益。
- 人工后台干预：针对部分系统无法自动处理的场景，在开发时预留成长值更改接口，运营人员可在后台手动扣减或奖励用户成长值。

以上介绍了整个会员体系的设计框架以及框架内的具体规则。会员体系和账户体系同样属于通用体系，不随产品形态和业务逻辑的变更而改变，只要产品具有账户体系且有提升用户黏性和用户忠诚度的运营需求，在产品设计层面就可以考虑通过会员体系来满足。

8.4 积分体系

积分本质上是一种由产品体系内衍生出来并且具备一定价值的权益凭证，是产品运营过程中用来提升用户活跃度、提高用户忠诚度和增加用户黏性的常用方法之一。

在产品设计层面，积分可以简单地理解成在产品体系内发行的一种货币，消耗货币可以用来兑换一定的权益，同时需要控制市场上的货币总量，以免发生通货膨胀。一个完整积分体系的框架主要由五部分组成，如图 8-8 所示，它们分别是积分发行规则、积分权益规则、其他通用规则、积分统计和积分账户。

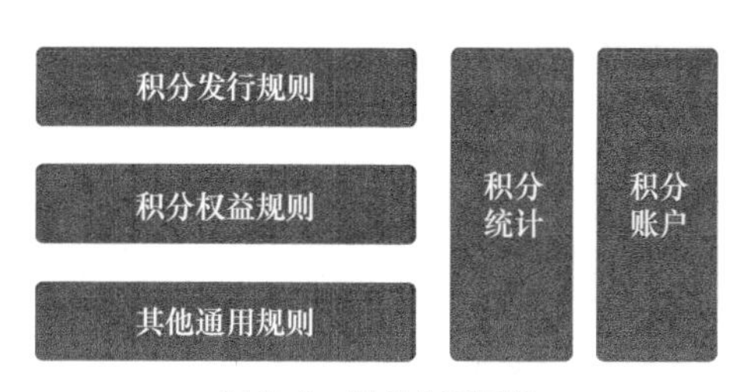

图 8-8 积分体系框架

8.4.1 积分的发行规则

产品侧的积分发行在用户侧又叫作积分获取，即产品需要设计积分被用户获取的方式和规则。产品中定义多种用户获取积分的方式。一般用户获取积分的方式有注册送积分、签到送积分、购物送积分、充值送积分、完成任务送积分等。以购物送积分为例，图 8-9 展示了购物送积分的产品原型设计示例。

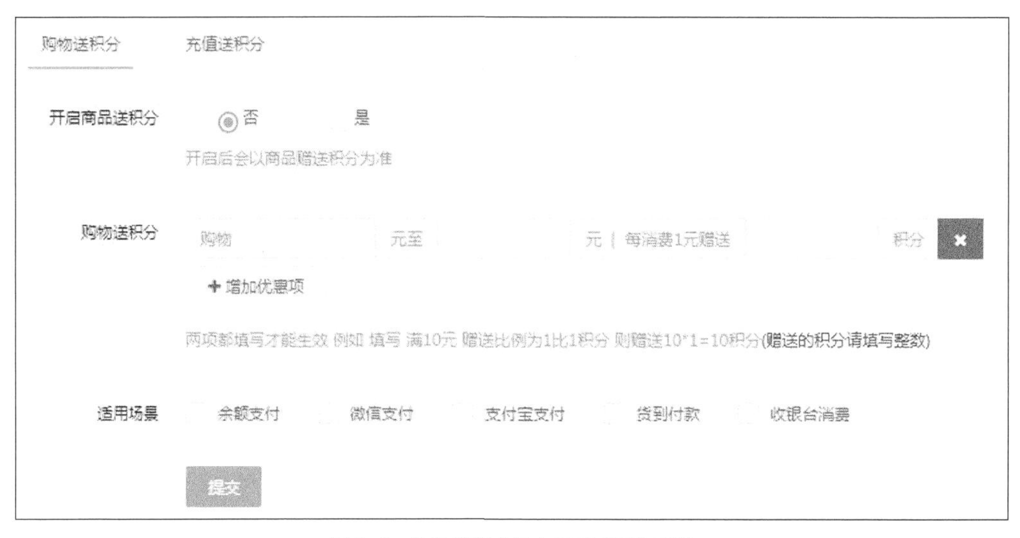

图 8-9 购物送积分的产品原型设计示例

购物送积分规则的设计主要从两个维度进行，分别是商品维度和订单维度。

商品维度，即在商品属性中配置积分规则，例如，新增一款牙膏商品，配置购买这款牙膏送 1 积分的积分规则，这样用户购买了这款牙膏后，其积分账户就会被赠送 1 积分。

订单维度，即配置购物满特定金额，送一定积分的积分规则，会在后续用户支付完成后生效。例如，这里配置购物 0 ～ 100 元，每 1 元送 1 积分，如果客户的一笔订单是 50 元，那么支付完成后，其积分账户就会被赠送 50 积分。

此外，还可以控制以上积分规则所适应的场景。如果商户和微信合作推广微信支付，就可以推送使用微信支付送积分的广告，只有用户使用微信支付，才可以触发积分规则，获得积分。

除以上积分获取规则之外，还有其他一些通用积分获取规则。图 8-10 展示了一个支付宝用户积分获取示例。

在实际的产品设计过程中，根据产品的定位以及具体的场景和需求，设计合适的用户积分获取规则。

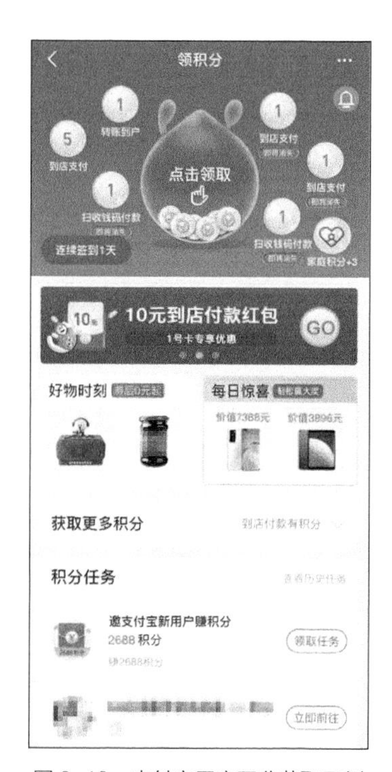

图 8-10 支付宝用户积分获取示例

8.4.2 积分的权益规则

用户获取积分后，能使用积分来获得何种权益，需要通过积分权益规则进行控制。常见的积分权益有两种——积分抵扣和积分兑换。图 8-11 展示了积分抵扣规则原型设计示例，在商品维度控制积分的抵扣规则，设置购买该商品时 1 积分可以抵扣多少元，最多可以抵扣多少元。例如，牙膏这款商品的单价是 10 元，对于该商品，1 积分可以抵扣 0.1 元，最多可以抵扣 1 元。若用户有 1000 积分，则该用户购买牙膏时，可以用 10 积分抵扣 1 元，最后只需要支付 9 元，同时积分账户扣减 10 积分，剩余 990 积分。

另外一种实现积分权益的设计方案是在积分商城中进行积分兑换，其实质上就是为用户开设一个商城，规则和电商产品规则类似，只不过支付的时候用的是积分。图 8-12 展示了招商银行 APP 的积分商城设计示例。

在实际设计积分权益规则时，是选择抵扣还是选择兑换，或者选择其他的权益规则，需要根据产品的定位和需求场景决定。不变的是要让用户享受到自己的积分所能带来的权益，从而达到提升用户活跃度、提高用户忠诚度和增加用户黏性的目的。

图 8-11　积分抵扣规则原型设计示例　　图 8-12　招商银行 APP 积分商城设计示例

8.4.3　其他通用规则

完成了积分的发行规则和积分权益规则的设计后，还需要注意一些其他通用规则。前文中把积分类比作货币，货币体系的通货膨胀问题在积分体系中也存在。因此，要设计积分的回收规则，如在特定的时间积分清零，重新开始发放。考虑到产品发放积分的规则复杂，一些用户恶意利用很多规则刷取积分，因为积分具备一定的价值，这对于平台来说也是一种损失，所以需要制定用户获取积分过程中的一系列风控策略。类似于积分回收规则和积分获取风控规则这样的通用规则还有很多，在产品设计过程中需要根据实际应用场景综合考虑。

8.4.4　积分统计

在积分体系中，积分统计模块是站在产品角度用来统计用户总共获取的积分、累计消耗的积分、剩余的可用积分等数据指标的模块。使用这些统计数据，结合积分的抵扣规则和兑换规则，就能计算出积分体系的运营成本，同时可以给积分回收、风控策略等积分规则的设计提供数据支撑。

8.4.5 积分账户

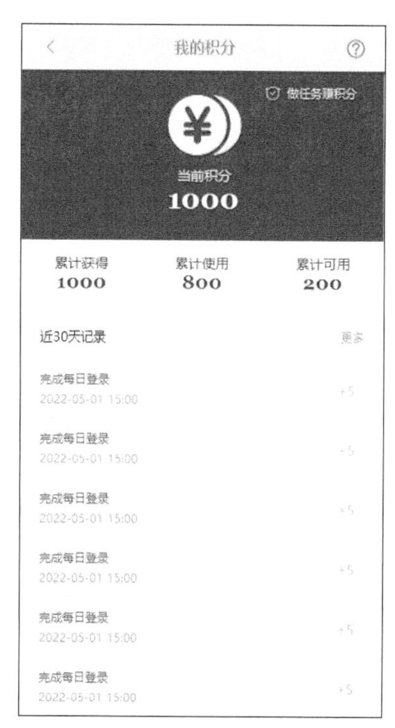

图 8-13 积分账户原型设计示例

在积分体系中，为了方便用户查看自己的积分情况，要在用户侧设计一个积分账户，账户中除记录用户的总积分值、已消耗积分值，以及可用积分值等指标之外，还包含用户积分获取和消耗的明细。图 8-13 展示了积分账户原型设计示例。积分账户可以有效地帮助用户管理自己的积分，提高用户赚取和使用积分的参与感，提升产品运营效益。

以上就是搭建整个积分体系的思路，产品经理在实际参与积分体系产品方案设计的过程中，要纵观整个产品体系，从管理后台的积分规则配置模块的设计，到前端的用户积分账户模块和积分兑换商城模块的设计；从积分的发放和领取到积分的风控和回收；依据产品的定位和需求场景制定有效的规则并选择合适的方案，最终形成整个积分体系产品设计上的闭环。

8.5 电商体系

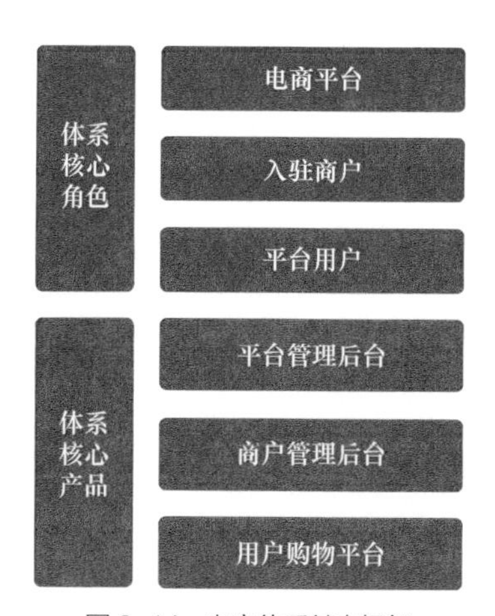

图 8-14 电商体系基本框架

电商体系是一个庞大而繁杂的体系，繁杂之处在于整个体系包含多个角色主体，且每个主体都有自己的产品，各个产品之间相互关联，呈现低耦合的状态，每个产品内部又分为众多的功能模块，各个产品和系统共同形成完整的电商服务链条。

电商体系虽然看似繁杂，但是其实并不复杂。虽然角色多元且产品多样，但每个产品都由通用的功能模块所组成。掌握了这些基础功能模块的设计方法，就能搭建出完整的电商体系。

图 8-14 展示了电商体系基本框架。为了了解电商体系，首先要理解电商体系中的角色主体及产品构成，其次要明确整个体系中有哪些产品，每个产品分别具有什么样的定位，具备什么样的功能。

8.5.1 体系核心角色

整个电商体系的核心角色分别是电商平台、入住商户，以及平台用户。

电商平台指的是为商户提供销售商品服务，同时为用户提供购买商品服务的产品，如淘宝、京东、拼多多等。电商平台不仅为商户和用户提供商品购买的载体、场景和链路，是交易规则的制定者，还承担信用中介的角色，是纠纷的仲裁者。

入驻商户又称为平台商户，是在电商平台上开店的商户，例如，淘宝店的店主，用户在淘宝购买商品支付订单后，店主会根据订单发货，提供售后等服务。

平台用户指的是在电商平台中购买商品的用户，例如，注册淘宝账号的用户就属于淘宝平台的用户。

8.5.2 体系核心产品

整个电商体系有三大核心产品，分别是电商平台用来管理商户的平台管理后台，商户用来管理商品、订单、库存、会员的商户管理后台，以及用户购买商品的用户购物平台。

三大核心产品之间的业务关联如图 8-15 所示。平台管理后台管理所有入驻平台的商户，并记录商户的基础信息、订单信息，以及平台所有的注册用户信息。使用平台管理后台不仅可以获取商户管理后台的数据，还可以控制商户管理后台账号的禁用或启用，以及商户管理后台具体功能模块使用权限的开启或关闭。商户管理后台管理用户购物平台商户店铺的装修风格和商品信息。三大核心产品共同支撑起了整个电商体系的运转。

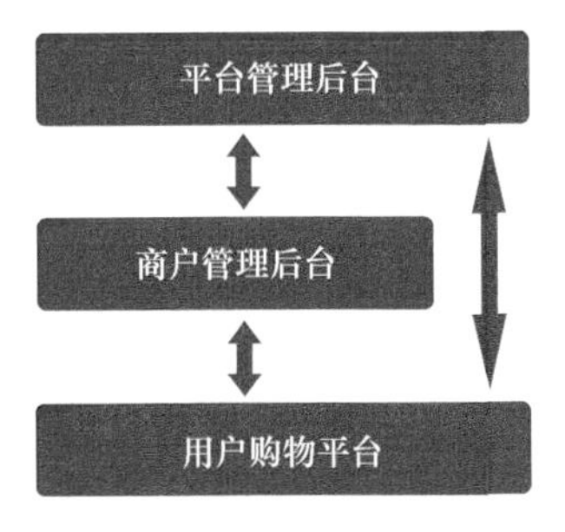

图 8-15 电商体系三大核心产品之间的业务关联

在了解三大核心产品的能力和关系后，我们模拟一下这三大核心产品的用户故事，从用户的视角观察整个电商链路是如何基于这些基础产品而打通的。

1. 小王开网店的故事

小王是西安本地一家土特产店的店主，日常经营陕西周边一些农特产（如散养鸡肉、土鸡蛋、核桃、板栗等）的销售。随着类似的特产店越开越多，实体店的竞争压力越来越大，于是小王打算开网店，利用线上的流量给自己的店铺带来新的增长。

经过一番调研，小王选择在有赞（一个提供开店服务的 SaaS 平台产品）开设一家网店把线下实体店的商品放在网上销售。我们看一看小王是如何一步一步开设网店的。

1）注册并登录有赞商户后台

有赞是一款提供开店服务的 SaaS 平台产品，想要在有赞开店的商户直接注册有赞账号，就可以登录自己的商户管理后台。有赞商城商户后台登录界面如图 8-16 所示。

图 8-16 有赞商城商户后台登录界面

2）创建自己的网店

小王使用自己的账号登录有赞商户管理后台，并基于有赞提供的拖曳式的组件装修功能，创建了自己的网店。有赞商城门店装修示例如图 8-17 所示。

3）上传店铺商品

在装修网店时，使用“商品”组件需要先添加商品，于是小王开始通过商户管理后台的“商品管理”功能，把实体店售卖的所有商品都上传到商户管理后台。如图 8-18 所示，输入商品的基本信息，就可以上传商品。

图 8-17　有赞商城门店装修示例

4）管理商品采购和库存

在上传商品的过程中，小王还发现自己线下实体店的采购管理和库存管理，仍然采用人工记录的方式，不仅操作烦琐，还容易出错，于是小王也把商户管理后台的商品采购管理和库存管理功能利用了起来。

图 8-19 与图 8-20 分别展示了有赞商品管理后台的商品采购流程和库存管理功能。使用了这样两项功能后，小王网店中销售的所有商品都可以在系统中保留记录，随时进行最终溯源。同时，根据商品的销量情况，商户管理后台会推荐小王采购热销产

品，降低小王的采购决策成本。通过商品库存设置，小王还可以轻松实现库存预警。当系统监控到一些商品库存值较低时，会发出预警，让小王提前知晓并补货。

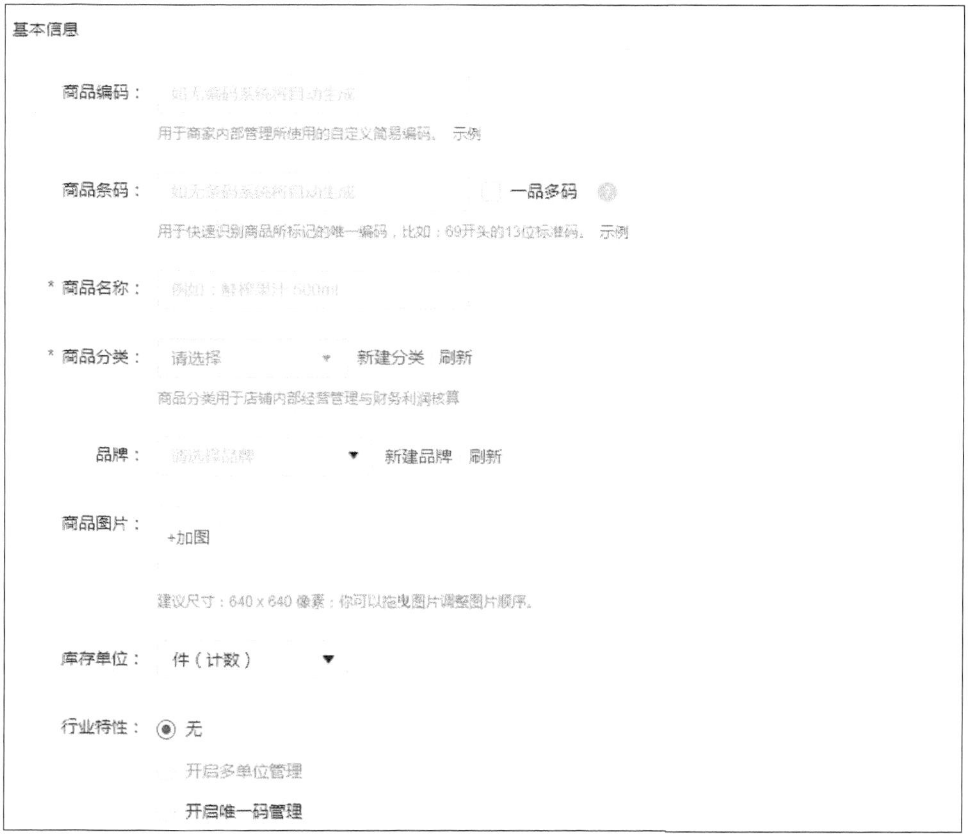

基本信息

商品编码： 如无编码系统将自动生成

用于商家内部管理所使用的自定义简易编码。 示例

商品条码： 如无条码系统将自动生成 一品多码

用于快速识别商品所标记的唯一编码，比如：69开头的13位标准码。 示例

* 商品名称： 例如：鲜榨果汁 500ml

* 商品分类： 请选择 新建分类 刷新

商品分类用于店铺内部经营管理与财务利润核算

品牌： 请选择品牌 新建品牌 刷新

商品图片： +加图

建议尺寸：640 x 640 像素；你可以拖曳图片调整图片顺序。

库存单位： 件（计数）

行业特性： 无

开启多单位管理

开启唯一码管理

图 8-18 在有赞商城上传店铺商品示例

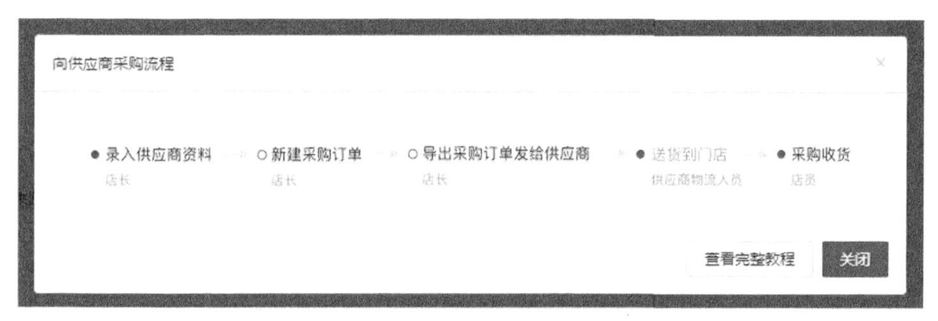

图 8-19 有赞商户管理后台的商品采购流程

图 8-20 有赞商户管理后台的库存管理功能

5）发布网店，等待订单

在经过一系列的准备后，小王终于发布了自己的网店，网店的初次发布渠道是自己的微信公众号、朋友圈，以及微信群。随后小王通过客服功能，陆陆续续收到了线上用户关于发货时间、商品存储方法、保质期等的问题，小王在耐心解答后，把一些高频问题记录下来，并编辑好答案，放在了自己店铺商品详情介绍中，以便下次用户能快速地了解商品的相关信息。

没过多久，小王的店铺就收到了第一笔订单提醒，在商户管理后台的订单中心，如图 8-21 所示。选择“销售发货”完成基础的配送设置，单击“发货”按钮，他完成了第一笔订单的发货。

6）尝试使用营销工具

为了提高网店商品的销量，同时吸引更多的新用户，小王开始尝试有赞商户管理后台提供的各种营销工具，如优惠券、秒杀、多人拼团等，如图 8-22 所示。这些营销工具的使用，为小王的网店带来了更多的流量。

7）尝试营销活动并建立积分会员体系

小王网店的生意越来越好，为了提高自己网店用户的忠诚度和复购率，小王使用有赞商户管理后台提供的会员和积分功能，如图 8-23 和图 8-24 所示，建立了自己网店的会员体系和积分体系。不同等级的会员可以享受不同的优惠福利，同时在小王网店内攒的积分不仅可以用来抵扣一定的金额，还可以在积分商城兑换一些小礼品。这不仅提高了网店用户的活跃率，还增加了用户黏性。

订单中心
销售发货
交易查询
订单查询
分销采购单
订单处理
快速打单
销售发货
批量发货
到店自提
售后维权
售后评价
配送管理
订单搜索：
订单编号
下单时间：
至
商品名称：
订单类型：
全部
配送方式：
全部
筛选
重置筛选条件
暂无订单

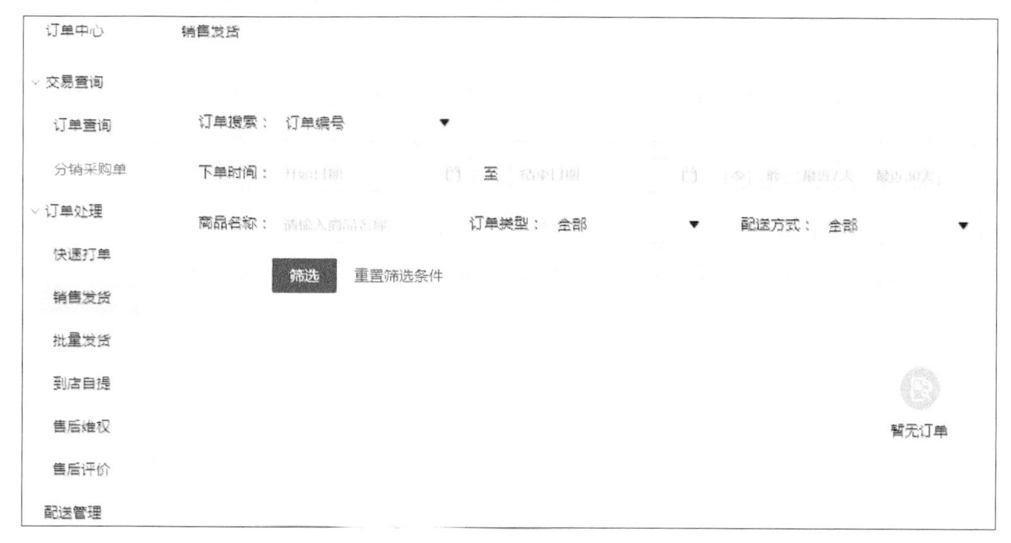

图 8-21　有赞商户管理后台的“销售发货”功能

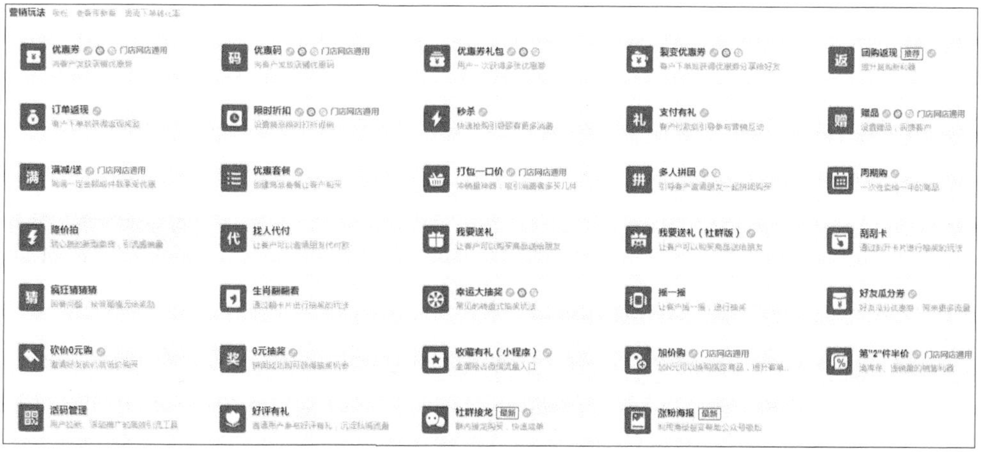

营销玩法
优惠券
门店网店通用
优惠码
门店网店通用
优惠券礼包
裂变优惠券
团购返现
推荐
订单返现
限时折扣
门店网店通用
秒杀
支付有礼
赠品
门店网店通用
满减/送
门店网店通用
优惠套餐
打包一口价
门店网店通用
多人拼团
周期购
降价拍
找人代付
我要送礼
我要送礼（社群版）
刮刮卡
疯狂猜猜猜
生肖翻翻看
幸运大抽奖
摇一摇
好友瓜分券
砍价0元购
0元抽奖
收藏有礼（小程序）
加价购
门店网店通用
第"2"件半价
门店网店通用
活码管理
好评有礼
社群接龙
最新
涨粉海报
最新

图 8-22　有赞商户管理后台的营销工具

会员等级	名称	获得等级条件	会员权益	升级礼包	保级规则	降级规则	启用状态
VIP1	普通会员	注册信息 100成长值	享受会员包邮 会员折扣9.5折...		-	-	已启用
VIP2	超级会员	注册信息 200成长值	享受会员包邮 会员折扣8折...		-	-	已启用

图 8-23　有赞商户管理后台的会员功能

通过以上的步骤，小王创建了自己的网店并搭建起了稳定的运营体系。由于网店订单的加持，整体营业额相比之前单一的线下门店增长了不少，小王也亲身感受到了电子商务的魅力，对自己店铺未来的发展前景充满了信心。

小王开网店的故事贯穿了整个电商体系核心产品之一——商户管理后台的设计思路，前期的采购管理、库存管理、商品管理到中期的订单管理、配送管理、营销管理，以及后期的财务管理等，形成了完整的产品功能闭环。在产品设计层面，我们需要先掌握整个商户管理后台的功能框架，然后再学习每一个功能模块的设计方法，明确各个功能模块之间的关系，最终形成对商户管理后台产品的完整认知。

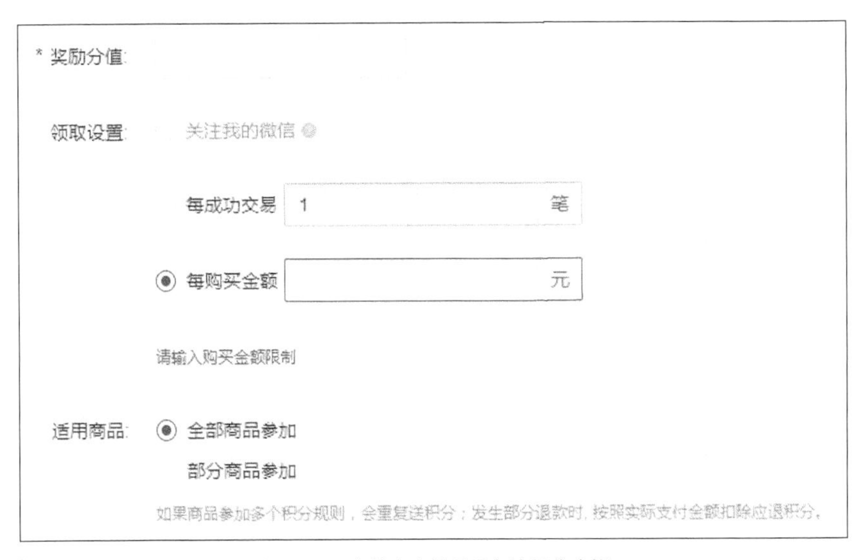

图8-24 有赞商户管理后台的积分功能

2. 用户小明在小王网店的购物故事

小明在一个微信群看到了群好友分享的商品链接，单击该链接之后进入小王的网店，被小王网店的特产所吸引，于是准备下单购买1kg散养鸡肉，购买前小明仔细阅读了小王在后台商品管理模块编辑好的产品说明和常见问题及解答。在了解了商品信息后，小明看到网店有免费注册会员并送优惠券的活动（小王通过商户管理后台的营销工具创建的活动），于是小明注册会员后，获得了一张无门槛的优惠券。最后，小明填写了自己的收货地址信息并使用优惠券下了订单。

与此同时，小王在商户管理后台收到了小王的订单发货提醒，并对这笔订单执行了发货操作。与此同时，小明也成为小王网店的会员，逢年过节还会收到小王网店的活动短信。

以上从用户小明的购物视角，介绍了商户管理后台和用户购物平台之间的关系。商户管理后台控制着用户购物平台的页面样式、商品信息、活动信息和交易规则，用户购物平台接受用户的操作指令并向商户管理后台输送订单信息，两款产品分别从用户侧和商户侧完成了从下单到发货的核心流程。

在产品设计层面，用户购物平台的产品设计相对比较简单。值得注意的是，在设计前端页面的功能细节时，要考虑该功能涉及纯前端逻辑还是存在与后端交互的逻辑，特别是对于与后端有交互的功能需要明确前后端的交互逻辑，从而形成功能的闭环。

3. 平台客户经理小李的故事

小李是有赞平台的一名客户经理，小李的服务对象是千百名像小王这样使用有赞平台的商户。他除日常在线解答小王在开店经营过程中遇到的各种问题之外，小李还会给小王介绍各种平台新推出的营销方法，帮助小王更好地运营自己的网店。

小李使用的产品是平台管理后台，这个管理后台记录了平台上所有的商户信息。小李不仅可以从平台管理后台中看到自己维护的所有商户的信息和各个商户的经营情况，还要通过各种线上和线下渠道挖掘新的商户，提升自己的业绩。

在产品设计层面，平台管理后台可以理解为一个 CRM（客户资源管理）系统，用于管理众多的平台商户。每当新注册一个商户，平台管理后台就新增一个商户，这个商户的账户信息、店铺信息、商品数据、订单数据、会员数据、营销数据等都会同步给平台管理后台。平台管理后台具备最高等级的管理权限，可以控制商户管理后台和用户购物平台的众多规则，因此在设计平台管理后台时，可以沿用 CRM 系统的设计思路，搭建整个管理后台的功能框架。

要明确平台管理后台的哪些功能与商户管理后台、用户购物平台存在交互，这样的功能承载的交互逻辑通常贯穿多款产品。我们需要严谨地思考和设计，先形成逻辑闭环，再形成功能闭环。

以上通过商户管理后台的使用者小王、用户购物平台的使用者小明，以及平台管理后台的使用者小李的故事从用户视角简单介绍了整个电商体系的框架和设计思路，希望读者能对电商体系有一个框架性的理解。

至于细节的功能设计，在电商体系已经非常成熟的今天，学习电商产品的设计，只需要打开类似于有赞、微盟和人人商城这样的 SaaS 平台并注册一个账号，仔细体验每一个功能，理解每个功能背后承载的场景和逻辑即可。在理解了整个电商体系产品框架的基础上，填充细节功能，即可掌握电商体系产品设计方法。

8.6 支付体系

所有涉及交易的产品都必然会有一个功能模块，那就是支付模块。支付模块作为一种通用功能模块，承载了很多基本的支付功能，例如，收付款功能、充值功能、提现功能、转账功能、对账功能等。设计与支付相关的产品需要对整个支付知识体系有一个全面的了解，才能根据实际产品的支付需求和场景，给出合理的产品设计方案。前文已经介绍过支付的底层逻辑，了解支付的底层逻辑后，基于该底层逻辑再填充具体的业务规则，即可逐渐建立整个支付知识体系。

这些支付规则通常包含在一些名词、概念和方法当中。本节将详细介绍支付体系。

8.6.1 支付渠道

顾名思义，支付渠道就是平台上用户进行支付的渠道，这些渠道帮助平台用户完成交易金额的支付，并且支持平台与银行之间的资金流转、对账和清结算。一般交易平台都会对接多家支付渠道机构。以下是对一些主流支付渠道的介绍。

1. 第三方支付

就目前的市场情况来说，能支持全银行在线支付业务的只有微信支付、支付宝和银联。微信支付和支付宝两种支付渠道几乎占据了第三方在线支付渠道90%以上的市场份额，并且这两个渠道支持各种业务的平台，对接的银行非常多，性能和稳定性都非常高。其他常见的第三方支付渠道有通联支付、易宝支付、快钱支付、拉卡拉支付等。

2. 银联

银联作为一种比较特殊的第三方支付渠道，在平台对接银行方面起到了非常大的帮助作用。平台对接银联的支付渠道（快捷支付）后，用户在平台消费时需要绑定银行卡，首次支付时需要提供银行卡号、手机号码、身份证号码。银行卡绑定后，后续操作步骤会相对便捷一些。但是银联对企业资质的要求比较高，并不是所有的企业都有资格接入，无法接入银联的企业只能选择其他第三方支付渠道。

3. 第四方支付

第四方支付是相对于第三方支付而言的，是对第三方支付服务的扩展。第三方支付介于银行和商户之间，而第四方支付介于第三方支付和商户之间，没有支付许可证的限制。

第四方支付集成了各种第三方支付平台、合作银行、合作电信运营商及其他服务商接口。也就是说，第四方支付继承了第三方支付及多种支付渠道的优势，能够根据商户的需求进行个性化定制，形成支付渠道资源的互补，满足商户需求，提供适合商户的支付解决方案。

总体来讲，第四方支付属于支付服务集成商，具有无可比拟的灵活性、便捷性和支付服务互补性。第四方支付的中立性可以在一定程度上避免恶意竞争的状况，保证支付行业健康发展。

8.6.2 支付方式

支付方式是指第三方支付公司根据支付场景，提供的不同类型的支付服务。常见的支付方式有网银支付、认证支付、快捷支付、账户支付、代扣支付和协议支付等。

1. 网银支付

网银支付（即网上银行支付）是即时到账交易。网银支付是银联最成熟的在线支付功能之一，是网络用户在线支付的首选方式，也是国内电子商务企业的在线交易服务不可或缺的功能之一。对于网银支付，需事先为银行卡开通网银支付功能，支付时在银行网银支付页面输入银行卡信息并验证支付密码。网银支付具有稳定、易用、安全可靠的特点。

2. 认证支付

认证支付是指付款人在第三方支付平台中输入银行卡的相关信息（如银行卡号、密码、CVN2、有效期、预留手机号等），经付款人发卡行验证，使用第三方支付平台短信验证或发卡行手机短信验证等辅助认证完成支付交易的支付方式。

3. 快捷支付

快捷支付指的是付款人把在第三方支付平台注册的账户与银行卡账户关联（一般情况下关联时需由发卡行验证），交易时付款人使用第三方支付平台的账户发起交易，由第三方支付平台联动付款，由发卡银行进行交易授权的支付方式。

从银行的角度讲，这是其对外开放的快捷支付接口；从普通用户的角度讲，这就是我们经常说的快捷支付。在进行快捷支付时，第三方支付平台往往会要求用户先在第三方支付平台注册会员，然后进行四要素（姓名、身份证号、银行卡号、预留手机号码）绑卡，最后才能完成付款。

为了给用户创造更好的支付体验，有些商户平台会与第三方支付平台深度合作，用户只需要在商户平台界面上完成绑卡即可，整个绑卡流程中不会出现第三方支付平台的界面。这是因为用户在商户平台填写的信息都在后台传给了第三方支付平台，然后第三方支付平台为用户隐式注册了第三方平台账户，原理与用户在第三方支付平台显式注册一样。

4. 账户支付

账户支付指买卖双方必须先到第三方支付平台注册会员，然后通过网银或其他方式向虚拟账户中充值，支付时从虚拟账户直接扣除金额（这里并不涉及实际的资金流转，只是信息层面上数字的增减），典型的如Paypal。

5. 代扣支付和协议支付

代扣支付流程是在用户授权后，商户通过第三方支付平台提供的代扣服务，获取用户的四要素（姓名、身份证号、银行卡号、预留手机号码）及相关交易信息，将用户银行卡中的钱扣掉。代扣支付使用线下纸质的代扣协议，缺点是传统的代扣业务往往不需要协议也可以操作，这意味着接入了第三方支付代扣的公司只要拿到用户的四要素信息就可以随时从用户的银行卡上把钱扣掉，这有很大的业务风险。

因此，目前很多银行已经停止对第三方支付机构开放代扣接口，这意味着以后第三方支付平台将逐渐对外关闭代扣业务，转而使用协议支付。

协议支付与代扣支付最大的区别在于，在代扣之前用户需要自己完成绑卡签约操作，以线上绑卡签约代替代签订纸质协议。用户向商户提供自己的四要素，并输入开卡行返回的短信验证码。完成绑卡后，第三方支付机构才有权利通过网联将用户银行卡中的资金代扣掉。可见，协议支付避免了传统代扣业务中的授权漏洞，是一种合规的代扣方式。协议支付的签约流程如图8-25所示。

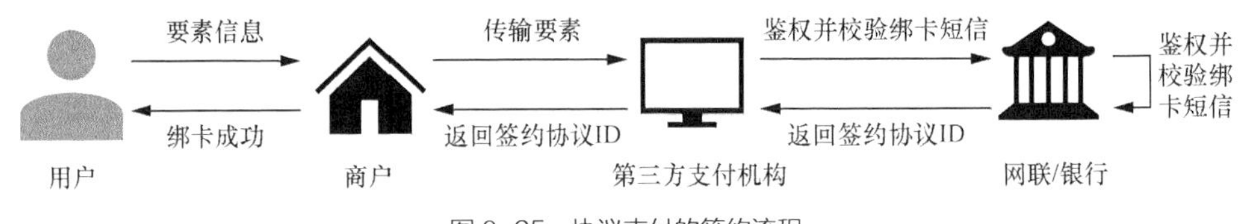

图8-25　协议支付的签约流程

8.6.3　支付类型

根据支付场景、媒介、技术及载体，支付类型通常分为付款码支付、JSAPI支付、Native支付、APP支付、H5支付和应用内支付等。

1. 付款码支付

以微信支付为例，付款码支付指用户展示微信钱包内的“付款码”，商户系统扫描后直接完成支付，适用于线下面对面收银的场景，如超市、便利店、餐饮店、医院、学校、电影院和旅游景区等实体场所。付款码支付属于B扫C的支付。

2. JSAPI 支付

以微信支付为例，JSAPI 支付指微信商户通过调用微信支付提供的 JSAPI，在支付场景中利用微信支付模块完成收款，其应用场景如下。

- 线下场所：调用接口生成二维码，用户扫描二维码后在微信浏览器中打开支付页面，完成支付。
- 公众号场景：用户进入商家微信公众号，打开某个主页面完成支付。
- PC 网站场景：在网站中展示二维码，用户扫描二维码后在微信浏览器中打开支付页面，完成支付。

3. Native 支付

以微信支付为例，Native 支付指商户系统按微信支付协议生成支付二维码，用户再用微信“扫一扫”完成支付的模式。该模式适用于 PC 网站、实体店中单品或订单、媒体广告支付等场景。与付款码支付相对应，Native 支付属于 C 扫 B 的支付。

4. APP 支付

以微信支付为例，商户在移动端 APP 中集成微信支付功能，APP 调用微信提供的 SDK 微信支付模块，APP 会自动跳转到微信中并完成支付，支付完后跳回到 APP 内，最后展示支付结果。

5. H5 支付

H5 支付指商户在微信客户端外的移动端网页中展示商品或服务，用户在前述页面中确认使用微信支付时，商户发起本服务，调用微信客户端进行支付（交互细节类似于 APP 支付）。H5 支付主要适用于触屏版的手机浏览器请求微信支付的场景，可以方便地从外部浏览器调用微信支付。

6. 应用内支付

应用内支付指使用手机操作系统自带的支付功能来支付，目前国内主要的应用内支付有 Google Pay、Apple Pay、小米支付、华为支付等。

8.6.4 支付标的

常见的支付标的如下。

- **银行卡支付**：我们直接使用微信支付、支付宝、网银、快捷支付等绑定的银行卡作为支付标的，银行卡分为线上支付（我们通常使用的在线支付）和线下刷卡（POS）支付。
- **钱包支付**：又称作余额支付，有的交易平台为了增加用户黏性会设立钱包账户，用户可以给自己的钱包账户充值，在后续的支付过程中直接使用余额支付。其背后的资金流转只在用户充值、提现时体现，平时的余额支付仅仅是信息的流转。

- **数字人民币支付**：我国的货币形态，由早期的纸币到后来的电子货币，直到最近国家正在试点推广的数字人民币，整体呈现了一种替代化的趋势，电子货币替代纸币，数字人民币替代电子货币，未来数字人民币将会成为一种常见的支付标的。
- **积分支付**：用户在交易平台获得的积分，可以用来购买平台商品，这个时候只发生信息的流转，背后并不会发生实际资金的流转。
- **代币支付**：交易平台会发行自己的代币，典型的就是 Q 币，用户获得代币后，可以在平台商城进行消费，背后的支付逻辑和积分支付相同。

8.6.5 银行接口

任何一家支付机构后台都要接入多家银行以完成代收操作。目前银行开放给第三方机构（包括第三方支付平台）的接口主要有 POS 收单接口、网银接口、快捷支付接口和代扣接口。这 4 类接口的作用就是把资金从用户的银行卡划转出来。

POS 收单接口通常适用于线下收单业务场景，例如，POS 机刷卡、扫码支付等，通过识别用户银行卡信息进行支付。

网银支付、快捷支付通常适用于线上收单业务场景，二者的支付能力相当，只是在支付参数、支付交互、前置条件、支付限额等方面有一些不同。

代扣接口是银行供某些第三方支付机构用来对用户资金进行划扣操作的接口，平台只要得到用户的授权，就可以通过用户的三要素或者四要素信息对用户的银行账户资金进行划扣。此接口面临的风险较大，早期被一些信贷公司用于违法收款，导致很多纠纷，目前银行已经很少在对外提供此类接口。

8.6.6 支付应用场景

常见的支付应用场景有线下商家收银台扫客户付款码支付，客户扫线下商家收款码支付，线上付费类产品在线支付，线上商城类产品在线支付，线上付费类产品钱包充值，线上付费类产品钱包提现，线上金融类产品在线转账，供应链类产品分账和代付，线下 POS 机扫码和刷卡支付，在社交产品中抢红包等。

8.6.7 如何对接第三方支付机构

当设计支付业务产品时，首先要明确的是，只有拥有支付牌照的主体才可以对外输出支付业务，所以公司产品如果需要接入支付模块，必须对接第三方支付机构。而对于一些中小型企业，没有专门的对外采购部门负责支付渠道的采购，这个工作通常由产品经理来完成，好处是可以锻炼产品经理的市场调研和对外合作能力。

为产品的支付模块对接第三方支付机构通常分为选择合适的第三方支付机构、进行商务对接、进件开户和技术对接并测试上线这 4 个阶段。

1. 选择合适的第三方支付机构

选择一家合适的第三方支付机构除调研支付机构基本的背景信息以及行业口碑之外，还需要注意以下事项。

- **业务覆盖范围：**要先明确自己公司有哪些支付场景，如支付、充值、提现、转账、代扣等，再咨询第三方支付机构是否能提供相关的支付场景解决方案。
- **支付渠道稳定性和成功率：**首先，支付渠道需要具有较高的稳定性，不稳定的支付渠道可能会导致支付流程崩溃或掉单等情况，带来较差的用户体验。其次，在支付渠道稳定的基础上，要关注支付渠道的历史成功率，同等条件下优先选择成功率较高的支付渠道。
- **支付手续费：**支付渠道的使用并非免费的，通过支付渠道的每一笔交易都会被支付渠道收取一定百分比的手续费，在平台存在大量交易的情况下，选择手续费高的支付渠道会导致平台支付渠道的成本变高。因此，对比多家支付渠道，选择手续费较低且稳定性与成功率有保障的支付渠道是最佳的方案。一般大流量的交易平台往往可以拿到较低的手续费率，例如，支付宝和微信支付等第三方支付渠道给大型交易平台的支付手续费费率一般在 0.3% 以下，甚至更低。而个人商户或者小型交易平台的支付手续费费率比较高，可能达到 0.6%。
- **银行覆盖率和支付限额：**要提前了解支付渠道的银行覆盖率和银行限额，同等条件下优先选择覆盖银行多的第三方支付渠道。其次，一般银行会根据第三方支付渠道的信誉给出限额（单笔 / 单日限额），而第三方支付渠道会根据客户的资质再给出相应的限额。在选择支付渠道时，支付限额较高的支付渠道相对来讲更便捷，在用户支付大的订单金额时，不易因为受限制而无法完成单笔支付。

2. 进行商务对接

在初步确定好最优的支付渠道后，产品经理需要梳理出涉及支付功能的所有业务场景，一般的支付业务场景包括支付、充值、提现、代扣、代付等。然后与第三方支付机构沟通，询问是否能满足当前的支付场景需求。如果能满足，则进入下一阶段，如果不能满足，则换一家第三方支付机构。

3．进件开户

商务初步沟通，确定能满足当前的支付场景需求后，还需要进件开户。进件开户指对接第三方支付机构时，需要提供本公司相关证明材料，并在第三方支付机构申请开户，只有通过审核后才可以接入第三方支付机构的支付业务。

4．技术对接并测试上线

在确认好业务支付流程和具体的产品方案细节后，就进入技术对接阶段。这一阶段双方公司的技术人员会进行技术层面的对接和调试，一般由需求方技术人员按照第三方支付机构提供的接口文档等资料进行支付功能的开发。在技术对接阶段完成基本对接并通过测试后，即可正式上线，整个第三方支付机构的支付服务接入完成。

以上就是整个支付知识体系的介绍。在实际的产品设计过程中，要先了解基本支付逻辑、支付规则以及支付政策等，小到具体的产品功能，大到整个支付系统，都建立在这样的框架基础上。对整个支付知识体系有一个全面的了解，能帮助我们轻松地理解支付需求，快速地设计出完整的支付产品方案。

8.7 外卖体系

近些年来国内的外卖行业发展迅猛，外卖已经成为每个人继社交、网购之外的第三大高频需求。了解外卖体系的产品设计，有助于我们提高大型平台产品的设计规划能力；学习外卖体系内的通用产功能模块设计，能帮助我们完善自己的产品知识库，并在其他的产品设计中高效复用。

外卖体系和电商体系整体框架具有高度的相似性，同样分为两大部分——核心角色和核心产品。其中，核心角色包括外卖平台、外卖商家、平台用户（点外卖的用户）等；核心产品包括平台管理后台、商户管理后台以及用户点餐平台。不同的是，电商平台的用户在平台买商品，而外卖平台的用户在平台点外卖，虽然交易的标的不同，但两个体系产品整体的设计思路是一致的。外卖体系的核心角色和核心产品会在下文中详细介绍。

8.7.1 外卖体系的核心角色

外卖平台（全称为外卖点餐平台）指为线下实体餐饮商户提供菜品在线销售服务，同时为用户提供在线点餐和配送服务的平台，如美团、饿了么。外卖平台不仅为外卖商户和点餐用户提供了在线点餐和履约配送服务，是点餐和配送等流程的制定者，还承担了信用中介的角色，是商户和用户之间纠纷的仲裁者。

入驻商户又称为外卖商户，指入驻到外卖平台，在外卖平台开店营业的线下实体餐饮商户。商户在外卖平台开设自己的外卖店铺并添加菜品，即可在线接受用户订单。

平台用户指在外卖平台注册账号后，在线点外卖的用户。平台用户看到心仪的店铺菜品后，点菜、下单并完成支付，商家做好菜后，通过即时配送服务将菜送给用户。

8.7.2 外卖体系的核心产品

整个外卖体系有三大核心产品，它们分别是外卖平台用来管理外卖商户的平台管理后台、外卖商户用来管理在线店铺的商户管理后台，以及用户用来点餐的用户点餐平台。

外卖体系中平台管理后台和用户点餐平台的设计思路与电商体系中商户管理后台及用户购物平台的设计思路是一致的，本节不再赘述，这里重点介绍外卖体系中商户管理后台的设计。

我们模拟一下用户开外卖店的故事，从用户的视角观察整个外卖体系是如何基于商户管理后台而打通的。

小王是一家小吃店的老板，店里提供馄饨、凉皮、肉夹馍、炒饭等小吃，日常到店消费的顾客多为回头客，生意一直很稳定。但是近些日子，小王明显感觉到店消费的客户比以前少了，生意也比之前差了很多。背后一打听才知道，现在的外卖行业兴起，很多人选择在线点外卖，直接送到家，到店消费的人相比之前就少了。

此时，正好美团和饿了么这两家外卖平台的地推人员上门找小王商量接入外卖平台的事情。经过一番考量之后，小王决定和美团合作，入驻了美团外卖平台。接下来我们看一看小王是如何一步一步地在外卖平台建立自己的外卖店并吸引更多顾客的。

1. 注册并登录美团商户管理后台

小王在美团工作人员的帮助下注册了美团商户账号，并登录了美团的商户管理后台，这里简称管理后台。美团管理后台的功能菜单如图 8-26 所示。后续小王开外卖店的整个流程都会在这个管理后台中进行。

2. 添加外卖菜品

登录管理后台后，小王开始在“商品管理”菜单中添加在线上门店售卖的菜品。如图 8-27 所示，在外卖平台添加菜品的过程和在电商体系中上架商品的思路类似，仅基础信息有所不同。

图8-26 美团管理后台的功能菜单

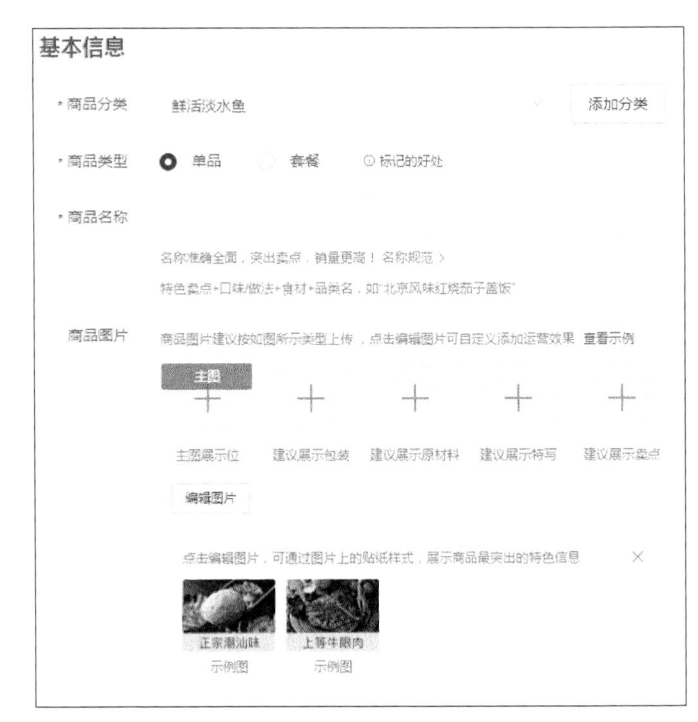

图8-27 在外卖平台添加菜品

3. 设置配送规则

添加完菜品后，小王在管理后台的“配送服务”菜单中，完成了门店配送设置。小王可以选择自己配送，也可以使用美团提供的专业配送服务（平台提供的配送服务需要另外收取费用）。最终小王选择了自己配送，然后设置了自己门店所覆盖的配送范围，保存设置并发布店铺信息后，小王的外卖店正式上线。

4. 完成第一笔外卖订单

小王的外卖店上线不久就收到了第一笔外卖订单的语音提醒，于是他开始制作菜品，并由小王的表弟配送到顾客手上。由于第一次送外卖，时间估算不准，因此外卖比正常预计的时间晚了几分钟，小王打电话过去向顾客说明了原因，客户表示理解。至此，小王外卖店的经营链路已经打通。

5. 参与营销活动，让生意更好

由于外卖订单的增加，小王的生意好了很多。接受了几次美团给商户的在线培训之后，小王了解到营销在线上外卖店日常经营中的重要性，一些优惠和让利活动可以吸引更多的平台用户，增加订单量的同时会增加门店的客户量。外卖店用户越多，越有利于形成复购效应。于是，小王开始使用商户管理后台的营销功能，如图 8-28 所示，通过诸如满减活动、折扣商品、减配送费、门店新客立减等营销活动，把自己外卖店的订单量和客户量又提高了一个新台阶。

图 8-28 外卖平台营销功能示例

6. 通过数据分析进行科学的经营决策

在经过了大半年的经营后，小王的外卖店生意越来越好，线上订单量基本已与线下持平，有时甚至超过了线下，同时日常经营的菜品也增加了不少。通过日常经营过程中的学习和积累，小王越来越深知精细化运营的重要性，并且开始通过美团外卖平台的官方学习平台，学习如何利用管理后台提供的经营分析看板和用户画像等功能来制定自己外卖店的经营策略。

从此以后，哪种菜品销量最高，什么时段订单频率最高，哪种营销活动投入产出比最高，什么样的菜品套餐搭配能实现利润最大化，小王都可以自行根据管理后台的统计数据，以及学习到的分析方法分析出来，并通过查看顾客的留言不断了解顾客诉求，优化自己的菜品和服务。

7. 付费增加自己的门店曝光率

小王不仅积极地在自己的线上门店投放营销广告，还利用管理后台的门店推广功能，为自己的门店购买竞价排名，即支付一定的费用，提高自己的外卖店在平台上的曝光率，看到小王外卖店的用户越多，就越能给小王带来更多的外卖订单。虽然门店推广需要支付一定推广费用，但是随着推广次数的增多和推广效果的反馈，小王也能渐渐地提高推广链路的投入产出比，助力线上门店的发展。

以上就是小吃店主小王开外卖店的故事。小王是商户管理平台的用户，本节结合小王开外卖店的整个周期探讨整个管理后台的功能结构和产品设计思路。故事以美团外卖平台为例，类似于美团这样的外卖平台还有很多，每个平台基于相同需求所设计出的产品功能也许不一样，但是一样的是，任何外卖平台都需要有小王这样的外卖商户，需要有点外卖的平台用户，需要有提供配送服务的骑手用户，这些用户的需求是不变的。

而了解一个体系，重要的是了解这个体系中的用户和需求，至于产品和产品的功能，都是基于用户需求而设计出来的。无论参考哪家外卖平台的设计，找到这个体系中不变的部分才是了解整个体系的关键，电商体系如此，外卖体系亦是如此。

8.8　社区体系

社区体系是一种通用的产品体系，广泛应用于各种社交和内容类产品中，如天涯社区、百度贴吧、豆瓣、知乎、猫扑、果壳网等。了解社区体系的产品设计思路，有利于我们规划和设计这类产品。同时，社区体系作为一种通用的产品体系，可以嵌入其他任何产品中，例如，前面介绍的外卖体系中，在商户管理后台中设计一个“商户论坛”社区功能模块，官方平台的一些公告和商户的一些日常问题都可以由该功能模块管理。类似的功能模块可以通过社区体系的设计思路设计。

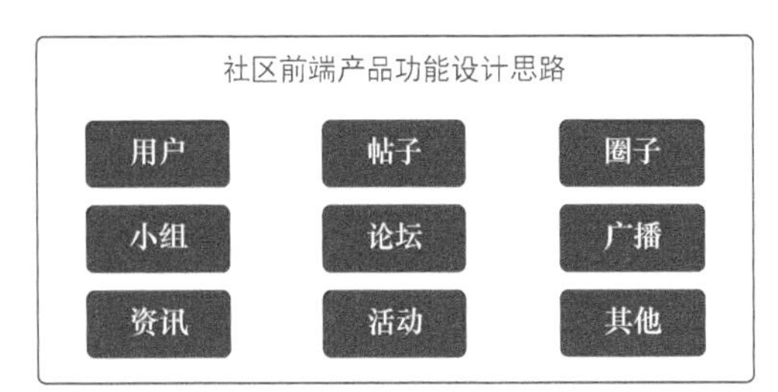

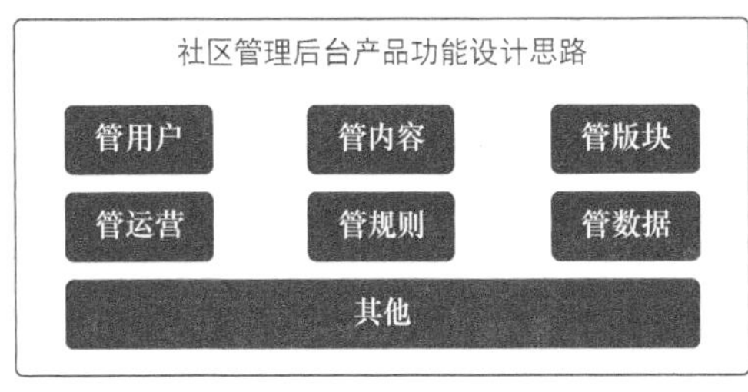

图8-29　社区体系产品框架

社区体系产品框架如图8-29所示。从产品侧来看，社区体系主要分为社区前端产品和社区管理后台产品两个产品终端。下面分别以这两个产品终端的功能设计思路为例介绍整个社区体系的设计思路。

8.8.1 社区前端产品功能元素

社区前端产品主要指用户侧使用的产品，主要功能元素有用户、帖子、圈子、小组、论坛、广播、咨讯、活动等。

1. 用户

用户是整个社区体系的核心功能元素，许多功能是围绕着用户展开的，例如，注册 / 登录、用户账号体系、角色权限体系、用户等级体系等。图 8-30 展示了社区体系中通用的用户中心设计示例。

图 8-30 社区体系中通用的用户中心设计示例

2. 帖子

帖子是整个社区体系中最基本的信息单元，帖子通常由文字、图片和音视频等内容组成，通过文本编辑器控件发布，用户的发帖和回帖构建了整个社区体系的内容生态。图 8-31 展示了知乎帖子列表的设计示例。

图 8-31　知乎帖子列表的设计示例

3. 圈子

圈子指的是基于明确的话题和兴趣爱好而形成的内容聚合小社区。用户可以自发创建相关主题的圈子，也可以选择加入自己喜欢的圈子，并在圈子中发表与主题相关的帖子。圈子产品设计示例如图 8-32 所示。

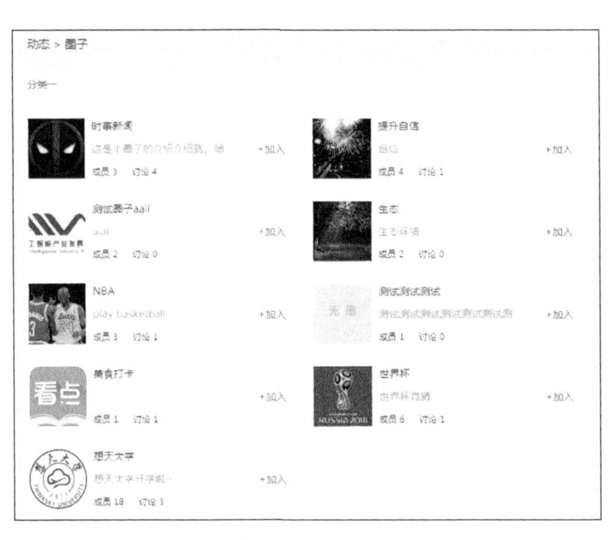

图 8-32　圈子产品设计示例

4. 小组

小组和圈子的设计思路是一致的，都基于某个主题而创建，目的都是吸引感兴趣的社区用户加入，共同创建与主题相关的内容。不同的是，圈子的话题较开放和大众，圈子成员较多，例如，时事新闻、世界杯、NBA 这些主题的圈子；而小组的话题相对比较封闭和私密，小组成员数量会控制在一定范围之内，例如，清华大学数学系讨论组、深圳约电影小组、北京租房小组等。小组产品设计示例如图 8-33 所示。

图 8-33 小组产品设计示例

5. 论坛

论坛是比圈子和小组更大的一个内容生态社区，主题更加宏大，例如，电脑论坛、体育论坛、汽车论坛、科技论坛等。论坛甚至可以成为一个独立的社区，里面可以包含圈子和小组这样的组织。论坛产品设计示例如图 8-34 所示。

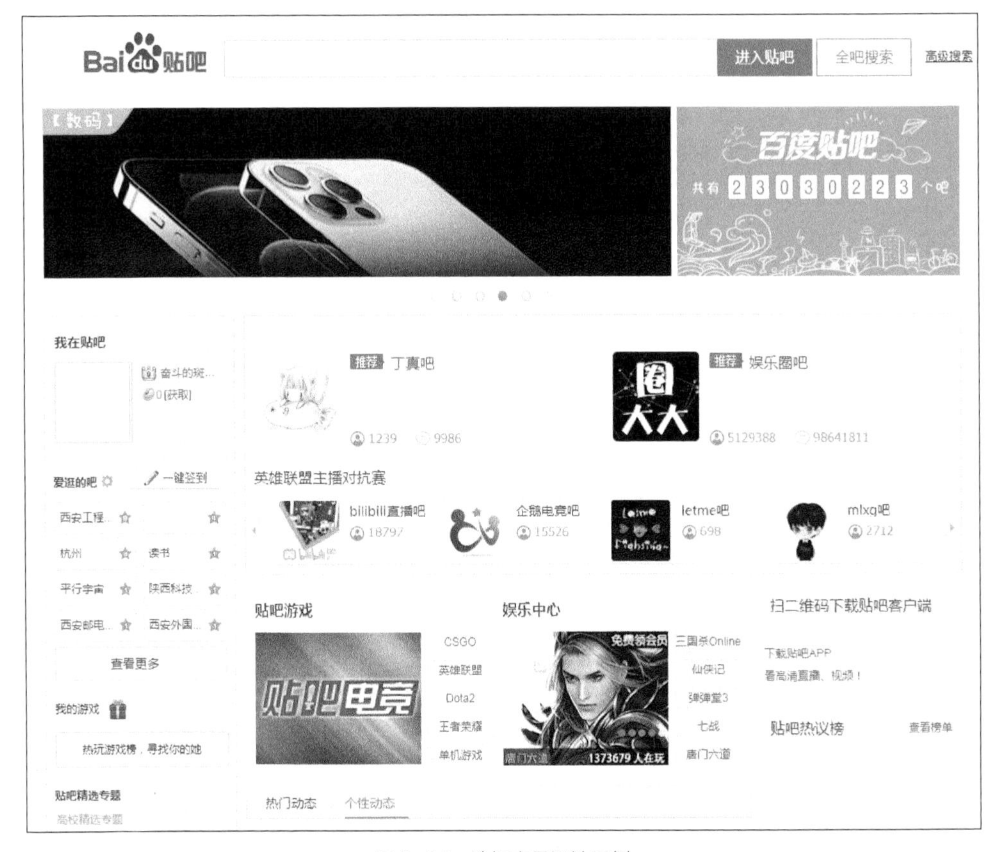

图8-34 论坛产品设计示例

6. 广播

广播是社区体系中常见的一种内容形式，又称为官方帖或者公告帖，只能由社区管理员、社区运营人员、小组组长、圈子主人、论坛版主这些角色在各自管理的社区范围内发布。广播可以置顶官方帖的形式发布，也可以由官方圈子创建人、小组组长、论坛版主等官方角色发布。

7. 资讯

资讯也是社区体系常见的一种内容版块，通常由社区运营人员把最近社区发布的热点帖子或者一些时事新闻整理出来发布在该版块，设计样式通常是列表形式的帖子集合。

8. 活动

和资讯一样，活动也是社区体系中常见的一种内容版块，通常由社区官方运营人员或者用户以活动帖的形式发布，社区用户可以在活动版块获得最新的活动信息，设计样式通常是列表形式的帖子集合。

8.8.2 社区管理后台产品功能设计

社区管理后台产品主要指社区管理人员和运营人员侧使用的产品。社区管理后台产品和大多数管理后台产品的设计思路是一致的，主要的功能如下。

- 管用户：围绕社区产品用户而展开的一系列后台管理功能，都可以基于“管用户”的设计思路设计，社区用户的增、删、改、查等操作都可以基于社区管理后台的用户版块管理功能实现。
- 管内容：围绕社区产品的帖子、广播、咨询等内容都可以基于“管内容”的设计思路设计，这些内容的增、删、改、查等操作都可以基于社区管理后台的内容管理功能实现。
- 管版块：围绕社区产品的圈子、小组、论坛等版块都可以基于“管版块”的思路设计，这些版块的增、删、改、查等操作都可以基于社区管理后台的版块管理功能实现。
- 管运营：围绕社区产品的营销、广告、活动等一系列运营功能都可以基于“管运营”的思路设计，这些功能都可以通过社区管理后台的运营管理功能实现。
- 管规则：围绕社区产品的用户等级规则、用户积分规则、社区发帖规则、敏感内容规则、黑名单规则、封号规则等一系列规则都可以基于“管规则”的思路设计，这些产品规则都可以在社区管理后台的规则管理功能中配置。
- 管数据：围绕社区产品的用户数据、内容数据、版块数据、运营数据等各种数据都可以通过“管数据”的思路设计，这些数据的衡量指标和维度的定义以及统计规则都可以通过社区管理后台的数据统计功能实现。

以上是整个社区体系前后端产品的设计思路介绍。关于整个社区体系详细的功能细节设计，读者可以参考 Discuz、OpenSNS 等市面上著名的社区产品 SaaS 平台的设计。掌握了社区体系的产品设计思路，再加上功能细节的填充，相信读者会对整个社区体系的产品设计具有更加深入的了解。

第9章　通用的产品设计方法

9.1　常见产品形态设计

从整个互联网行业环境来看，主流的产品形态主要分为6种，分别是PC端软件类产品、PC端网页类产品、移动端HTML5网页类产品、移动端APP类产品、移动端小程序类产品和PC端管理后台类产品。本节主要介绍这6种类型产品的设计方法。

9.1.1　PC端软件类产品

互联网时代最常见的一种产品形态就是PC（Personal Computer）软件，例如，我们经常使用的Word、Excel、PowerPoint、QQ等。本节介绍在设计PC端软件类产品时，需要注意哪些事项。

1. 用户场景

PC端软件类产品多用于办公场景，用户一般投入时间较长，周期较完整，适合执行流程复杂、规模更大的流程和任务。

而移动端由于屏幕小、使用时间碎片化，适合执行流程清晰、简单、需要快速完成的任务。

2. 操作方式

PC端的操作方式与移动端存在比较明显的差别。PC端多使用鼠标操作，操作包含滑动、左击、右击、双击等，操作相对来说单一，交互相对较少。而移动端的操作包含用手指单击、滑动、双击，双指放大、双指缩小、五指收缩，以及苹果最新的3Dtouch按压力度等。

除手指操作之外，我们还可以配合传感器完成摇一摇、陀悬仪感应灯等操作，设计出各种新颖的、吸引人的交互。

3. 屏幕尺寸

PC 端设备的屏幕更大，视觉范围更广，可设计的空间更大，可设计性更强，相对来说容错度也更高一些。

而移动端设备的屏幕较小，操作局限性大，在设计上可用空间显得尤为珍贵，在小小的屏幕上使用粗大的手指操作也需要在设计中避免元件过小过近，以免导致误操作。

4. 系统环境

PC 端软件类产品一般在 Windows 环境中使用，在产品设计过程中需要了解 Windows 环境的能力与局限。

例如，不管是移动端还是 PC 端都离不开网络，PC 端设备的连接能力更加稳定，一般使用网线或者 Wi-Fi 连接，而移动端可能遇到信号问题，导致网络环境不佳，在产品设计过程中要充分考虑弱网、断网等场景，并给出这些场景下的产品方案。另外，移动端设备通常有完善的传感器，如压力感应器、方向感应器、重力感应器、GPS 感应器、NFC 感应器、指纹识别感应器、3Dtouch 感应器、陀螺仪感应器等，而这些都是 PC 端不具备的。

又例如续航问题，除笔记本计算机之外，台式计算机只要有电就可以使用，而移动端设备则需要考虑低电量场景。

5. 软件迭代时间及更新频次

你或许很久都没有更新你的 PC 软件，但是你的手机软件永远保持着最新的版本，这就是两者的区别。

移动端软件的迭代时间较短，用户更新频率较高。而 PC 端软件的迭代时间较长，除非出于需要，否则用户一般不会主动更新软件，软件更新频率低。

6. 交互设计的不同

你是否在 PC 端见过滑动选择器控件？你是否在移动端见过下拉选择器控件？显然这些控件很少见。如图 9-1 所示，因为 PC 端一般使用鼠标选择的下拉选择器控件，而移动端一般使用手指滑动选择的滑动选择器控件，如果搞反了，则会被认为设计缺乏专业性。

类似于这样的区别还有很多，因为 PC 端的键盘、鼠标及大屏幕的交互逻辑和移动端的手指滑动、触摸及小屏幕的交互逻辑有所不同。因此，在设计 PC 端软件类产品时，一定要考虑这些相似与不同，选择合适的控件和交互逻辑。

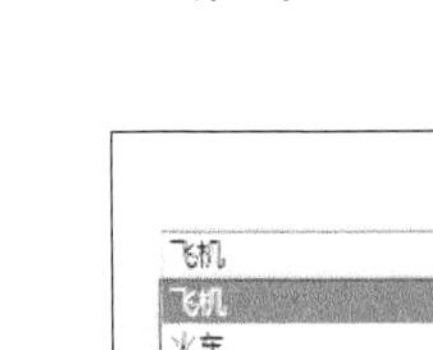

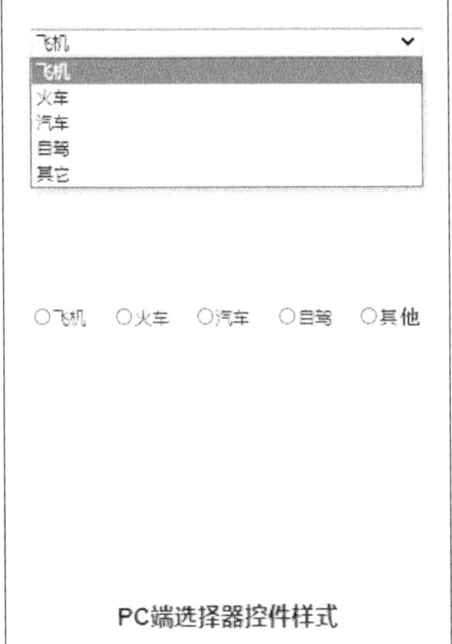

图 9-1 PC 端和移动端选择器控件的不同

9.1.2 PC端网页类产品

在互联网时代，PC 端网页是主流的产品形态之一。我们熟悉的三大门户网站（网易、新浪、搜狐）早期的产品形态都是由 PC 端网页构成的。PC 端网页类产品的设计相对比较简单，之所以说简单，其中一部分原因是互联网发展到今天，诞生了无数的 PC 端网页类产品，无论你设计的是什么样的产品，都可以找到类似的产品并借鉴和参考。

如果你想设计官网类产品，可以搜索各种官网的设计模板；如果你想设计贴吧类产品，可以参考百度贴吧；如果你想设计电商类产品，可以参考淘宝；如果你想设计信息内容类产品，可以参考网易、新浪、搜狐、今日头条等产品；如果你想设计直播类产品，可以参考斗鱼、虎牙直播、战旗 TV 等产品。除产品本身的模板之外，PC 端网页类产品常见的登录 / 注册功能及交互设计等，都可以复用到自己的产品上。

在这样的背景下，PC 端网页类产品的设计可以总结为以下 3 个步骤。

（1）根据原始的产品需求，完成 PC 端网页功能结构的设计，一些类似于登录 / 注册的功能，可以参考和复用同类型的产品逻辑。

（2）在功能结构完整的基础上，完善信息结构。PC 端网页一般以内容信息为主，设计 PC 端网页信息结构的过程中，我们可以参考和套用各种网页设计模板。这些模板经过了很多产品的使用，以及用户的实践检验，无论在视觉层面还是在交互层面都有相对比较合理的产品设计方案。

（3）在信息结构和功能结构都完整的情况下，保证整个 PC 端网页类产品所有的交互逻辑是闭环的，例如，单击一个链接，确定是在当前页面打开新页面，还是在新标签页打开新页面，进入下一页面后如何返回等。

9.1.3　移动端HTML5网页类产品

随着时间的推移，互联网时代逐渐在向移动互联网时代转型，适合 PC 端的网页也开始向移动端适配。随着屏幕尺寸的变小，衍生了许多新的产品形态。

HTML5 就是常见的产品形态之一。H5 是 HTML5 的简称，是一系列制作网页互动效果的技术集合，即 HTML5 就是移动端的 PC 端网页。因为 HTML5 技术的优势契合了移动互联网的发展，得到了市场和用户的广泛认可，所以使用 HTML5 技术制作的页面也称作 HTML5 网页。

HTML5 网页产品的设计思路和 PC 端网页产品的设计思路是一模一样的。相对于 PC 端网页类产品相对复杂的信息结构而言，适应移动端的 HTML5 网页在屏幕变小之后承载的元素少了，信息结构更容易设计。

值得注意的是，在交互设计层面，要理解移动端 HTML5 网页的交互设计和 PC 端网页交互设计的本质有所不同，后者通常使用鼠标，而前者通常使用手指。所以，相对于 PC 端软件类产品的单击、双击、拖动等人机交互动作，移动端软件类产品的交互设计反而更加灵活多变，如单击、滑动、双击、双指放大、双指缩小、五指收缩等交互动作。

9.1.4　移动端APP类产品

移动互联网时代，产品移动化的趋势促进了 HTML5 网页和 APP 这样的产品诞生。时至今日，APP 已经成为最主流的产品形态之一，和 HTML5 一样，APP 同样能满足移动端用户的产品需求，但是 APP 能实现更多的功能，且拥有更佳的用户体验。

按照操作系统，目前主流的 APP 主要分为 Android 类和 iOS 类。这两种类别的 APP 无论是编码还是发布方式，都存在着很大的不同，所以设计 APP 产品时，要对这两大主流的操作系统非常了解。在产品设计层面，除 UI 风格和交互设计之外，在信息结构和功能结构层面，二者并没有区别，最终的目的都是要形成完整的功能结构、信息机构，以及交互逻辑闭环。

相对于移动端 HTML5 网页类产品，移动端 APP 类产品版本强调“包”（产品的安装包或升级包）的概念。因此，对于 APP 版本的发布、上架、更新等流程，在产品设计之前，产品经理要做好充足的知识储备。

9.1.5　移动端小程序类产品

小程序最早是微信体系中的一种新的产品形态，信息结构和功能结构基本与移动端 HTML5 网页类产品及移动端 APP 类产品相似，用户体验介于二者之间，优于移动端 HTML5 网页类产品，但劣于移动端 APP 类产品。

移动端小程序类产品的设计方法与移动端 HTML5 网页类产品、移动端 APP 类产品相同。值得注意的是，继微信小程序之后，百度、支付宝、QQ 等产品也都推出了自己的小程序产品。无论是哪种主体产品的小程序，在设计的过程中都要遵守主体产品的规范，既包括技术上的规范，也包括 UI 和交互设计上的规范。

在设计移动端小程序类产品时，除保证完整的功能结构、信息结构以及交互逻辑闭环之外，我们还要了解主体产品的小程序规范，要在该规范的约束下进行产品设计，否则审核无法通过，产品无法发布。

9.1.6　PC端管理后台类产品

PC 端管理后台类产品本质上也属于 PC 端网页类产品，只不过通常所说的 PC 端网页类产品指前台网页类产品，使用者是用户，如某公司的官网就属于前台 PC 网页产品。而 PC 端管理后台类产品通常指后台网页类产品，使用者为产品运营和管理人员，例如，管理官网内容和功能的后台就属于管理后台产品。

PC 端管理后台类产品与 PC 端网页类产品的主要区别在于，前者承载的多是业务逻辑，重点在于功能结构的设计；后者承载的多是内容和信息，重点在于信息结构和用户体验的设计。

相对于 PC 端网页类产品的设计，在完整的功能结构、信息结构以及交互逻辑闭环的基础上，PC 端管理后台类产品又增加了一条要求，那就是“业务逻辑闭环”。PC 端管理后台类产品承载着大量的业务逻辑，保证每个业务逻辑完整和闭环是设计 PC 端管理后台类产品的基本要求。

其次，与 PC 端网页类产品设计可以参考和复用网页模板一样，PC 端管理后台类产品设计也可以参考和复用一些流行的 UI 框架，例如，Cube UI、iView UI、Layui、ElementUI、AT-UI、Vant UI、Ant UI 等。

最后，需要强调的是，前文提到了很多产品形态的设计，我们可以参考和复用一些成熟的模板和框架，以及其他产品的设计思路。对成熟产品设计的参考和复用，就如同站在巨人的肩膀上前行一样，是追求真理的过程，也是追求更好设计的过程。

9.2 产品设计过程中的注意事项

产品经理在进行产品设计的过程中，往往由于设计经验不足、相关知识欠缺、考虑问题不充分等，因此产品方案无法评审通过，需要进行修改。

本节列出了产品设计过程中常见的一些注意事项，这些事项组成了日常产品设计过程中的自查项，用于帮助我们输出完整的产品方案，从而提高产品评审会的评审通过率。

9.2.1 完整的需求背景

完整的需求背景是进行完整的产品方案设计的前提，如果产品经理在需求背景都未搞清楚的情况下，就开始进行产品方案设计，那么最终设计出来的方案一定是有问题的。一个完整的需求背景通常包括 3 个基本要素——用户、场景和需求（问题、需要和诉求），即用户在什么样的场景下，遇到什么样的问题需要解决，或者对于当前的产品产生了怎样的需要或者诉求。产品经理在进行产品设计前，要经常用“用户 + 场景 + 需求”这样的句式来表达需求背景，然后思考当前的产品设计方案是否偏离了原始的需求背景。

产品经理理解需求背景后，也要提前思考如何把这样的需求背景清晰、完整地描述出来，并在评审会上传达给所有相关方，如果参与需求评审的人都不认可需求背景的真实、有效与价值，那么再好的方案后续也无法推进。

9.2.2 完整的产品设计

在明确完整的需求背景后，开始进行产品设计，产品设计最重要的一点是保证产品设计的完整性。完整性主要体现在三个方面——功能完整、信息完整以及交互完整。

首先是功能完整。功能完整指产品方案中所有的功能都要完整且闭环，例如，对于登录 / 注册功能，用户在登录页面可能会想起自己没有账号，从而需要跳转到注册页面并注册；也可能在注册页面中输入账号后，提示用户账号已存在，突然想起自己已经注册过账号，需要跳转至登录页面并登录。

在设计注册 / 登录功能时，一定要保证该功能在所有场景中的完整性，不能出现登录页面不添加注册页面的跳转入口，导致用户需要跳转到注册页面进行注册时，无法快速找到注册入口的情况发生。

其次是信息完整。信息完整指产品的页面内容、操作指引、字段描述、功能说明等信息是完整的，能让用户在每一步都明确当前所使用的功能以及下一步需要做的事情。

最后是交互完整。交互完整是指整个产品设计中，每一处的交互设计都是完整且闭环的。同样以注册 / 登录功能为例，当用户进行登录操作时，首先会输入账号。这时如果用户输入了非法账号（如默认使用手机号码登录，用户输入了汉字或者字符），产品不仅在功能设计上要禁止非法格式账号的输入，还要在交互设计上提示用户输入正确的账号。当用户输入正确的账号、密码并单击“登录”按钮时，我们需要考虑其他场景，如账号不存在的场景、账号与密码不匹配的场景、断网无法登录的场景、异常情况下登录失败的场景，以及每个场景下的交互设计，从而实现交互完整。

9.2.3　考虑存量、增量、中间态数据

在产品设计过程中，除保证需求背景和产品设计的完整之外，还要考虑存量、增量及中间态数据。

存量数据泛指新功能上线之前就已经产生的历史数据，例如，存量用户、存量版本、存量订单等数据。与存量数据相对应的是增量数据，指产品新功能上线后产生的数据。

以注册功能为例，其新版本新增了“性别”和“地区”两个必填字段，这个版本上线后注册的用户属于增量用户，需要在注册流程中填写自己的性别和所在地区。但这里不仅要考虑增量用户，还要考虑存量用户。存量用户过去注册时，并没有填写这两个字段的信息，新版本上线后存量用户的这两个字段的信息如何处理，是产品设计初期就要考虑的问题。在这个案例中，存量用户这两个字段的信息，可以默认为空值，也可以设计一定的任务激励，让存量用户自主地维护这两个字段的信息。

值得注意的是，存量和增量这两个概念一定是针对产品某个具体上线的版本或者功能而言的。不同的版本或者功能上线的时间不同，对应的增量数据和存量数据也不同，脱离了上线的版本和功能去谈增量数据和存量数据是没有意义的。

除考虑增量数据和存量数据之外，还要考虑中间态数据。中间态数据也是针对具体上线的版本或功能而言的。例如，一个审批流程共有 A、B、C 三大审批环节，每个环节中又分别有 A1、A2、A3，B1、B2、B3，C1、C2、C3 等子流程，新版本对 B 环节中的子流程做了改造。

新版本上线后，会出现以下 3 种数据。

- 新版本上线前就已经完成整个审批流程的存量数据。
- 新版本上线后，按照新版本改造后的审批流程进行审批的增量数据。
- 新版本上线之前发起了审批流程，新版本上线后，该流程还没有完成的中间态数据。

对于中间态数据，通常有以下两种处理方案：一是按照旧版本流程进行处理；二是自动驳回，按照新的审批流程重新申请。不同的方案分别适用于不同的场景，在实际的产品设计过程中，选择一种适合的方案即可。

在日常的产品设计过程中，要尝试用以上数据的检查项来检查产品方案是否完整和闭环，养成良好的设计习惯，这不仅可以提高产品方案的设计效率，还可以保证产品上线后的质量。

9.3 如何进行产品的灰度发布

假设你是一款具有百万用户量的 APP 的产品经理，现在即将上线一个大版本。有两种发布方式可供选择：一种是针对所有用户做全量发布，另一种是先选择部分用户进行多次不同范围的发布，确保新版本在不同的用户、不同的操作习惯、不同的软硬件环境中运行稳定后，再进行全量发布。

针对这两种发布方式，你会选择哪一种呢？

大多数产品经理一定会选择第二种，因为第二种发布方式更加安全可控。如果选择第一种发布方式，一旦出现某些测试环节未测出的致命性缺陷，那么对于拥有百万级别用户的产品来说，损失将是巨大的。

以上案例中，第二种发布方式称作“灰度发布”，又称为“灰度放量”或“分流分布”。传统软件类产品发布（如微软的 Windows 7 操作系统的发布）也是以灰度发布的形式进行的，一般会经历 Base、Alpha、Beta、RC（Release Candidate）、Release 等阶段，整个过程从公司内部到外部小范围测试到外部大范围测试再到正式发布，涉及的用户数也逐步增多。

灰度发布方式是互联网产品最常用的发布方式之一。互联网产品有一个特点，就是不断地升级、升级，再升级。很多刚起步的产品基本上保持每周一次的发布频率，产品升级总是伴随着一定的风险，如新旧版本兼容的风险，用户使用习惯突然改变造成用户流失的风险，系统宕机的风险，以及存在未发现的致命性缺陷的风险等。为了避免这些风险，在互联网产品的发布过程中也多采用灰度发布方式。

产品的发布过程不是一蹴而就的，而是逐步扩大用户的范围，例如，一种常见的灰度策略是“公司内部用户→忠诚度较高的种子用户→更大范围的活跃用户→所有用户”。在此过程中，产品团队会根据用户的反馈及时完善产品相关功能。

灰度发布是一种比全量发布更加平滑的发布方式，其优点是安全可控。无论是缺陷的小范围发布验证，还是对比新功能的用户接受度，灰度发布都能给产品带来足够的用户反馈和版本迭代时间。

本节将针对产品灰度发布的实现步骤展开讨论。

1. 明确灰度目标

首先要明确产品灰度发布的目标，一般灰度目标主要关注两个维度——版本维度和功能维度。

版本维度一般关注的是版本的稳定性，即监控灰度方案所覆盖用户的整体反馈情况。如果整体表现正常，没有大规模缺陷，则认为此版本稳定；否则，将对灰度期间发现的问题进行即时修复。

功能维度主要关注灰度用户对新功能的反馈情况。如果在灰度期间就有大规模用户表现对新功能的不满意，则我们可以即时对新功能进行迭代，或者对同样的功能不同的设计方案进行 A/B 测试，在版本稳定、功能正常的情况下验证用户更喜欢哪种方案，择优选之。

2. 确定灰度策略

灰度策略指整套方案的实施策略，包括灰度用户的规模量、灰度发布的频率、功能的覆盖度、异常情况的回滚策略、整体灰度发布的运营策略，以及技术方面的部署策略等。这些策略明确了灰度发布实施过程中所有的事项，是灰度发布过程中最重要的环节之一。

3. 筛选灰度用户

在明确了灰度策略之后，要根据灰度策略中确定的用户规模筛选灰度用户。筛选灰度用户的方式有多种，如按照规模随机筛选、按照用户标签筛选等。

每种筛选方式都有其适用的场景，在实际灰度方案实施的过程中，根据灰度目的，选择合适的筛选方式。例如，如果灰度目的是验证新版本的稳定性，那么应该选择随机筛选方式，保证筛选出来的用户的操作习惯、功能偏好、软硬件环境、地区、性别、年龄、职业、爱好、忠诚度等维度都能均匀覆盖，这样才能在各种背景和场景下验证版本的稳定性。

其次，针对具体的标签筛选灰度用户。如果灰度目的是验证用户对某个新功能的接受和喜好程度，那么就可以选择带有最可能使用该功能的标签的用户，这些用户才是有助于达成灰度目的的灰度目标用户。

4. 实施灰度发布

灰度用户筛选完成后，就开始进行灰度发布，并等待发布后的结果。

5. 结果反馈迭代

灰度发布完成后，在一段时间内，会收到灰度覆盖范围内用户的各种使用数据和反馈。产品经理需要做的是，基于灰度目标，分析灰度版本用户的使用数据，并接受来自用户、客服，以及市场等多方面的反馈。如果达到预期目标，则认为灰度发布成功，可以进行全量发布；如果偏离预期目标，则需要进行版本迭代，对新版本继续实施灰度发布方案，直到得到达成预期目标的版本。

6. 全量发布

产品灰度发布的最后一步就是对达成预期目标的灰度版本进行全量发布。至此整个灰度发布过程结束。

值得强调的是，不同形态的产品虽然整体灰度发布过程都可以按照以上步骤实施，但是也存在差异，因此灰度用户的筛选及灰度发布的实施方式也有所不同。

例如，对于 Web 端产品和服务端产品，在进行灰度发布时，由于用户不一定处于登录状态，且不一定具备完整的标签库，因此在筛选灰度用户时，一般只能使用特定用户规模的随机筛选。当用户首次命中灰度版本时，需要把用户 ID（登录态可取用户账号，非登录态可以取设备地址）和版本号的映射关系存储起来（可存到 Cookie 中），以保证同一用户前后两次请求访问到的都是同样的灰度版本。如果在灰度发布过程中产生了新的迭代版本，那么需要把当前灰度版本升级到最新版本，继续观察升级后的情况。

又例如，Web 前端产品和服务端产品的灰度发布可以在客户无感知的情况下平滑进行，遇到问题可以快速回滚，但是客户端产品通常涉及用户的主动安装行为，如果在灰度发布过程中产品出现问题，只能通过快速定位问题提醒用户安装迭代后的新版本（这里一般采用强制更新策略），以最新的版本作为灰度版本并继续观察。

因此，在掌握灰度发布的整体实施步骤的同时，也要熟悉各种形态产品具体的灰度实施方案。只有具有完整的理论框架与实践经验，才能更好地掌握产品的灰度发布。

9.4　如何进行产品的A/B测试

在互联网产品的开发过程中，我们经常面临多种方案，并且对大多数方案的选择是明确而坚定的。但有些时候，一个产品的设计单元会存在两种或多种合理的方案，这些方案各有优劣，难以取舍。例如，某个按钮用实体按钮还是“幽灵按钮”？用蓝色还是用橙色？摆放的位置是左对齐还是右对齐？面对这种情况，通常要么由产品经理决定，要么根据设计师的审美决定，要么一群人少数服从多数，共同决定。

但是，无论采用哪种方式都无可避免地受到个人主观因素的制约，无法代表广大用户在实际使用场景中的偏好。通常遇到这种情况时，最合理的办法之一就是进行A/B 测试（A/B testing）。

A/B 测试，又称为 A/B 实验，指在产品设计过程中，对于有两种或多种以上产品方案的设计单元，利用灰度发布的方式，控制两批或多批具备相同背景和标签的用户同时分别使用不同方案进行试验，根据试验结果，选择最优方案的一种产品方案择优方法。

A/B 测试的实施方式决定了它具备三大特性——先验性、并行性和科学性。其中，先验性体现在，A/B 测试是一种“先验”的试验体系，属于预测型结论，与“后验”的归纳性结论差别巨大。同样使用统计数据来分析产品方案的优劣，以往的方式是先将方案发布，再通过数据验证效果，而 A/B 测试通过科学的实验设计与实施，来获得具有更多用户支持的试验结论。

并行性体现在 A/B 测试对两种或多种方案同时进行测试。这样做的好处在于保证了多种进行对比的产品方案在时间变量上的一致性（例如，很多产品存在用户使用高峰期，如果不控制并行，得到的结果必然会存在偏差），便于更加科学客观地对比它们的优劣。

科学性主要体现在用户流量分配上。A/B 测试的正确做法是将具有相似特征（背景和标签）的用户均匀地分配到试验组，确保每个组别的用户特征的相似性，控制变量从而避免出现数据偏差，使得试验的结果更有代表性。

在实际的产品设计过程中，A/B 测试可以发生在很多阶段，例如，UI 的设计、文案的设计、页面布局的设计、产品功能的设计等阶段。一个完整的 A/B 测试通常包括 3 个步骤——明确目标，制定策略，分析结果并选择最优方案。

9.4.1　明确目标

明确目标是一个“老生常谈”的要求，做任何事情之前，都要明确做这件事的目标是什么。在进行 A/B 测试的过程中也是如此，A/B 测试的目标既定而明确，主要分为两部分，分别是明确参与测试的方案和明确这些方案最终要达成什么目的。

举一个简单的例子，假设现在要提升“新用户注册量”指标，而产品首页有两种文案设计，现在要通过 A/B 测试来确定哪种文案会带来更多的注册用户。在这个案例中，两种文案就是参与 A/B 测试的方案，提升注册用户量就是这个 A/B 测试的目的，两者共同构成了整个 A/B 测试的目标。

9.4.2 制定策略

明确了 A/B 测试目标后，需要制定详细的测试策略来保证 A/B 测试的实施。策略内容通常包括确定参与测试的用户规模（样本量）、筛选用户的维度、试验周期等。

其中，参与测试的用户规模一般越大越好，因为样本量越大，A/B 测试的结果就越具有代表性，但是样本量增大的同时，A/B 测试的成本和风险也会提高。因此确定参与测试的用户规模时，要控制好投入和产出之间的平衡。

筛选用户的一般使用标签，因为产品是用标签来识别用户的，所以保证使用产品的用户相同，控制用户标签相同即可。因此，控制每种方案中最终投放用户的背景和标签一致，即可保证各组用户之间只有“方案不同”。

确定了参与 A/B 测试的用户规模与筛选用户的维度，还要明确整个 A/B 测试的试验周期。确定试验周期的目的是保证样本用户在整个周期内都会使用产品并参与到测试中，试验周期越长越好，但是同样会遇到投入和产出的平衡问题。因此，为了尽可能地覆盖所有样本用户，试验周期一般要求大于低频用户两次使用产品的平均间隔时长。

9.4.3 分析结果并选择最优方案

A/B 测试完成后，会得到两种或多种方案的测试结果，通常选择数据表现较好的一种作为最优方案。值得注意的是，直接选择数据表现较好的一种方案的前提是，默认整个试验过程中各组的用户样本一致，且忽略随机或非随机因素造成的误差。

如果对整个试验过程要求严格且对结果高度负责，我们可以在进行 A/B 测试之前，进行 AA 测试。也就是说，在保证没有变量的情况下，相同方案的数据表现基本一致，这样做可以有效地评估试验结果是否存在误差。其次，我们可以对 A/B 测试的结果进行显著性检验，从而保证整个 A/B 测试结果的科学性和有效性。但是，这样做会导致测试的复杂度和成本显著提高，是否要进行这样的验证，需要评估整体的投入产出比。

9.5 产品上线前需要做的准备工作

在日常的产品设计过程中，往往某些功能需求的研发周期会持续很长时间，从而导致需求评审会结束到产品研发上线期间，产品经理的工作会出现项目上的空档期。这部分空档期并不代表产品经理的工作可以告一段落，而是要做好产品上线前的准备工作。

通常在产品上线前，产品经理需要做好以下准备工作。

1. 多方告知上线信息

在产品上线前，要告知多个部门（如运营、客服、市场、品牌等部门）产品上线的信息，让相关部门提前做好准备工作，例如，产品上线新功能时，用户会产生很多疑问，这些疑问会通过客服渠道进行反馈和解答。因此，在产品上线之前，产品经理要做好上线信息的告知，避免信息不对称而导致糟糕的用户体验。

例如，通常一些重要的功能上线之前，我们可能需要送品牌推文给用户以进行说明，这些需要提前与品牌方进行沟通，确保产品上线时，品牌宣传能同步进行。

2. 撰写产品使用说明书

在产品上线前，产品经理应该输出产品使用说明书，并伴随产品上线同时发布。产品使用说明书和PRD并不能相互替代，因为二者的阅读对象不同。PRD的目标阅读人群是技术开发人员，语言逻辑表达需要专业和清晰，以便于开发人员理解需求的产品化方案；而产品使用说明书的目标阅读人群是相关用户，语言逻辑则需要通俗易懂，目的是降低使用难度。

产品还未上线，正式环境的样图也没有，着急输出使用说明书有必要吗？首先要明确一点，产品说明书一定是先于产品上线输出的或在产品上线时发布时。产品上线后，用户已经开始使用产品，产生产品使用指导需求。如果无法提供产品使用说明书来满足这个需求，说明产品方案实施不够完整和闭环。其次，产品上线前有验收环节，在这个过程中我们可以使用预发布或者测试环境的样图输出产品使用说明书。

9.6　产品上线后需要做哪些工作

产品正式上线后，对于产品经理来说，这是一个“辞旧迎新”的过程。所谓“辞旧”指产品正式上线后需要对整个项目进行复盘。所谓“迎新”指产品正式上线后，通过分析线上用户使用过程中的反馈，以及产生的各种数据，总结出产品的优缺点及用户需求，并以此作为下一个版本的需求迭代依据。

9.6.1　进行项目复盘

复盘（围棋术语，也称“复局”）指对局完毕后，复演该盘棋的记录，以检查对局中招法的优劣与得失关键。通常产品正式上线，一系列功能稳定运行后，产品经理需要抽时间组织整个项目的复盘会议，总结整个项目的得失。

项目复盘主要分为以下 4 个部分。

（1）回顾目标。回顾整个项目，从最初的原始需求分析，到产品方案设计，再到项目的完成，要明确各环节的目标是什么。这里的目标可以从多个维度拆解，这些维度包括需求维度（原始需求的目标是什么）、产品维度（产品方案实现的目标是什么）、项目维度（项目要实现的目标是什么）等。

（2）评估结果。对产品正式上线后的结果（如需求的实际实现情况、产品的实际产出情况、项目的最终完成情况等）进行评估。

（3）分析偏差。首先，分析需要实现的目标与实际结果的偏差；其次，分析产品方案期望结果与实际产出结果的偏差；最后，分析项目计划与实际完成结果的偏差。

（4）复盘总结。对于整个项目中各个环节存在的偏差进行复盘总结，偏差主要分为两种，分别是超预期和预期不足。例如，最后的产品方案不仅满足了最初的原始需求，还提供了超预期的产品体验，且提前完成上线，这些就属于超预期偏差。分析并总结出具体是哪些因素导致了超预期偏差后，在以后的项目中要强化、复用、延续这些因素。

原始需求没有完全满足，产品方案产出不符合预期，项目没有按计划完成，这些都属于预期不足偏差。分析具体哪些因素导致了预期偏差，进而总结经验，在以后的项目里要弱化、剔除这样的因素。

9.6.2 进行产品跟踪并规划迭代版本

没有哪款产品一上线就是完美无缺的，任何产品都需要不断地迭代优化才能变得更好。产品正式上线后，我们可以获得用户的使用反馈，以及用户在使用产品过程中产生的各种数据，并通过直接的用户反馈和间接的数据分析得到一系列结论，这些结论可以作为下一个版本中产品迭代计划的依据。

通常产品上线后，产品经理可以从以下渠道获取用户的反馈。

- 数据分析。产品新版本上线后，会产生各种用户数据。如果前期已做好埋点工作，则我们可以监控各个新功能的用户使用情况。经验可能失灵、感觉可能出错，盲目猜测只会做出糟糕的决策，用户数据才是最有说服力的迭代依据之一。
- 客服渠道。一般产品都有在线客服的功能，而用户的各种问题都会反馈到客服渠道。产品上线后，产品经理要密切关注从客服渠道收集的信息，这些信息可以作为下一个版本中功能的迭代依据。

- 产品意见与建议渠道。一般产品为了能有效地触达用户，会设计“意见与建议”功能模块，用户可以在其中输入文字描述并上传图片来反馈产品问题。这些意见反馈会在管理后台由专门的模块管理，产品经理应多关注这些反馈信息，思考用户实际使用过程中出现这些问题的原因，从而让产品更好地满足用户需求。
- 其他渠道。除客服渠道和“意见与建议”功能模块这样的官方渠道之外，我们还可以关注与产品相关的社区、论坛、贴吧、QQ 群、知乎话题、自媒体等泛互联网渠道。例如，产品上线后，产品经理可以在知乎提一些有关自己产品的问题，并邀请一些用户来回答，从而观察用户对产品的评价。这些渠道往往能带给产品经理更多元的用户反馈信息。

通过以上各个渠道收集来的用户反馈信息，以及产品上线后的数据表现，可以作为产品下一个优化版本的迭代依据。

9.6.3 组织相关培训

对于新产品上线的一些功能，必要情况下，要组织相关部门进行培训，例如，客户在使用面向 B（企业）端的产品，通常需要技术服务人员（简称“技服人员”）进行实施和指导。因此在这类产品上线前，通常需要培训技服人员，以确保产品上线后技服人员的工作能无缝衔接。

9.7 如何输出产品规划

产品规划能力是产品经理必备的基础能力之一，这对于中级产品经理和高级产品经理阶段尤为明显。往往在年初时，产品经理就需要输出产品的年度规划。产品规划可以让整个产品的迭代目标变得清晰，从而带给产品商业上的确定性和可控感。

本节将介绍一个完整的产品规划的输出过程。

1. 明确产品规划的目的

在日常的产品工作中，产品经理要针对自己负责的产品制作产品规划。首先，要明确产品规划的目的。产品本身具备 3 个基础属性——有用性、好用性和商业性。有用性指产品的功能应该满足用户的需求，是对用户有用的；好用性指产品对于用户来说应该是好用的，强调的是产品的用户体验要好；商业性指产品要具备商业模式上的闭环，具备商业上的盈利性和增值性。

产品规划要始终围绕强化产品的这 3 个基础属性进行，因此一定要明确产品规划的目的，不能无目的地添加功能点，如果不做整体结构性的考量，最终输出的只是零散的计划，并不能称作产品规划。

2. 将目的分解为目标

在明确了产品规划的目的后，要将目的拆分为目标。例如，在强化产品有用性方面，提出类似于“产品功能完善度达到 85%”的目标；在强化产品好用性方面，提出类似于“产品用户体验提升 30%”的目标；在强化产品的商业性方面，提出类似于“完成产品盈利模式的功能闭环”的目标。

3. 将目标落实到功能

明确了目标后，要将目标落实到具体的功能，以“产品功能完善度达到 85%”的目标为例，要思考需要新增哪些功能，以保证整个产品的功能完整度能达到 85%；以“产品用户体验提升 30%”的产品目标为例，要思考有哪些具体的优化功能可以帮助产品整体提高 30% 的用户体验；以“完成产品盈利模式功能闭环”的产品目标为例，要思考有哪些可盈利的功能可以帮助产品实现完整的盈利模式。

4. 将功能梳理成版本

在确定了产品规划的目标，以及具体达成目标所需要的功能后，需要对所有功能进行版本规划，一般把具备相同目标的功能规划到一个版本，一个目标可能需要多个版本的迭代来实现，最终确定完成所有的产品目标的最终版本，并明确每个大阶段的版本号（考虑到版本迭代的不确定性，一般规划到大版本即可，例如，v1.0.0、v2.0.0 等）。

5. 为版本输出排期

将功能梳理成版本后，需要对版本进行排期，从而形成研发计划，最终结合目的、功能、版本输出完整的产品规划。

产品经理在进行产品规划时，产品规划时间尺度拉得越长，越要在大的目的和目标上用心思考。一个好的产品规划可以在后续很长的一段时间中明确产品的研发方向并规范好产品的迭代节奏，让产品迭代有条不紊地进行。

9.8 新产品上线后的常见启动类型

新产品正常上线后，要面对初期的启动问题。启动指新产品上线初期打入市场、寻找用户并形成完整产品服务链路的过程。根据参与方、参与形式，以及参与规模，通常将新产品启动划分为单点启动、单边启动、双边启动、多边启动4种启动类型。

单点启动指新产品上线后，面向的是单个独立的用户，只需要对独立使用的用户进行运营。常见的产品类型为工具型产品。例如，“墨刀”在线原型工具通常在新版本上线后，只需要对目标用户采取获取、激活、活跃、留存等运营方式，即可完成启动。

与单点启动不同，单边启动类型的产品面向的不仅是单个独立的用户，还包括用户与用户之间形成的关系网，即面向的不再是一个点，而是一条边。产品类型为社交产品和游戏产品。

以微信为例，微信用户愿意使用微信的前提是微信上有熟悉的人，因此这个人的家人、亲戚、朋友和同事等也都要成为微信用户，这样才能保证微信的正常启动。对于这样的产品，产品经理必须批量挖掘用户，并在短时期达到一定的用户量，才可以让项目进行下去，例如，一个婚配网站在上线初期必须拥有足够多的男性和女性用户，才能有持续发展的可能性。因此，对于类似的产品，第一批用户必须大规模地、批量地注册，而不是一个个发展，否则就会发展一个，流失一个，无法完成单边启动。

双边启动类型的产品通常为撮合型产品，如电商产品、打车产品、直播产品等。撮合型产品在启动时既要同时解决需求双方的注册、使用问题，又要保证平台上双方的用户密度。针对这两点，撮合类的产品只要有一点无法满足，就无法稳定发展，并且平台用户会流失。以打车APP为例，产品上线初期，必须同时拥有注册司机和注册乘客，且要保证司机和乘客两者的用户密度，才能完成产品的双边启动。

多边启动指双边以上的产品启动类型。其典型代表为外卖平台产品。外卖平台产品上线后，首先需要有入驻商户，其次需要保证有持续不断的注册用户，然后还要保证有外卖骑手的注册，最终还要保证三者密度的合理性。任意一点无法满足，就无法完成产品的多边启动。

第10章 通用的产品设计原则

10.1 产品设计的完整性原则

完整性作为产品设计过程中必须要遵守的基本原则之一，主要包括3个部分，即功能结构完整、信息结构完整和交互逻辑完整。产品完整性是优化用户体验的基础，不管一款产品的交互和设计多好，一旦其中某些功能不完整，导致用户使用过程中流程中断，就无从谈起用户体验，因为这是产品缺陷的问题。若体验不好，用户可能会不满，但还可以用，而完整性缺陷则会直接导致用户大概率流失。

因此，在进行原型设计时，要针对整个产品进行完整性校验，在保证功能结构、信息结构和交互逻辑完整的同时，再考虑如何让产品拥有更好的用户体验。

10.1.1 功能结构完整

功能结构完整指每个功能结构单元都具备完整性，例如，设计“注册/登录”功能时，不仅要考虑使用账号、密码登录的过程，还要考虑这个过程中所有可能出现的场景，以保证整个功能可以形成完整的操作闭环。例如，在登录页面中，如果用户还没有注册过账号，则要有注册入口；如果用户忘记密码，则要有找回密码的入口和流程；如果用户忘记账号和密码，则还要有申诉找回账号和密码的入口和流程。

在产品设计过程中，一个完整的功能单元从开始到结束应该有一条完整的适应于各种场景的操作路径，如果在某个场景被卡住，则说明这个功能不具备完整性。在进行产品设计时，要查验每一个功能的完整性，以保证整个产品实现整体的功能闭环。

10.1.2　信息结构完整

信息结构基于功能结构而产生，一般指伴随功能的所有相关文本描述，例如，登录 / 注册按钮上面的“登录”和“注册”文案就是信息结构。与功能结构一样，在产品设计过程中也要查验信息结构的完整性。

图 10-1 展示了招商银行 APP 针对用户的账户安全提示。若用户触发了风控规则，则会弹出附带文案的提示框，提示框的文案描述即是基于风控功能结构而产生的信息结构。该文案描述说明了需要重新登录的原因，以及可能产生的问题的解决方案，形成了一个完整的信息结构闭环。

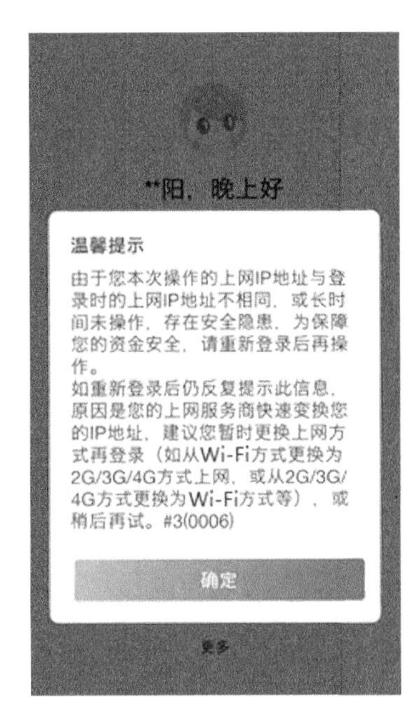

图 10-1　招商银行 APP 账户安全提示

在产品设计过程中，无论是对基础控件进行命名，还是对各种信息进行提示，又或者对可能引起用户疑惑的操作进行引导和说明，都需要保证信息结构的完整性，以形成整个产品的信息结构闭环。

10.1.3　交互逻辑完整

在产品设计过程中，交互逻辑也要具备完整性。以注册 / 登录功能为例，在功能层面，要考虑忘记账号或密码等各种场景下的完整性功能方案，而交互逻辑则是这些功能方案的具体执行过程。例如，页面载入的等待加载设计中非法输入的信息提示；账号、密码输入错误时的信息提示，验证码交互设计，以及在无网、弱网和断网等异常状态下的页面展示和信息提示设计等都属于交互逻辑的范畴。

在实际的产品设计过程中，使用交互逻辑自查表作为有效的辅助工具，自查那些没有考虑到的交互细节，以保证整个产品最终形成完整的交互设计闭环。

功能结构是否完整决定了产品是否可用，而信息结构是否完整和交互逻辑是否完整则决定了产品是否好用。因此，在产品设计过程中，一定要校验整个产品的完整性，三大完整性是否闭环决定了整个产品是否拥有良好的用户体验。

10.2　产品设计的一致性原则

在产品设计过程中，要遵守一致性原则。一致性一定程度上体现了产品设计的复用性和规范性，对产品设计效率和用户体验都有很大的帮助。产品设计的一致性主要体现在设计要素的一致性上，一般包括功能的一致性、信息的一致性、组件的一致性、交互的一致性、视觉的一致性与文案的一致性。

1. 功能的一致性

功能的一致性指在产品设计过程中，要保持相同功能的设计是一致的。这里的“相同”强调的是需求和场景的相同，对于同样的需求场景，也许多种功能可以满足，但是产品设计的一致性要求在一个完整的产品体系中，只能选择其中一种功能，且整个过程中保持一致。例如，一个系统中很多列表页会用到数据删除功能，在产品设计过程中，我们应该对需求和场景一致的“删除”功能设计进行复用，从而保持功能的一致性。

2. 信息的一致性

信息的一致性指在产品设计过程中，相同的需求和场景下的信息展示应保持一致。例如，用户使用产品的过程中，经常会遇到来自产品的信息反馈，其一般形式为“吐司提示”，而信息的一致性要求对于相同的需求和场景，“吐司提示”的文本信息应保持一致。例如，无论用户正在做什么，断网发生时，用户的需求和场景都是一致的，因此产品的“吐司提示”文本信息也应该是一致的。

3. 组件的一致性

组件的一致性指在一个完整的产品设计过程中，对于相同的功能和信息，使用的组件应保持一致。例如，在产品设计过程中，对于选择省（区 / 市）的信息输入场景，通常会使用地区级联组件承载信息输入功能，选择一种地区级联组件后，应保持全局地区级联组件的一致性。

4．交互的一致性

此处的交互是交互设计的简称，即在一个完整的产品设计过程中，要保持相同需求和场景下交互设计的一致性。例如，在内容型产品的设计过程中，对于用户浏览完当前内容需要更新当前页面内容的场景，要设计下拉更新的交互效果，并保证该交互效果的全局一致性。交互的一致性大大地降低了产品的使用成本，同时保证了用户体验的一致性。

5．视觉的一致性

视觉的一致性指在产品设计过程中，页面配色及框架结构要保持一致。例如，微信的主题色是绿色，整体的页面布局偏向横向的卡片式布局；淘宝的主题色是橙色，整体的页面布局偏向纵向的卡片式布局。两款产品更新了很多版本，都始终如一地保持着主题色，以及最原始的框架结构，这体现了产品设计过程中的视觉的一致性原则。

6．文案的一致性

文案的一致性指产品全局相同元素的命名和文案应保持一致。例如，“用户姓名”这个字段全局都应该是“用户姓名”，而不是一个模块命名为“用户姓名”，另一个模块命名为“用户名称”。保持全局文案的一致性可以减少用户的理解歧义并降低解释成本。

以上内容就是产品设计一致性原则的介绍。在实际的产品设计过程中，要从整体上思考自己的设计是否在功能、信息、组件、交互、视觉、文案等方面都遵守一致性原则。

10.3　产品设计的可扩展性原则

“可扩展性”这个概念来自音箱产品的工业设计，是衡量音箱是否支持多声道同时输入，是否有接入无源环绕音箱的输出接口，是否具备 USB 输入功能等的一种特性。

“可扩展性”是一个很广泛的概念，应用在许多领域，在软件工程领域指设计良好的代码设计允许更多的功能在必要时插入适当的位置。这样做的目的是方便未来可能需要进行的修改，避免造成代码过度工程化地开发。可扩展性可以通过软件框架实现，如使用动态加载的插件、顶端有抽象接口的类层次结构、有用的回调函数构造以及功能逻辑性与可塑性均很强的代码结构。

同样，在产品设计过程中也要考虑产品功能本身的。产品设计的可扩展性主要基于产品需求的扩展，从而衍生出功能的扩展、信息的扩展，以及技术的扩展。因此在实际的产品设计过程中，从这 3 个扩展维度进行考虑。

10.3.1 关于需求的扩展

在实际的产品设计过程中，关于可扩展性的设计往往需要从需求的扩展开始考虑，当产品经理评估需求时，要预估未来外部需求的变化从而对产品方案进行可扩展性设计，特别是相对底层的产品模块，如果早期这些产品模块的设计没有考虑到可扩展性，后期的重构成本往往非常昂贵。

例如，账户体系的设计中，只有几百名用户的产品和拥有几十万名用户的产品的账户体系的强健性、稳定性、闭环性要求差距巨大，当产品经理评估整个产品的账户体系的需求时，考虑当前的设计是否能支撑未来用户的量级，从而降低未来产品的重构成本。

10.3.2 关于功能的扩展

需求需要由产品方案中具体的功能来满足，所以接下来要思考关于功能的扩展。要思考当前的产品功能在面对未来可预见的需求变化时，如何做好可扩展性设计。

例如，在产品设计过程中，经常会用到“写死”这个概念。这里的“写死”对应的是计算机科学中的“硬编码”（hardcode）概念，与之对应的是“非编码”（又叫作软编码）。硬编码和软编码的区别在于，软编码可以在运行时确定和修改；而硬编码编译后，如果后续需要更改变量会非常困难。

借助这样的编程设计思想，我们在设计具体的产品功能时，要思考这个功能后期是否会有频繁的改动，如果有，那么就要考虑是否有必要做成可配置化的功能。典型的案例是电商体系中商品模块和营销活动模块产品设计思路的演变，早期电商体系的规则相对单一，诸如满减、折扣、阶梯价格等活动都写死在商品属性中，这种方式的优点是编辑商品档案时，可以一次性编辑好商品的活动规则；缺点是不具备可扩展性，当后期出现大量商品和高批次的活动规则修改时，逐一修改很麻烦且成本昂贵。也正是出于这样的原因，后期电商系统在设计过程中，基本上将商品模块和营销活动模块独立出来，以实现商品和活动的低耦合。

10.3.3 关于信息的扩展

关于信息的扩展指在设计产品用户界面时，要考虑整体界面的信息结构设计与未来信息需求的变化所带来的可扩展性适配问题。

图 10-2 展示了支付宝首页功能图标的可扩展性设计。支付宝大的生态体系催生了众多的功能，但是其首页界面空间有限，只能展示部分功能图标，而用户的使用习惯各不相同，固定的功能图标展示和排列难以满足众多用户的使用需求。于是支付宝针对功能图标进行了可扩展性设计，允许用户自定义功能图标及图标的排列顺序，这样后续无论有多少新增功能，都可以适配。

因此，在进行产品用户界面设计时，要针对未来页面信息结构和页面信息量可能发生的变化进行可扩展性设计。

图 10-2　支付宝首页功能图标的可扩展性设计

10.3.4　关于技术的扩展

技术设计是为具体功能的实现服务的，关于技术的扩展并非要求产品经理在产品设计过程中要懂技术，能提出技术设计的可扩展性意见，而是要求能说明具体功能未来会存在需求变动，提醒技术人员在产品设计过程中做好可扩展性设计。当技术人员听到这样的需求时，应针对该需求做好技术的可扩展性设计。

10.4 产品设计的容错性原则

“容错性”概念广泛存在于各个学科（例如，电子工程、计算机科学、软件工程等）中，各个学科虽然对容错性概念的表达形式不一样，但核心定义和设计思想是一致的。

以软件工程为例，容错性指软件检测应用程序所运行的软件或硬件中发生的错误并从错误中恢复的能力。这样的设计原则同样适用于产品设计，在产品设计过程中，容错性是产品对错误的预防、容忍及补救能力，即一款产品预防错误的能力和错误出现后得到解决的能力。

产品设计的容错性原则主要包括用户犯错前的预防机制、用户犯错中的容错机制以及用户犯错后的补救机制。

10.4.1 用户犯错前的预防机制

没有笨拙的用户，只有拙劣的设计。相比对用户错误使用产品补救的结果，更重要的是做好用户出错的预防。因此产品容错性设计的首要机制是用户犯错前的预防机制，目的是降低用户使用产品出错的概率。

降低用户使用产品出错概率的方式一般有两种。

一种是不给用户犯错的机会，例如，很多承载敏感操作的按钮是禁用的，并不会开放给没有权限的用户，因为这些敏感操作可能会造成不可逆的结果，禁用这些按钮可以直接把这类错误发生的概率降低为零。

另一种是增加犯错的成本，对于一些重要的操作和场景，通常会进行二次确认或者异常报错提示，以降低误操作发生的概率。

在《设计心理学》一书中有这样一个容错设计案例，老一代火车站取票机通常都让乘客把身份证放在取票机上进行身份识别，这样的设计经常会导致很多乘客忘记取走身份证，大幅度提高了错误发生的概率。为了减少这种错误，新一代的取票机设计成需要乘客一只手按住身份证进行身份识别，另一只手进行取票操作，全程按住身份证的手不能离开身份证，否则身份证就会掉落，直到出票，乘客把火车票和身份证一起取走。新的取票机设计大大降低了取票后忘记取走身份证发生的概率。

10.4.2 用户犯错中的容错机制

用户犯错中的容错机制指即使用户输入了错误的指令，产品的容错机制也能保证输出正确的结果。例如，彩票软件的运算容错机制中，用户选择了 N 个指标，并指定了其中允许出现错误的条件数范围，在这种情况下，最终结果依然是正确的。若采用这种容错机制，彩票软件选码时，即使选择的条件有意料中的错误，中奖号码也会在容错后的号码组中。

在产品设计过程中，产品经理也可以设计容错机制，例如，当用户输入特定格式的字段值时，自动对其中的空格进行过滤。用户输入诸如身份证号码、手机号码这类字段时并非一定手动输入，有可能复制自其他文件，这时由于一些格式问题，输入的字段值经常存在空格，而空格又无法通过肉眼轻松识别，即使产品给出了错误提示，用户也无法立即判断出是哪里出现了错误。这种场景下，产品经理可以直接设计自动过滤空格的机制，这样即使在特定格式下的字段信息中空格属于非法输入字符，容错机制也能保证输出正确的结果。

10.4.3 用户犯错后的补救机制

很多时候，即使设计了预防和容错机制，也避免不了错误的发生。这时还有最后一道机制，那就是用户犯错后的补救机制。既然错误已经发生，就尽可能挽救错误，或者让错误所造成的破坏降至最低。

用户犯错后的补救机制的典型代表是操作系统中的回收站机制，它让删除操作变得可逆，即使用户不小心删除了某个重要的文件，也可以在回收站中找回。此外，当操作系统出现致命缺陷，导致系统当前功能不完整或无法使用时，系统也可以还原到过去某个安全的时间段，从而让错误结果变得可逆。

因此，在产品设计过程中，要考虑多种一定会发生的错误场景，除预防错误和容错之外，还要考虑一旦发生了这样的错误，该如何利用产品的补救机制降低错误的破坏程度。

10.5 产品设计的可复用性原则

可复用性（reuseability）是软件工程学中的概念，是衡量软件设计本身可重复利用能力的一种属性。复用又称为“重用”，是重复使用的意思。复用的好处是提高生产效率，降低成本，提升软件质量（错误可以更快纠正），提高系统的可维护性。

这种软件设计思想同样适用于产品设计，高质量的复用不仅可以提高产品设计的效率，降低设计成本，还可以保证产品方案的正确和稳定。例如，如果某种交互设计已经应用于市面上的大多数产品，过亿的用户养成了这样的交互习惯，那么产品复用这样的交互设计一定是可靠的。

在产品设计过程中，通过“两条规范三个复用”原则保证设计的可复用性。两条规范分别如下：

- 让设计尽可能地来自复用；
- 让设计尽可能地能复用。

也就是说，在设计产品的过程中，尽可能地复用过去好的设计，同时追求自己的设计成为好的设计并被其他产品复用。基于这两条规范，我们推导出产品设计过程中的三个复用——设计思路的复用、功能设计的复用和界面设计的复用。

10.5.1 设计思路的复用

无论是定义、理论还是方法等，凡是具备不变性和规律性的事物，往往具备可复用性，产品设计亦是如此。产品设计本身并不具备很强的原创属性，很多产品的设计思路并不随着商业、行业，以及具体业务而改变。

以 CRM 系统的设计为例，无论在什么行业，CRM 系统的设计思路都是不变的，例如，虽然医疗行业的 CRM 系统和教育行业的 CRM 系统在功能、流程以及页面表现形式上不一样，但是底层的设计思路是一样的。掌握了 CRM 系统的设计思路，在任何一个行业和公司设计 CRM 产品，都可以复用这样的设计思路。

所以，在平时的产品设计过程中，要多总结通用的产品设计思路，如对账逻辑、分销逻辑、CRM 系统、OA 系统、账户体系及权限体系等，建立完整的产品设计思路储备体系，从而保证在面对任何行业、公司及具体业务的产品设计时，都能快速进行复用和适配。

产品设计思路的储备和复用，不仅能提高产品经理面对不同业务时的胜任度，还能提高产品设计的效率和质量。如果产品经理能在此基础上进行设计思路上的创新，那么必将会为整个产品设计知识体系的发展做出卓越的贡献。

10.5.2 功能设计的复用

除产品设计思路之外，产品的具体功能设计（如登录 / 注册功能设计、非法信息输入校验功能设计、数据列表功能设计，以及数据看板功能设计等）也具备可复用性。这些功能不随着具体的产品类型而改变，无论是面向 B 端产品还是面向 C 端产品，无论是面向用户前端平台还是面向产品管理后台，无论是面向 PC 端网页类产品还是面向移动端 APP 类产品，这些功能的设计方法都是可以复用的。

同产品设计思路一样，在平时的产品设计过程中，产品经理要总结并储备这些通用产品功能的设计方法并有意识地进行复用、创新，提高产品设计效率的同时，不断提高个人的产品设计能力。

10.5.3 界面设计的复用

界面设计的复用主要包括框架的复用、视觉的复用、控件的复用，以及交互的复用。

1. 框架的复用

无论是用户端产品的界面设计还是管理后台产品的界面设计，都有很多可复用的页面框架。例如，PC 端管理后台类产品经常采用手风琴式的下拉菜单作为界面框架，而移动端 APP 类产品经常使用界面顶部走马灯式的 Banner、中间九宫格式的功能图标、底部 tab 功能按钮作为界面框架。

除总结这些常用的界面框架外，我们还可以多了解一些成熟的 UI 框架，如 Mint UI、We UI、Cube UI、iView UI、Layui、Element UI、Vant UI、AT UI 等。

2. 视觉的复用

视觉的复用指产品整体主题色的复用。

虽然色彩有很多种，但是日常生活中进入大众视野并用于产品设计的颜色是有限的。不同类型的产品有不同的视觉分类，例如，电商类产品通常使用红色、橙色这样的暖色系，而工具类产品通常使用黑色、蓝色、绿色等冷色系。

当产品经理为自己的产品设计基础的视觉效果时，可以依据同类产品的视觉配色进行参考和复用。

3. 控件的复用

本书前文介绍了常用的控件类型和使用方法。很多功能是由控件来承载的，功能的复用必然会促进控件的复用。

在一个完整的产品体系设计中进行控件的复用，也会在一定程度上保证产品设计的一致性。

4. 交互的复用

控件的复用往往会带来交互的复用，很多控件的交互设计是固定的。除此之外，交互的复用往往来自用户习惯的复用。正如前面的案例，如果一个交互设计已经被市面上的很多产品使用，过亿的用户都习惯了这样的交互习惯，那么复用这样的设计，不一定是最对的选择，但一定是最合适的选择，因为不用付出新用户习惯的养成成本。

例如，移动端 APP 类产品经常会用到“下拉刷新”交互，当大部分用户已经习惯了这样交互后，此类产品就可以复用“下拉刷新”交互设计。当然，如果能在此基础上进行创新，那么也许你的设计就会引领下一阶段的普遍复用。

以上就是产品设计可复用性原则的介绍。细心的读者会发现，本书的内容框架也是基于这样的底层逻辑而展开的，基础原型控件设计、通用功能设计、通用产品逻辑设计、通用产品体系以及通用产品设计方法构成了一套完整的设计知识体系。

学习并整理这样的知识体系，积累到一定程度后，会发现产品设计就如同“搭积木”，是将一个个通用的思路、功能、界面、视觉、交互等拼接成一个完整产品的过程。这个阶段也是每个产品经理的必经阶段，它可以为以后的职业生涯进阶打下坚实的基础。希望本书能帮助产品经理用更短的时间度过这个阶段，提升自己的设计能力。

10.6 产品设计的高内聚低耦合原则

产品某种程度上是技术的实用性表达载体，在设计过程中我们可以借鉴技术领域的设计原则和理论，高内聚低耦合就是其中很重要的一种设计原则。高内聚低耦合是软件工程中的概念，是判断产品设计好坏的准则之一。

耦合性也称为“块间联系”，是对软件系统结构中各模块间相互联系紧密程度的度量。模块之间的联系越紧密，其耦合性就越高，模块的独立性则越差。模块间耦合性的高低取决于模块间接口的复杂性、调用的方式及传递的信息。

内聚性又称为“块内联系”，是对模块的功能强度的度量，即对一个模块内部各个元素彼此结合的紧密程度的度量。若一个模块内各元素（语句之间、程序段之间）联系得越紧密，则其内聚性就越高。

高内聚低耦合的设计原则保证了产品单一功能模块具备相对丰富的功能，且各模块之间足够独立，一个模块的改动对其他模块的影响不大。因此在产品的设计过程中，产品经理应该有意识地遵循这样的设计原则。

例如，在管理后台的设计过程中，权限管理模块是一种通用模块，通常使用 RBAC（Role-Based Access Control，基于角色的权限访问控制）模型设计，如图 10-3 所示。若赋予角色权限，用户关联角色，则用户拥有权限。当用户使用账户时，就间接拥有了相关角色的权限，整个过程用户不直接与权限关联。

整个模型中，用户管理、角色管理和权限管理三大模块具备高内聚低耦合的特性，具体体现在用户管理模块的变更、角色管理模块的变更及权限管理模块的变更相互独立、互不影响。如果用户和权限直接关联，则对于每一个新增用户都需要多次手动赋予权限，且后续同一类型的用户也只能手动进行权限变更，这既复杂又麻烦，且效率低下。

图10-3　RBAC模型

RBAC模型相比用户与权限直接关联更具备优势，对同一类型的用户进行权限赋予，只需要让这些用户关联同一个角色即可；对同一类型的用户禁用权限，只需要禁用一个角色的权限即可；对同一类型的用户变更权限，只需要变更相关角色的权限即可。

又例如，在电商体系的产品设计中，下单流程通常涉及商品模块、用户模块、订单模块、支付模块等功能模块。在电商系统管理后台中，这些模块都是完整的功能模块，呈现高内聚低耦合的特性，例如，商品模块、用户模块、订单模块都支持相关的增、删、改、查能力，且不会对其他两个模块造成大的影响，共同支撑了用户下单操作的整个流程。

同样，在商品的打折功能设计中，有两种设计思路：一种是新建商品，把打折规则设计在产品的基本属性中，当用户购买时达到一定的条件就会享受打折优惠；另一种是把打折抽象为一种活动，把打折规则设计在活动管理模块，新建打折活动，活动关联商品后商品被赋予打折规则。由于自身的商品打折规则之间的高耦合性，如果遇到批量且大规模的规则修改，第一种设计思路会非常麻烦。而第二种设计思路则可以直接在活动管理模块配置规则，一次性实现批量且大规模的规则修改。

第二种设计思路和RBAC模型都在用户和权限以及商品属性和打折规则直接关联的情况下加入了中间层（角色层和互动层），降低了用户和权限、商品属性和打折规则之间的耦合性。

因此，产品经理在日常的产品设计过程中，要有意识地遵守“高内聚低耦合”的设计原则，用理论指导实践，产品才会做得更好。

第11章 通用的产品管理方法

11.1 产品用户的管理方法

产品基于需求设计出来，目的是服务用户。做好产品管理的第一步，就是做好产品的用户管理。产品的用户管理主要包括基于核心需求明确目标用户，建立完整的账户体系和用户画像，支撑完整的用户运营体系。

11.1.1 基于核心需求明确目标用户

核心需求和目标用户是产品定位重要的组成要素。做好用户管理的第一步就是基于产品的核心需求，明确产品的目标用户。

例如，微信满足了日常生活和工作中，人们对即时通信和熟人社交的核心需求，主要面向有通信和社交需求的用户；百度满足了人们对信息和知识的获取需求，主要面向有搜索需求的用户；淘宝满足了人们对便捷购物的需求，主要面向有网购习惯的用户；拼多多满足了用户对低价购物的需求，主要面向追求拼团、优惠的用户；keep满足了健身人士对健身知识的获取、专业健身课程的学习，以及健身社群的融入等核心需求，主要面向有健身习惯的用户。

因此，要想管理好产品的用户，首先要找准产品的定位，而要找准产品的定位，则要找到产品满足了什么核心需求，从而找到哪些用户有这样的核心需求，即明确目标用户，从而针对目标用户进行管理。

11.1.2 建立完整的账户体系和用户画像

明确了产品的目标用户后，就要建立完整的账户体系和用户画像。账户体系建立了用户与产品的识别标准，用户画像构建了用户在产品中的基础属性。前者帮助产品识别“用户是谁”，后者帮助产品识别“用户长什么样”。

先掌握如何设计产品的账户体系以及如何构建产品的用户画像，再运用这些知识来做好产品的用户管理。关于产品账户体系设计，8.1 节详细介绍过，而用户画像的构建方法在作者的第一本书《产品经理方法论——构建完整的产品知识体系》中详细介绍过，这里不再赘述。对这部分知识欠缺的读者，请参考本书第 8 章的内容，以及作者的第一本书。

11.1.3 支撑完整的用户运营体系

稳定、强健、可扩展性好的账户体系和完整的用户画像是产品的用户增长和用户运营的基础。在完成用户账户体系的设计和用户画像的构建后，还要做好用户使用产品的整个生命周期内的运营工作，例如，用户的新增、激活、活跃、留存和变现等。

产品运营体系的建设一般由运营人员完成，但最后落实在产品侧，需要产品经理针对运营需求设计产品方案。因此整个过程中，产品侧要做好用户运营体系建设的支撑工作，从而构建起完整的产品用户管理体系。

11.2 产品需求的管理方法

在日常的产品工作中，产品经理可能会同时接收到多个需求，当众多需求堆积在一起，需要同时进行分析和处理时，如果没有一个好的需求管理方法，则会让日常的产品设计工作陷入无序的忙乱中，导致工作低效的同时，也会增加个人的工作压力。

因此，在产品工作中，产品经理要有一套完整的需求管理办法，帮助自己游刃有余地处理众多的产品需求。这里介绍一套作者在工作中经常使用的需求管理方法，它们分别是需求评估方法、需求池管理方法和需求生命周期管理方法。

11.2.1 需求评估方法

通常产品经理接到一个需求时，需要对该需求进行 3 个阶段的评估——需求的真伪评估、需求的价值评估和需求的优先级评估。

1. 需求的真伪评估

需求的真伪评估指产品经理评估接收到的需求的真伪性。有时候用户描述的“需求”并不一定是用户真实的需求，产品经理如果不深入挖掘，仅仅按照用户描述的

“需求”考虑产品设计，则很可能设计出错误的产品。

如果福特在发明汽车之前去做用户关于出行效率的需求调研，他得到的答案一定是大家都想要一辆更快的马车，如果福特听取了用户的“需求”并致力于研究世界上最快的马车，恐怕汽车的出现就会延迟一段时间。

事实上，很多时候用户提出的往往是他们认为的解决方案，而并不是真实的需求，因此产品经理进行需求分析时，一定要多问几次为什么，在挖掘用户需求时，尽量引导用户陈述需求当前的事实，表达内心的感受，说出真实的期望。

回到上文中关于福特汽车的案例，我们假设福特在发明汽车前做了需求调研，猜想会发生的对话场景。

场景 1 如下。

福特：关于日常出行，你们的需求是什么？

用户：我们想要一辆更快的马车。表达期望，并没有陈述事实，以及表达感受

福特：一辆更快的马车会满足你们的需求吗？

用户：是的。

福特：好的，我们会造出世界上最快的马车。

用户：谢谢，我们很期待。

我们在日常的产品设计过程中，是否直接听从并采纳了用户自己提出的产品方案？这些方案看似满足了用户的需求，但也许并不是最优的方案，而产品经理要做的就是多问为什么，深挖用户的真实需求，给出专业的、最优的产品方案。

让我们套用挖掘用户真实需求的方法，来描述另外一种可能的场景。

场景 2 如下。

福特：你们的需求是什么？

用户：我们想要一辆更快的马车。（表达期望，并没有陈述事实，以及表达感受）

福特：为什么你们希望要一辆更快的马车？（引导用户陈述事实）

用户：因为那样我们能更快地出行和运输，使用现在的马车出行和运输都很慢。（陈述事实）

福特：所以你们是为了更快地出行和运输吗？（引导用户说出期望）

用户：是的。（说出期望）

福特：如果我们可以创造出比世界上最快的马车还快的产品，你们愿意用吗？（提出产品经理专业的解决方案）

用户：当然愿意，如果你能提供的话。（挖掘到了真实的用户需求）

从以上场景中可以看出，用户的真实需求是更高的出行效率，但是在他们的认知

里，似乎只有更快的马车可以满足他们的需求，于是他们说出了需要“更快的马车”这样的需求，但是产品经理运用自己的专业知识，挖掘出了用户的真实需求后，可以为用户提供更快的汽车、火车或飞机等产品。

因此，产品经理进行需求调研时，要明白用户的真实需求往往并不会直接表达出来，产品经理要运用各种有效的方法，不断地引导用户说出自己的真实需求，并给出专业的产品方案，这也是产品经理必须具备的能力之一。

2. 需求的价值评估

用户需求的价值往往会受到多个维度（例如，用户维度、研发维度、商业维度等，这些都是用来综合量化产品需求投入产出比的基础维度）评估。需求的价值评估结果往往决定着这个需求是否有必要满足。虽然有些需求通过了需求的真伪评估，但是无法通过需求的价值评估，因此应该拒绝。

用户维度关心的是需求本身对于用户的重要程度，是刚性需求还是非刚性需求。刚性需求意味着这个需求对于用户很重要，例如，社交需求和购物需求是所有用户需求中最基本且最底层的需求，是一种强需求，这也是微信和淘宝等产品能拥有大规模用户的根本原因。如果面向公司内部业务的需求的实现是满足某个重要业务逻辑的前提条件，则说明该需求是刚性需求（必要需求）。

而非刚性需求又称为弱需求。对于用户而言，能满足这样的需求固然好，无法满足也不会对用户造成多大的影响。这些需求往往可以带来一些产品增益，但是并不必要。因此，刚性需求一般是必须要满足的需求，而非刚性需求是可选择性满足的需求，通常刚性需求比非刚性需求更具备价值。

研发维度指产品经理在进行需求价值评估时，要考虑需求研发过程中的投入产出比，通常涉及研发资源、研发成本和研发风险。如果研发资源充足，研发成本较低，且研发风险相对可控，就可以设计出满足这个需求的产品，这个需求相对更有价值，值得研发出满足该需求的产品。

商业维度关心的是，需求的用户规模有多大，以及可创造出的市场规模有多大。需求的用户规模和市场规模越大，需求越有价值。例如，网约车和共享单车这样的需求本身就具备大规模用户，同时创造了千亿元级别的巨大市场，这样的需求显然更有价值。此外，需求频次和稀缺性也是商业维度的评估标准。高频需求更具有价值，而一些没有被大规模发掘的潜在需求本身就具备稀缺性，拥有引爆市场的潜力。

ROI 维度综合了以上各种维度，尝试评估出整个需求的投入产出比。首先，确定这个需求是刚性需求还是非刚性需求，这个需求解决了用户的什么问题，估计具体产生了什么用户价值（提升了用户体验，促进了用户增长，增加了用户黏性等）。其次，估计是否具备满足这个需求的相关资源，研发成本大概是多少，整个项目存在怎样的风险（技术风险、政策风险、法律风险等），风险是否可控。最后，估计有多少用户存在这样的需求，潜在的市场规模有多大，是高频需求还是低频需求，是否具备稀缺性等。基于以上分析框架，评估出整个需求的投入产出比，作为需求价值评估的最终指标。

产品经理在进行需求价值评估时，首先要有一套完整的问题分析框架，规范地挖掘用户的真实需求，评估需求价值。其次，在面对需求时，要有一个清晰的认识：并非用户所有的真实需求都应该满足，只有有价值的需求才有必要满足，这个价值是从多个维度综合分析的结果。

3. 需求的优先级评估

通过了真伪评估和价值评估的需求是接下来真正要实现的需求。在产品经理日常的工作中，这样的需求往往在同一个时间段产生，而产品研发资源有限，很多时候不支持同时满足所有需求。这时就要评估需求实现的优先级，以最优的顺序研发各种不同权重的需求，达到价值产出的最大化。

评估需求的优先级的维度如下。

- 价值权重（价值维度）。前面介绍了如何对需求进行价值评估，评估结果可以作为评估需求优先级的维度之一。通常我们评估一个需求的优先级时，首先要考虑的是这个需求的价值大小。价值越大，优先级越高。
- 紧急程度（紧急维度）。紧急程度也是评估需求价值的常用维度之一。越紧急的需求优先级越高，不紧急的需求次之。
- 实现难易程度（难易维度）。若一个需求规模较小，较容易满足，实现后能带来即时的业务价值，它的优先级可以提高；若一个需求规模比较大，相对复杂且开发周期较长，则可以降低其优先级。
- 上级指示（领导维度）。很多时候需求来自上级，这里统称为“领导维度”。从两个方面理解领导维度：一方面，下级要执行上级的行政命令；另一方面，需求本身具有权威性，上级领导在综合信息量和理解需求方面通常是超越产品经理的，相当于在上级层面已经进行了一次需求的价值评估，所以评估需求的优先级时，上级提出的需求的优先级一般较高。
- 先后顺序（时间维度）。按照需求提出的先后顺序进行需求的优先级评估，一般情况下越早提出的需求优先级越高。

以上介绍了评估需求优先级的多个维度。在不同研发背景下，各维度的侧重点也各不相同，因此产品经理不能只根据其中的某一个维度进行评估，而要根据多个维度进行综合评估，最终得出最优的需求优先级方案。

11.2.2 需求池管理方法

在实际的产品工作中，产品经理可能会面对很多个需要进行评估和排期的需求。这些“需求”主要有以下 3 类。

- 真实的需求，但没有时间进行需求的价值评估，即使进行了需求的价值评估且通过，暂时也没有时间和资源去满足。
- 没有经过需求分析和挖掘，还不清楚是否属于真实需求（可能是伪需求）的需求。
- 属于一些想法或灵感，有可能转化成真实且有价值的需求，但是暂时没有时间去分析和评估。

通常以上“需求”都会记录到项目流的“待规划”状态列表。“待规划”状态列表中的“需求”实际上形成了一个需求池，需求池要求所有的“需求”都要先流入需求池中，并遵守“宽进严出”的规则，筛选出的需求才可以流入需求列表，若需求列表资源饱和，则不准再流入新的需求。

需求池通常会根据需求的真伪评估和需求的价值评估等准入规则，综合判断需求池中的哪些“需求”可以流入需求列表。通常，真实且有价值的需求会流入需求列表。流入需求列表的需求要有明确的背景、描述、产品方案、排期，以及相关负责人等基本信息。

随着需求列表中的需求逐渐变少，资源得到释放。这时产品经理会根据需求筛选规则，从需求池中筛选出一部分可以流入需求列表的需求，既保证需求列表资源一直处于饱和状态，又使自己不至于因为需要兼顾太多太杂的需求而陷入忙乱状态。产品经理只需要把工作聚焦于对产品需求列表中的需求的跟踪和维护即可，在空余时间再对需求池进行维护，从而保证项目资源的合理分配以及需求研发的有序进行。

11.2.3 需求生命周期管理方法

我们完成需求的评估，并通过需求池有序地控制需求进入需求列表后，需要对需求列表中的需求进行生命周期管理。我们在项目管理工具中创建需求后，从创建初态到完成终态，均按照已设计好的路径满足需求，这个过程也称作需求生命周期的管理过程。

一个完整的需求生命周期通常包含以下状态。

- 待规划：表示该需求已经记录，在等待规划中。在日常工作中某一时间段产品经理可能会同时接收了多个需求，或者记录了一些可能形成需求的灵感和思考总结，当前产品经理没时间去分析（价值分析，去伪存真）和规划（形成可行的产品方案）这些“需求”。这些需求此时就处于“待规划”状态，等待处理。一旦产品经理开始处理，这个需求就流转到下一个状态——“规划中”。对于产品经理来说，待规划相当于代办事项，提醒产品经理有哪些待规划的需求需要处理。

- 规划中：表示正在分析需求。其中包括真实需求的挖掘及需求价值的评估，最终根据评估结果决定是否满足该需求。如果通过分析确认这是一个有价值的需求，则会设计出产品方案，需求流转到下一个状态——“待评审”；如果通过分析确认这个需求没有什么价值，或者是一个伪需求，则这个需求会直接流转到“关闭”状态；如果这个需求出于某种原因暂时不需要满足，则会流转到“挂起”状态。
- 关闭：在项目流的任何一个状态，如果一个需求需要立即停止，无须再进行研发，且以后也不会再次重启，则这个需求会流转到“关闭”状态。“关闭”状态通常是不可逆的，即不可以再流转到其他状态。
- 挂起：在项目流的任何一个状态，如果一个需求出于某种原因需要临时搁置，则可以暂时流转到“挂起”状态。“挂起”状态和“关闭”状态的区别在于，挂起的需求可以再次流转到其他状态，关闭的需求则不可以。
- 待评审：在规划阶段，如果认为一个需求是真实需求，且有实现价值，则设计完产品方案后，就可以将需求流转到“待评审”状态。“待评审”状态，指已为需求设计好产品方案，在等待评审。当开始评审时，需求就被流转到“评审中”状态。
- 评审中：需求正在经历评审。根据需求规模及复杂度，若需求的评审周期较长，则会在“评审中”状态停留很长时间；若需求评审的周期较短，则在“评审中”状态停留很短时间。少数需求会在评审过程中，出于一些原因“关闭”或“挂起”。大多数需求会在评审完成后进入“待实现”状态。
- 待实现：对于评审通过的需求，一般会输出详细的开发排期表，指定具体的开发人员和测试人员，以及开始时间和结束时间，此时“评审中”状态的需求会流转到“待实现”状态。开发人员只需要关注“待实现”状态中指派给自己的需求，开始进行需求开发时，该需求会流转到下一个状态——“实现中”。
- 实现中：表示正在实现需求。需求流转到“实现中”状态后通常会停留较长时间，直到开发人员开发完成后，才流转到“待测试”状态，等待测试人员测试并反馈。

- 待测试：表示需求在等待测试。测试人员只需要关注“待测试”状态中那些指派给自己的需求，并进入测试阶段，开始测试时，需求会流转到“测试中”状态。
- 测试中：表示正在测试需求。对于处在“测试中”状态的需求，我们会不断反馈并修复问题，若通过测试，则需求流转到下一个状态——“待验收”。
- 待验收：对于“待验收”状态的需求，产品经理会针对具体的需求进行验收。当开始验收一个需求时，会把该需求从“待验收”状态流转到“验收中”状态。
- 验收中：正在验收需求。若处在“验收中”状态的需求，未通过验收，则继续流转到上游状态并进行修复和测试；若通过验收，则需求会被产品经理（一般产品上线前的验收角色为产品经理）从“验收中”状态流转到“待发布”状态。
- 待发布：表示需求正在等待发布。当发布人员看到“待发布”状态列表中的需求时，会发布列表中的需求，若发布成功，标志着需求已经上线，同时需求流转到下一个状态——“已上线”。项目的发布通常很快，当然，项目经理可以根据具体的项目流粒度要求决定是否要添加一个“发布中”状态。
- 已上线：表示需求已经正式上线。在生产环境中观察一段时间（具体的周期根据项目提前定义）后，如果没有出现问题，则需要把需求从“已上线”状态变更为“稳定运行”状态。
- 稳定运行：表示需求已稳定运行。标志着整个需求最终完结，“稳定运行”状态和“关闭”状态一样，也属于不可逆状态。如果很久之前的需求在线上环境中出现问题，无须再唤起历史需求，可直接在新需求中进行迭代处理。

以上介绍了通用的需求状态流框架。在实际的产品工作中，产品经理如果同时承担着项目经理的职责，可以根据自己公司的研发体系及项目协作背景设计需求管理体系的状态流，要求状态流能完整地描述整个需求生命周期的各种情况，整个状态流能够形成流转的闭环。

11.3 产品设计的管理方法

产品设计是一个过程，在日常的产品工作中按照需求设计产品方案就可以了，整个过程也存在管理吗？这个问题的答案是肯定的，从需求分析到产品设计事实上就是一系列分析方法和设计方案的管理过程。

产品设计的管理主要分为3个维度——有用维度、好用维度以及价值维度。这3个维度也是衡量一款产品的基础维度。

1. 有用维度

产品设计管理的第一步是评估产品设计是否有用，有用的设计也是满足用户需求的设计。

在产品设计过程中，大到完整的产品设计，小到具体的功能决策，首先要评估产品设计是否满足有用维度的要求。对于不符合要求的设计，要分析到底是需求本身没有评估清楚，还是产品设计方案欠佳。消除无用的产品设计是产品设计管理的第一要务。

2. 好用维度

完成产品设计的有用维度的管理后，要对产品设计进行好用维度的管理，即用户体验的管理。

好用维度的管理具体体现在，依据一系列设计规范和原则进行产品设计；以追求更好的用户体验为目标，持续进行迭代优化。产品的好看、易用、简洁、高效等诸多良好的用户体验所追求的特性都在该维度上有效管理。

3. 价值维度

最后是产品设计价值维度的管理。这里的“价值”强调的是产品设计的“商业价值”，几乎所有产品都具备商品属性（少数公益产品除外），因此产品也具备商品的“天然价值和使用价值”属性。围绕满足用户需求而设计产品并获取商业利润的过程，即是产品商业化的过程。产品商业化必然要求产品设计符合商业化的趋利性和增值性。

在产品设计过程中，除做好有用维度和好用维度的管理之外，还要做好价值维度的管理，小到诸多功能设计的投入产出比分析，大到整个产品设计的价值评估，都属于产品设计管理价值管理的范畴。

产品的价值评估通常不是对所有功能价值的简单求和，而是基于有效的商业模式综合评估的，所以产品价值的管理即产品商业模式的管理。下一节详细介绍如何管理产品的商业模式。

11.4　产品的商业模式管理方法

面对“好产品 + 坏的商业模式”和“坏产品 + 好的商业模式”，我们如何抉择？

大多数人会选择后者。显然，我们都认同一个好的商业模式更重要，产品再怎么有用、好用，如果没有一个好的商业模式支撑，成功的概率也不大。

而好的商业模式不仅强调产品的有用和好用，还要在此基础上考量产品本身是否满足刚性需求，是否满足高频需求，是否满足大众需求，具备多大的市场，产品的渠道通路、产品的竞争格局、产品的商业变现，以及产品的商业增值等一系列其他要素。

因此,"好产品 + 坏的商业模式"中,"好产品"只是狭义的好产品，而广义的"好产品"定义本身就包含了商业模式。一般我们称赞一个好产品时，会形容其"物美价廉","美"突出了产品的"好用"和"有用"，而"价廉"需要一系列的商业闭环（例如，生产销售闭环、成本利润闭环、运营营销闭环、增长增值闭环等）进行支撑。所以，这个"价廉"实际上强调的是产品背后的商业逻辑闭环。

许多产品经理在工作过程中运用产品思维和用户思维，考虑的是需求逻辑产品化的过程，即更多思考的是把具体需求转化为满足需求的产品。但是随着在职业生涯中向上发展，当产品经理处于产品总监甚至 CEO 级别时，很多决策已经不基于产品功能本身，但同样会对产品的未来产生重大的影响，而这些决策过程中商业思维显得尤其重要。

苹果 Lisa 计算机以创始人乔布斯女儿的名字命名，是全球首款将图形用户界面和鼠标结合起来的个人计算机，是当时世界上最好的个人计算机产品之一。然而，Lisa 计算机于 1983 年面市时，苹果没有充分考虑到消费者对个人计算机消费的承受能力，当时售价为令人难以置信的 1 万美元。高昂的售价令不少用户退避三舍，导致其销量不佳。也正因为如此，不少企业用户当时更愿意采购价格相对低廉的 IBM-PC。乔布斯在后来的采访中无奈地说："Lisa 计算机领先当时业界 10 年的水平，但是事实上我们输了。"

在有用、好用和有价值的前提下，一款产品只有在合适的时间以合适的价格出现在用户的视野里，才有可能成为优秀的产品。有用、好用、有价值强调的是产品思维，合适的时间、合适的价格强调的是商业思维。

思维本身就带有"遮蔽"的属性，在心理学上称作"思维定式"。我们在产品设计过程中主要使用的是产品思维，产品思维让我们在工作中游刃有余，但是产品思维定式也容易让我们忽略产品之外的各种因素。很多时候我们需要跳出产品本身，在一个大的行业和商业框架中审视设计好的产品，只有产品思维和商业思维共同作用，才有可能创造出成功的产品。

这个世界上，除少数类似于阳光和空气的自然物品之外，大多数因满足人们某种需求而设计出来的产品（公益产品除外）必须遵守一个基本的逻辑，那就是"商业逻辑”。符合商业逻辑的产品才是有价值的产品。产品经理不仅要管理好用户、需求和设计，还要管理好产品的商业模式。

在进行商业模式分析时，要借助分析框架或者模型规范发散的思维过程，让整个商业模式思维最终闭环。这里介绍一款商业模式分析工具——商业闭环设计策略仪表盘（商业闭环设计 -BCD），如图 11-1 所示。

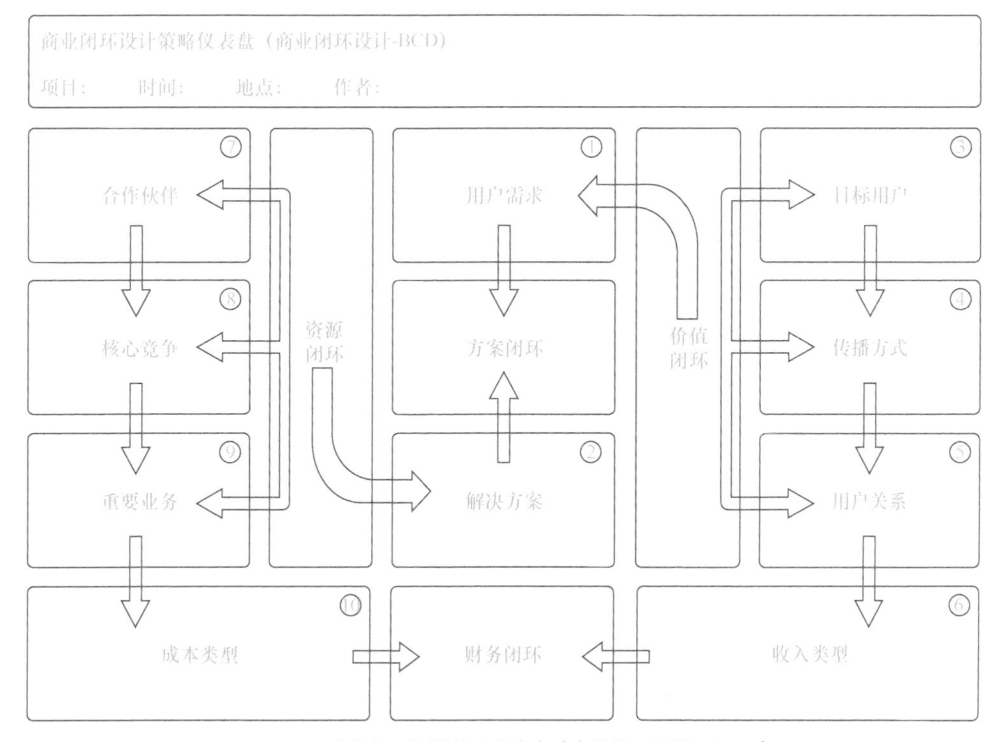

图 11-1 商业闭环设计策略仪表盘（商业闭环设计 -BCD）

整个商业闭环设计策略仪表盘分为十大模块和四大闭环，全面地展示了一个完整的商业模式需要回答的问题和必须形成的闭环。

十大模块如下。

- **用户需求**：在整个商业模式分析框架中，首先要明确产品或服务满足了哪些用户需求。例如，微信满足了用户的社交需求，淘宝满足了用户的在线购物需求，美团单车满足了用户的短途骑行需求，滴滴出行满足了用户的在线打车需求等。通过需求发掘和需求价值评估，保证整个商业框架底层的用户需求是真实、有效且有价值的。
- **解决方案**：组织根据用户场景、基本需求、预期获益为用户设计一一对应的服务清单、基础功能、增值服务等解决方案。实现用户需求和解决方案的完美吻合，匹配度越高，用户越愿意为服务买单，企业越容易设计出超出用户预期的产品和服务，进而实现双方价值的最大化。

- **目标用户**：产品所面向的细分用户群体。目标用户可以从多种维度进行分类，如按决策者、使用者、购买者、影响者、传播者进行分类，按小白用户、有经验用户、高级用户、专家用户、权威用户进行分类，按种子期用户、发展期用户、成熟期用户、衰退期用户进行分类；按普通用户、付费用户、直接用户、间接用户进行分类。事实上，目标用户分析的本质就是分析产品所面向的群体的完整用户画像。
- **传播方式**：组织通过不同的传播途径与营销方式传递组织的价值理念和产品服务解决方案，逐步在用户心中建立产品认知，帮助用户有效识别组织和产品服务，协助用户完成产品和服务的购买，并做好售后服务和保障。传播途径主要包括线上网络、自有店铺、实体店铺、合作伙伴店铺、代理商、批发商，以及合作伙伴的传播渠道和流量渠道等。
- **用户关系**：组织与目标用户建立长期稳定的关系，目的是长期服务于目标用户并且使目标用户长期使用组织提供的产品和服务。在互联网产品的语境中，加强用户关系通常指增强用户黏性，提升用户忠诚度。通常通过会员体系、积分体系、社区等加强用户与用户之间以及产品与用户之间的联系。
- **收入类型**：企业通过为用户提供产品和服务，从目标用户群体中为企业获得收入。狭义的收入通常指显性的金钱收入（显性收入），广义的收入还包括品牌口碑、知名度、用户量、用户数据等（隐性收入）。
- **合作伙伴**：那些与企业存在合作关系的外部资源。外部资源能够有效地弥补公司本身资源不足的问题，合作伙伴越多，越能有效促进公司的业务发展并提升资源整合能力，使整个产品的生态体系更加强健。
- **核心竞争**：组织保证商业模式有效运转需要具备的核心竞争力资源。除本身具备满足用户刚需的产品和服务之外，人才资源、核心技术、市场资源，以及先进的管理方式等都可以作为整个公司商业框架对外的核心竞争力。
- **重要业务**：组织商业模式中其他模块的正常运作需要进行的关键业务或活动，用于保证商业模式能够稳定发展。例如，对于新上线的产品，关键活动是提高下载量和注册量，而到了产品成熟期，关键活动可能会变为提高用户的活跃度和存留率。又如，每年双十一购物狂欢节对淘宝来说就是一个重要的业务。

- **成本类型**：在组织的整个商业模式当中部分模块需要投入的成本，包括人力成本、物力成本、技术成本、运营成本及时间成本等。

四大闭环如下。

- **方案闭环**：整个商业框架的基础闭环。通过挖掘用户的本质需求，设计对应的产品解决方案，实现用户需求与解决方案的完整闭环。
- **价值闭环**：设计能给目标用户创造价值的产品或服务，并通过传播方式将产品和服务传递给其他目标用户，通过用户关系形成自发的传播效应，形成完整的价值链条，从而为组织创造持续不断的收入。
- **资源闭环**：通过对外部资源和内部资源的整合和配置，完成重要业务，帮助企业实现整个商业模式的有效运转。
- **财务闭环**：校验整个商业模式产生的收入与支出是否形成了一个闭环。如果收入大于支出，则说明形成了财务的正向流通闭环，整个商业模式是健康的；反之，则是不健康的，要分析具体原因，进行营收和成本上的调整。

以上介绍了商业闭环设计策略仪表盘（商业闭环设计 -BCD）的使用方法，其他类似的工具还有我们经常使用的“商业分析画布”，感兴趣的读者可以自行查找相关资料进行学习。工具虽然能有效地辅助思考，但并不能替代思考本身，更重要的是在日常的产品工作中，有意识地分析产品背后的商业逻辑，培养商业嗅觉和敏感性，形成优秀的商业思维，进而做好产品商业模式的管理。